西湖龙井

黄山毛峰

太平猴魁

洞庭碧螺春

六安瓜片

信阳毛尖

安溪铁观音

武夷山大红袍

祁门红茶

君山银针

钧窑茶碗

六方掇球壶（张铭松制作）

定窑白瓷

唐鎏金银龟盒（放茶粉用）

天目茶碗（宋代黑瓷）

唐鎏金壶门座茶碾

翠青小盏（宋代龙泉窑）

云南古茶树

虎跑泉

茶芽与蝉虫

云雾缭绕的高山茶区（武夷山桐木村）

乌龙茶行茶茶艺

绿茶行茶茶艺

怡情花茶行茶茶艺

茶艺礼仪（站姿）

茶艺礼仪（鞠躬行礼）

茶艺礼仪（跪式行礼）

斗茶图　［元］赵孟頫

萧翼赚兰亭图　［唐］阎立本

21世纪高职高专教材·旅游酒店类系列

茶文化概论与茶艺实训

（第 3 版）

主　编　贾红文　赵艳红
副主编　白　雪　宋永生

清华大学出版社
北京交通大学出版社
·北京·

内 容 简 介

本书分上、下两篇。上篇注重茶文化基础知识的学习，下篇侧重实用技能的训练。全书内容包括茶文化历史、茶类知识、茶具鉴赏、择茶用水、茶与健康、茶道的形成与表现、茶与文学艺术、茶的沏泡艺术等。本书内容充实，知识面宽，实用性强，适用于旅游酒店管理类、人文管理类、茶艺专业及茶艺爱好者学习，也可作为茶艺师职业资格培训考试用书。

图书在版编目（CIP）数据

茶文化概论与茶艺实训／贾红文，赵艳红主编. —3 版. — 北京：北京交通大学出版社：清华大学出版社，2021.11

ISBN 978-7-5121-4562-7

Ⅰ.① 茶…　Ⅱ.① 贾…　② 赵…　Ⅲ.① 茶叶-文化-中国-高等职业教育-教材
Ⅳ.① TS971

中国版本图书馆 CIP 数据核字（2021）第 177128 号

茶文化概论与茶艺实训

CHAWENHUA GAILUN YU CHAYI SHIXUN

责任编辑：吴嫦娥

出版发行：清华大学出版社　　邮编：100084　　电话：010-62776969　　http://www.tup.com.cn
　　　　　北京交通大学出版社　邮编：100044　　电话：010-51686414　　http://www.bjtup.com.cn

印 刷 者：艺堂印刷（天津）有限公司

经　　销：全国新华书店

开　　本：185 mm×260 mm　　印张：12.75　　字数：336 千字　　彩插：6

版 印 次：2010 年 7 月第 1 版　　2021 年 11 月第 3 版　　2021 年 11 月第 1 次印刷

定　　价：39.00 元

本书如有质量问题，请向北京交通大学出版社质监组反映。对您的意见和批评，我们表示欢迎和感谢。

投诉电话：010-51686043，51686008；传真：010-62225406；E-mail：press@bjtu.edu.cn。

第3版前言

本教材是21世纪高职高专教材《茶文化概论与茶艺实训》（第2版）的更新版本。第1版教材于2010年7月出版，2016年1月修订出版了第2版。教材面向职业院校学历教育和社会茶文化职业培训，自出版发行以来得到业界关注。本教材的出版发行深受专业教师和同学们以及众多读者的喜爱，多次印刷，获得使用认同。为适应经济社会发展和科技进步的客观需要，立足培育工匠精神和精益求精的敬业风气，《茶文化概论与茶艺实训》教材应与时俱进，遵从职业教育理念，丰富内容，提供严谨的茶文化知识，明确茶艺技能标准。教材编写组对本教材进行了再次修订。

此次修订与时俱进地更新了茶文化行业动态，增加了新时期的科学数据，在第2版的基础上进行了修改和进一步完善。主要有以下几个方面：一是将第74届联合国确定的"国际茶日"加入当代茶文化内容；二是更新了我国现有茶园种植面积和分布情况，更新补充了茶席设计的范例内容；三是对上篇部分附于章节之后的思考与练习进行了更新调整，并提供了判断题、选择题答案解析。

本教材修订紧贴《茶艺师国家职业技能标准（2018年版）》要求，内容上体现理论与实践相结合，包括了茶艺师应掌握的理论知识和操作技能。

编　者

2021年7月

第2版前言

本书是 21 世纪高职高专教材《茶文化概论与茶艺实训》的第 2 版。教材自 2010 年 7 月出版至今，深受专业教师和同学们以及众多读者的喜爱，先后 9 次印刷，好评如潮。近几年的工作积累为《茶文化概论与茶艺实训》提供了良好的素材。同时，在教材的使用过程中，读者和专家对教材提出了宝贵的意见和建议，教材编写组对本教材进行了修订。

本次再版在听取专家、学者意见的基础上进行了适当的修改。主要修改有以下几个方面：一是对茶文化的内涵有了进一步的阐述；二是更新了我国现有茶园种植面积和分布情况；三是对彩页图片部分进行了更新，展示了我国经典茶器具之美；四是对上篇部分附于章节之后的思考与练习进行了调整，并在书后提供了参考答案。

本次再版仍按第 1 版的分工进行，即贾红文（保定职业技术学院）负责第 1 章、第 6 章、第 11 章，赵艳红（河北农业大学）负责第 3 章、第 4 章、第 8 章，白雪（保定女子职业中专）负责第 2 章、第 7 章、第 9 章、第 10 章，宋永生（河北大学）负责第 5 章。最后由贾红文进行统一调整修改。在教材改编过程中感谢高级茶艺师吴畏提供的精美图片，感谢责任编辑吴嫦娥在编辑出版上给予的支持并做出的细致工作！

编　者

2015 年 9 月

前　言

我国是世界上最早发现和利用茶叶的国家，是茶文化的发祥地。茶文化的内涵十分丰富，涉及科技教育、文化艺术、医学保健、历史考古、经济贸易、餐饮旅游等学科与行业。如今饮茶风尚遍及全球，为世界人们所喜爱。在中国，茶既是日常生活的必需品，又是精神文明的媒介物。人们视茶为生活的享受、健身的饮料、友谊的纽带。

随着我国经济、文化的繁荣，人们生活质量的提高，茶文化在全国各地掀起了热潮，茶艺馆、茶座蓬勃出现在祖国的大江南北。现代科学技术的发展，使得茶叶对人体健康的奇特功效和茶叶的文化价值进一步被阐明和发现。茶在人们生活中的地位，更为世人所瞩目。在忙碌的工作中人们更加注重健康的饮食，追求高品质的生活内容，茶成为人们生活中不可缺少的饮品。

继承并发扬我国传统的茶文化，需要新时代青年人掌握丰富的茶文化知识，科学而高雅的饮茶方式已经走进了寻常百姓家。人们渴望更多地了解我们民族传统的茶文化，社会也需要大量符合规范的茶艺服务人员。对于爱茶的人士来说，只懂得如何泡好茶是远远不够的，要使自己成为全面了解茶文化的茶人，使泡茶成为一门具有审美价值的艺术，为祖国茶文化传播及发扬光大作出贡献，就需要扩大知识面，提高自己的茶艺技能。本书可以在此方面供学习选用。

《茶文化概论与茶艺实训》是集体智慧的结晶，参编者都是热爱茶文化并长期从事茶文化研究及课程教学的专业人员。保定职业技术学院贾红文副教授撰写了第1章、第6章、第11章，保定女子职业中专白雪教师编写了第2章、第7章、第9章、第10章，河北农业大学赵艳红教授编写了第3章、第4章、第8章，河北大学宋永生教授编写了第5章。最后由贾红文完成全书的统稿工作。

本书在编写过程中，参阅了大量的书籍和期刊资料，在此对被参考和借鉴书籍、资料的作者深表谢意。书中优质名茶的彩页图片由保定市竹雨轩茶庄倾情提供，礼仪模特由保定职业技术学院旅游管理专业赵锡妹示范，图片由摄影师张斌先生拍摄。在此，我们致以衷心的感谢！

编　者

2010 年 6 月

目 录

 上篇　茶文化概论

下篇　茶艺实训

上 篇

茶文化概论

- ❖ 茶之源流
- ❖ 草木英华
- ❖ 择器选陶
- ❖ 烹茗论泉
- ❖ 茶与健康
- ❖ 精行修德论茶道
- ❖ 缤纷茶文化

第 1 章

茶 之 源 流

┌─ 学习目标 ─────────────────────────────────┐

- 了解茶的起源，理解并掌握茶起源于中国的相关知识；
- 熟悉中国茶文化发展进程中各个历史时期的饮茶习俗；
- 掌握茶艺的概念及学习茶艺的意义。
└──┘

茶，是中华民族的举国之饮。它发乎于神农，闻于鲁周公，兴于唐朝，盛在宋代，如今已成为风靡世界的三大无酒精饮料（茶叶、咖啡和可可）之一，饮茶嗜好者遍及全球。全世界已有60多个国家种茶，160多个国家和地区的30多亿人喜欢饮茶，人均年饮茶约0.6千克。茶正成为受全世界人们普遍喜欢的一种天然营养、保健饮料。追根溯源，世界各国最初所饮的茶叶、引种的茶种，以及饮茶方法、栽培技术、加工工艺、茶事礼俗等，都是直接或间接地由中国传播出去的。中国是茶的发祥地，被誉为"茶的祖国"。考古学家已经在浙江杭州跨湖桥距今8 000年前的新石器时代遗址中发现了熬汤的茶叶和完整的茶树籽。世界各国，凡提及茶事，无不与中国联系在一起。茶，乃是中华民族的骄傲。

1.1 茶 的 起 源

中国是茶树的原产地，也是世界上最早利用茶叶的国家，至今已有五千年的历史。早在西汉末期，茶叶已成为商品，并开始讲究茶具和泡茶技艺。到了唐代，饮茶蔚为风尚，茶叶生产发达，茶税也成为政府的财政收入之一。茶树种植技术、制茶工艺、泡茶技艺和茶具等方面都达到前所未有的水平，还出现了世界上最早的一部茶书——陆羽的《茶经》。我国饮茶风气在唐代以前就传入朝鲜和日本，相继形成了"茶礼"和"茶道"，至今仍盛行不衰。17世纪前后，茶叶又传入欧洲各国。

1.1.1 茶树的发现和利用

茶树是多年生常绿木本植物，传说是"发乎于神农，闻于鲁周公"。茶最初是作为药用，后来发展成为饮料。《神农本草经》（约成于汉朝）中记述了"神农尝百草，日遇七十二毒，得茶而解之"的传说，其中"茶"即"茶"，这是我国最早发现和利用茶叶的记载。在我国，人们一谈起茶的起源，都将神农列为第一个发现和利用茶的人。

1. 神农的传说

相传神农时代（约公元前 2700 年），神农是个很奇特的人，他有一个水晶般透明的肚子，吃下什么东西，在胃肠里可以看得清清楚楚。那时候，人们还不会用火烧东西吃，吃的花草、野果、虫鱼、禽兽之类都是生吞活咽的，因此，人们经常闹病。神农为了解除人们的疾苦，就决心利用自己特殊的肚子把看到的植物都试尝一遍，看看这些植物在肚子里的变化，以便让人们知道哪些植物无毒可以吃，哪些有毒不能吃。这样，他就开始试尝百草。当他尝到一种开着白色花朵的树上的嫩叶时，发现这种绿叶真奇怪，一吃到肚子里，就从上到下，从下到上，到处流动洗涤，好似在肚子里检查什么，把胃肠洗涤得干干净净，他就称这种绿叶为"查"。以后人们又把"查"说成了"茶"。神农成年累月地跋山涉水，试尝百草，每天都得中毒几次，全靠茶来解救。后来，他见到一株开着黄色小花的草，那花萼在一张一合地动着。他感到好奇，就把那叶子放在嘴里慢慢咀嚼，一会儿，感到肚子很难受，还未来得及吃茶叶，肚肠就一节节地断开了。神农就这样为拯救人类牺牲了自己。于是，人们称这种草为"断肠草"。常言道："神农尝药千千万，可治不了断肠伤。"

这虽然是个传说，但也可以看出，现在的农业和医学是千千万万前人用血汗和生命换来的。在原始社会，人们为了求生存，必须与饥饿和疾病作长期艰苦的斗争。原始农业和医学的建立，绝不是某一时期、某一人所能完成的，而是千千万万劳动人民经过长期实践的结果。后人因崇敬、纪念农业和医学发现者的功绩，特地塑造了神农氏这样一个偶像。这正如传说中"构木为巢，以避群害"的有巢氏，"钻燧取火，以化腥臊"的燧人氏和"结绳而为网罟，以佃以渔"的伏羲氏一样，是完全可以理解的。

《神农本草经》书云："茶叶味苦寒，久服安心益气，轻身耐劳。"还记载茶叶可以医头肿、膀胱病、受寒发热、胸部发炎，又能止渴兴奋，使心境爽适。可以有把握地说，至少在战国时期，茶叶作为一种药物，已为人们所了解。可见，我国有着悠久的茶文化史。

2. 中国西南部是茶树的原产地

一般认为，茶树起源至今至少有 6 000 万年的历史。我国西南地区是世界上最早发现野生茶树和现存野生大茶树最多、最集中的地方。这里的野生大茶树最具有原始的特征和特性，同时这里是最早发现茶、利用茶的地方。根据植物分类，茶科植物共 23 属，380 多种，分布在我国的就有 15 属，260 余种，其中绝大部分分布在云南、贵州和四川一带，并还在不断发现中。

早在三国时期，我国就有关于在西南地区发现野生大茶树的记载。1961 年在云南省的大黑山密林中（海拔 1 500 米）发现一棵高 32.12 米、树围 2.9 米的野生大茶树，这棵树单株存在，树龄约 1 700 年。1996 年在云南镇沅县千家寨（海拔 2 100 米）的原始森林中，发现一株高 25.5 米、底部直径 1.20 米、树龄 2 700 年左右的野生大茶树，森林中直径 30 厘米以上的野生茶树到处可见。据不完全统计，我国已有 10 个省区共 198 处发现野生大茶树。总之，我国是世界上最早发现野生大茶树的国家，而且树体最大，数量最多，分布最广，由此可以说明中国是茶树的原产地。

1.1.2 茶的称谓

在古代史料中，茶的名称很多。《诗经》中有"荼"字；《尔雅》中既有"槚"，又有"茶"；《晏子春秋》中称"茗"；《尚书·顾命》称"诧"；西汉司马相如《凡将篇》称

"荈诧"；西汉末年扬雄《方言》称茶为"蔎"；《神农本草经》称之为"荼草"或"选"；东汉的《桐君录》中谓之"瓜芦木"等。唐代陆羽在《茶经》中提道："其名，一曰茶，二曰槚，三曰蔎，四曰茗，五曰荈。"总之，在陆羽撰写《茶经》前，对茶的提法不下 10 余种，其中用得最多、最普遍的是"荼"。由于茶事的发展，指茶的"荼"字使用越来越多，有了区别的必要，于是从一字多义的"荼"字中，衍生出"茶"字。陆羽在写《茶经》时，将"荼"字减少一画，改写为"茶"。从此，在古今茶学书中，茶字的形、音、义也就固定下来了。

由于茶叶最先是由中国输出到世界各地的，所以，时至今日，各国对茶的称谓，大多数是由中国人，特别是由中国茶叶输出地区人民对茶的称谓直译过去的，如日语的"chà"、印度语的"chā"都为茶字原音。俄文的"чай"，与我国北方对茶叶的发音相似。英文的"tea"、法文的"the"、德文的"thee"、拉丁文的"thea"，都是照我国广东、福建沿海地区人民的发音转译的。大致来说，茶叶由我国海路传播到西欧各国，茶的发音大多近似我国福建沿海地区的"te"和"ti"音；茶叶由我国陆路向北、向西传播到的国家，茶的发音近似我国华北的"cha"音。茶字的演变与确定，从一个侧面告诉人们："茶"字的形、音、义，最早是由中国确定的，至今已成了世界人民对茶的称谓。它还告诉人们：茶出自中国，源于中国，中国是茶的原产地。

还值得一提的是，自唐以来，特别是现代，茶是普遍的称呼，较文雅点的才称其为"茗"，但在本草文献，以及诗词、书画中，却多以茗为正名。可见，茗是茶之主要异名，常为文人学士所引用。

1.1.3　茶的传播

中国是茶树的原产地，中国在茶业上对人类的贡献主要在于最早发现并利用茶这种植物，并由此形成具有独特魅力的茶文化。这种格局的形成与传播有关系，中国茶从原产地向全国，从中国向世界的传播是一个历史过程，从传播途径上看存在着国内和国外两条最基本的线路。

1. 茶在国内的传播

1）中国茶业的始发点在巴蜀

据文字记载和考证，在战国时期，巴蜀就已形成一定规模的茶区。顾炎武曾经指出，"自秦人取蜀而后，始有茗饮之事"，即认为中国的饮茶，是秦灭掉巴蜀之后才慢慢传播开来。随着茶文明的发展，长江中游或华中地区成为茶业中心。

关于巴蜀茶业在我国早期茶业史上的突出地位，直到西汉成帝时王褒的《僮约》，才始见诸记载，内有"烹荼尽具"及"武阳买茶"两句。前者反映西汉时成都一带不仅饮茶成风，而且出现了专门的用具；后一句表明，茶叶已经商品化，出现了如"武阳"一类的茶叶市场。西汉时，成都已成为我国茶叶的一个消费中心，同时也是最早的茶叶集散中心。

2）茶沿长江而下，使长江中游或华中地区成为茶业中心

秦汉统一中国后，茶业随巴蜀与各地经济文化交流而增强。茶的加工、种植首先向东南部湘、粤、赣毗邻地区传播。

三国、西晋阶段，随荆楚茶业和茶文化在全国传播的日益发展，也由于地理上的有利条件，长江中游或华中地区，在中国茶文化传播中的地位，逐渐取代巴蜀而明显重要起来。三

国时，南方栽种茶树的规模和范围有很大的发展，而茶的饮用也更为广泛，流传到了北方豪门贵族。西晋时长江中游茶业的发展，还可以从西晋时期《荆州土地记》得到佐证。其中"武陵七县通出茶，最好"，这说明荆汉地区茶业得到明显发展，此时巴蜀独冠全国的优势似已不复存在。

3）东晋南北朝时期，长江下游和东南沿海茶业迅速发展

西晋南渡之后，北方豪门过江侨居，建康（今南京）成为我国南方的政治中心。这一时期，由于上层社会崇茶之风盛行，使得南方尤其是江东饮茶和茶叶文化有了较大的发展，也进一步促进了我国茶业向东南推进。这一时期，我国东南植茶，由浙西进而扩展到了现今温州、宁波沿海一线。不仅如此，如《桐君录》所载，"酉阳、武昌、晋陵皆出好茗"，晋陵即常州，其茶出自宜兴。这表明东晋和南朝时，长江下游宜兴一带的茶业，名气也逐渐大起来。同时，两晋之后，茶业重心东移的趋势更加明显化了。

4）中唐以后，长江中下游地区成为中国茶叶生产和技术中心

唐朝中期后，如《膳夫经手录》所载："今关西、山东、闾阎村落皆吃之，累日不食犹得，不得一日无茶。"中原和西北少数民族地区，都嗜茶成俗，于是南方茶的生产，随之蓬勃发展起来。尤其是与北方交通便利的江南、淮南茶区，茶的生产更是得到了快速发展。

唐中叶以后，长江中下游茶区，不仅茶产量大幅度提高，而且制茶技术也达到了当时的最高水平。这种高水准的结果，就使顾渚紫笋和常州阳羡茶成了贡茶。茶叶生产和技术的中心，正式转移到了长江中游和下游。

江南茶叶生产，集一时之盛。当时史料记载，安徽祁门周围，千里之内，各地种茶，山无遗土，业于茶者无数。现在赣东北、浙西和皖南一带，在唐代时，其茶业确实有一个特别的发展。同时由于贡茶设置在江南，大大促进了江南制茶技术的提高，也带动了全国各茶区的生产和发展。

5）宋代茶业重心由东向南移

五代至宋初，中国东南及华南地区的茶业获得了更加迅速的发展，并逐渐取代长江中下游茶区，成为宋朝茶业的重心。主要表现在贡茶从顾渚紫笋改为福建建安茶，唐时还不曾形成气候的闽南和岭南一带的茶业，明显地活跃和发展起来。

宋朝茶业重心南移的主要原因是气候的变化，江南早春茶树因气温降低，发芽推迟，不能保证茶叶在清明前进贡到京都。福建气候较暖，如欧阳修所说"建安三千里，京师三月尝新茶"。作为贡茶，建安茶的采制，成为中国团茶、饼茶制作的主要技术中心，带动了闽南和岭南茶区的崛起和发展。

由此可见，到了宋代，茶已传播到全国各地。宋朝的茶区，基本上已与现代茶区范围相符。明清以后，只是茶叶制法和各茶类兴衰的演变问题了。

2. 茶向国外的传播

由于我国茶叶生产及人们饮茶风尚的发展，对国外产生了巨大的影响，以至于朝廷在沿海的一些港口专门设立市舶司管理海上贸易，包括茶叶贸易，准许外商购买茶叶，运回到其国土消费。

中国茶叶、茶树、饮茶风俗及制茶技术，是随着中外文化交流和商业贸易的开展而传向全世界的。最早传入朝鲜、日本，其后由南方海路传至印度尼西亚、印度、斯里兰卡等国家，16世纪传至欧洲各国，进而传到美洲大陆，并由我国北方传入波斯、俄国。

1.2　饮茶方式的演变

人类食用茶叶的方式大体上经过吃、喝、饮、品 4 个阶段。"吃"是指将茶叶作为食物来生吃或熟食的，"喝"是指将茶叶作为药物熬汤来喝的，"饮"是指将茶叶煮成茶汤作为饮料来饮的，"品"是指将茶叶进行冲泡作为欣赏对象来品尝的。

1.2.1　从生食到粗放煮饮

根据考古学和民族学研究，我国食用茶叶的历史可以上溯到旧石器时代，所谓的"神农尝百草"，就是将茶树幼嫩的芽叶和其他可食植物一起当作食物。后来人们在食用过程中发现茶叶有解毒的功能，就作为药物熬成汤汁来喝，这就是所谓的"得茶乃解"。平时也会将茶汤作为保健的饮料来饮用，民族学的材料已证明原始时期已经采集一些特定的树叶熬成汤汁饮用。

从现有的文献记载来看，直到三国时期为止，我国饮茶的方式一直停留在药用和饮用阶段。如汉代文献提到茶叶时都只强调其提神、保健的功效。三国时吴国君主孙皓因爱臣韦曜不善饮酒而暗中以茶汤代替，是茶为饮料的明证。

1.2.2　饮茶伊始

从西晋开始，情况有了变化，四川地区的一些文人介入茶事活动，开始赋予饮茶文化意味。西晋著名诗人张载在《登成都楼》诗中写道："芳茶冠六清，溢味播九州。"认为芳香的茶汤胜过所有的饮料，茶的滋味传遍神州大地，人们满足于嗅觉和味觉上的美妙享受。西晋文人杜育的《荈赋》是我国历史上第一首正面描写品茶活动的诗赋。诗中除了描写茶树生长、采摘等情况外，还提到用水、茶具、冲泡等环节，特别是对茶汤泡沫的欣赏，形容它像冬天的白雪和春天的鲜花。可见，茶汤在此时开始成为品尝的对象。《荈赋》还提到饮茶具有调解精神、谐和内心的功效，则已经涉及茶道精神了。因此，中国品茶艺术的萌芽时期至少可以上溯到西晋时期。

1.2.3　细煎慢品

到了唐代，出现了"茶圣"陆羽，中国人的饮茶便从吃、喝、饮发展到"品"的阶段，并将饮茶变成一门生活艺术。陆羽在《茶经》中，对茶叶的医疗保健功效仅是一笔带过，明确提出"茶之性至寒，为饮最宜精行俭德之人"，将品茶上升到道德修养的高度，并且对唐代的煮茶法进行了一系列的规范，从选茶、用水、茶具、烘茶、碾磨、筛粉、煮水、加盐、点水、分茶到品尝各个环节都有严格的要求，形成一套完整的茶艺程式。特别是对茶汤泡沫的培育、欣赏异常重视，进行了仔细的观察。将泡沫称为汤花，薄一点的称为沫，厚一点的称为饽，细一点的称为花，采用了一连串形象的比喻来形容泡沫之美丽：像枣花漂浮在圆形的水面上，像深潭回转或小洲弯曲的水面上漂浮的青萍，像晴朗天空中浮动的鱼鳞云，像漂浮在水湄之上的绿钱，像坠落在樽俎之中的菊花。饮茶而对泡沫如此讲究，显然不是为了满足生理上的需求，而是从视觉的审美愉悦出发，一碗涌动着泡沫的茶汤在陆羽面前成了充满艺术韵味的审美对象，因此才灵感勃发，浮想联翩。可见，唐代的饮茶已经成了富有诗情画意的生活艺术。

 **小链接**

陆羽与《茶经》

陆羽（733—804），字鸿渐（一名疾，字季疵），自号桑苎翁，又号竟陵子，湖北竟陵人。宋代欧阳修撰《新唐书·隐逸·陆羽传》记载："陆羽为弃儿，由龙盖寺智积禅师收养。"唐代寺院多植茶树，故陆羽自幼熟练茶树种植、制茶、烹茶之道，年幼时已是茶艺高手。陆羽12岁时离开寺院，浪迹江湖。天宝五年（公元746年），陆羽得识竟陵太守李齐物，开始研习诗书。后又与礼部员外郎崔国辅结为忘年之交，而崔国辅与杜甫友善，长于五言古诗，陆羽受其指授，学问大进。陆羽22岁时告别家乡，云游天下，结交四方挚友，立志茶学的研究生涯。

公元755年，陆羽住乌程苕溪（今湖州），结识了许多著名文人，如大书法家颜真卿、诗僧皎然，以及诗人孟郊、皇甫冉等。多年的云游生活使他积累了大量的有关各地茶的资料，江南清丽宜雅的山林水郭，友人的倾力支援，给他带来了著书立说的激情。公元763年，即陆羽28岁时，人类历史上关于茶的第一部专著——《茶经》诞生了。

《茶经》对茶的起源传说、历史记载，采摘、加工、煮烹、品饮之法，水质、茶器，以及与之紧密相关的文化习俗等内容皆作了系统全面的总结，从而使茶学升华为一门全新的、自然与人文紧密结合的崭新学科。《茶经》的诞生，标志着中国茶文化步入成熟时期。

资料来源：唐存才.茶与茶艺鉴赏.上海：上海科学技术出版社，2004.

1.3 茶文化简史

茶文化从广义上讲，分为茶的自然科学和茶的人文科学两方面，是指人类社会历史实践过程中所创造的与茶有关的物质财富和精神财富的总和；从狭义上讲，着重于茶的人文科学，主要指茶对精神和社会的功能。由于茶的自然科学已形成独立的体系，因而现在常讲的茶文化偏重于人文科学。

中华茶文化植根于源远流长的华夏文明，是中华传统优秀文化的组成部分，其内容十分丰富，涉及科技教育、文化艺术、医学保健、历史考古、经济贸易、餐饮旅游和新闻出版等学科与行业。茶文化是我国文化宝库中弥可珍贵的遗产，在历史的长廊中熠熠生辉。

中华茶文化的形成与发展经历了汉魏六朝、隋唐五代、宋元、明清、当代5个时期。

1.3.1 汉魏六朝——中华茶文化的酝酿

茶是因作为饮料而驰名的，茶文化实质上是饮茶文化，是围绕饮茶活动所形成的文化现象。茶文化的产生是在茶被用作饮品之后，两晋南北朝是中华茶文化的酝酿时期。

汉魏六朝时期，是中国固有的宗教——道教的形成和发展时期，同时也是起源于印度的佛教在中国的传播和发展时期，茶以其清淡、虚静的本性和疗病的功能广受宗教徒的青睐。

晋宋时期的《搜神记》《异苑》等志怪小说集中便有一些关于茶的故事。孙楚的《出歌》、左思的《娇女诗》、王微的《杂诗》是早期的涉茶诗。西晋杜育的《荈赋》是文学史上第一篇以茶为题材的散文，才辞丰美，对后世的茶文学创作颇有影响。

两晋南北朝时，佛教、道教徒与茶结缘，以茶养生，以茶助修行。茶文学初步兴起，产生了《荈赋》等名篇。中华茶文化亦于西晋时萌芽。这一切说明，两晋南北朝是中华茶文化的酝酿时期。

1.3.2 唐代——中华茶文化的第一个高峰

中国茶道最初的表现形式就是形成于中唐的煎茶道，陆羽《茶经》奠定了煎茶道的基础。煎茶道形成于 8 世纪后期的唐代宗、德宗时期，广泛流行于 9 世纪的中晚唐，并远传朝鲜半岛和日本。

大唐是文学繁荣时期，同时也是饮茶习俗普及和流行的时期，茶与文学结缘，出现了茶文学的兴盛。唐代茶文学的成就主要在诗，其次是散文。唐代第一流的诗人都写有茶诗，许多则是脍炙人口。如李白、杜甫、钱起、白居易、元稹、刘禹锡、柳宗元、韦应物、孟郊、杜牧、李商隐、温庭筠、皮日休、陆龟蒙等，无不撰有茶诗。尤其是卢仝《走笔谢孟谏议寄新茶》更是千古绝唱，为古今茶诗第一，"卢仝七碗"诗成为茶文学的经典。

茶书的撰著肇始于唐，现存唐代（含五代）的茶书总共有 6 部，完整的有陆羽《茶经》、张又新《煎茶水记》、苏廙《十六汤品》、毛文锡《茶谱》，部分的有斐汶《茶述》、温庭筠《采茶录》。

"自从陆羽生人间，人间相学事新茶。"陆羽《茶经》的问世，奠定了中国古典茶学的基本构架，创建了一个较为完整的茶学体系，标志着唐代茶文化的形成。《茶经》概括了茶的自然和人文科学双重内容，探讨了饮茶艺术，把儒、道、佛三教融入饮茶中，首创中国茶道精神。它是茶叶百科全书，是茶学、茶艺、茶道的完美结合。

此外，唐代尚有茶事绘画、书法，茶馆也在中唐产生，茶具独立发展，越窑、邢窑南北辉映。唐代文化发达，宗教兴盛，使得茶文化在唐代成立，并在中晚唐形成了中华茶文化的第一个高峰。

1.3.3 宋代——中华茶文化的第二个高峰

点茶道形成于五代宋初，流行于两宋时期，鼎盛于北宋徽宗时期。宋太祖赵匡胤嗜茶，在宫廷中设立茶事机关，宫廷用茶已分等级。茶仪已成礼制，赐茶已成皇帝笼络大臣、眷怀亲族的重要手段，还赐给国外使节。至于下层社会，茶文化更是生机勃勃，有人迁徙，邻里要"献茶"；有客来，要敬"元宝茶"；订婚时要"下茶"；结婚时要"定茶"；同房时要"合茶"。民间斗茶风起，带来了采制烹点的一系列变化。宋徽宗《大观茶论》序曰："本朝之兴，岁修建溪之贡，龙团凤饼，名冠天下，而壑源之品，亦自此而盛。延及于今，百废俱兴，海内晏然，垂拱密勿，幸致无为。缙绅之士，韦布之流，沐浴膏泽，熏陶德化，盛以雅尚相推，从事著饮，故近岁以来，采择之精，制作之工，品第之胜，烹点之妙，莫不盛造其极。"宋徽宗以帝王的身份，撰著茶书，倡导茶道，有力地推动了点茶道的广泛流行。点茶道远传朝鲜和日本，是高丽茶礼和日本抹茶道的源头。

茶文学兴于唐而盛于宋。茶诗方面，梅尧臣、范仲淹、欧阳修、苏轼、苏辙、黄庭坚、秦观、陆游、范成大、杨万里等佳作迭起。陆游就有茶诗三百篇，范仲淹《和章岷从事斗茶歌》可以和卢仝"七碗茶歌"媲美，苏轼茶诗更是意境深远。茶文方面，有梅尧臣《南有佳茗赋》、吴淑《茶赋》、黄庭坚《煎茶赋》，而苏轼《叶嘉传》更是写茶的奇文。茶词是宋人的独创，苏轼、黄庭坚、秦观均有传世名篇。

现存宋代茶书有陶榖《荈茗录》、周绛《补茶经》、叶清臣《述煮茶小品》、蔡襄《茶录》、宋子安《东溪试茶录》、黄儒《品茶要录》、沈括《本朝茶法》、赵佶《大观茶论》、熊蕃《宣和北苑贡茶录》、赵汝砺《北苑别录》、桑茹芝《续茶谱》、审安老人《茶具图赞》共12种。其中11种撰于北宋，唯《茶具图赞》撰于南宋末年。

此外，宋代书法四大家苏轼、黄庭坚、米芾、蔡襄均有茶事书法传世，赵佶《文会图》、刘松年《撵茶图》、辽墓茶道壁画也反映了点茶道的风行。都城汴梁、临安的茶馆盛极一时，建窑黑釉盏风行天下，并流传日本。在北宋中后期，形成了中华茶文化的第二个高峰。

1.3.4 明代——中华茶文化的第三个高峰

明太祖朱元璋废团茶兴叶茶，促进了散茶的普及。但明朝初期，延续着宋元以来的点茶道。直到明朝中叶，饮茶改为散茶直接用沸水冲泡。明人文震亨《长物志》云："吾朝所尚又不同，其烹试之法，亦与前人异。然简便异常，天趣悉备，可谓尽茶之真味矣。"明人沈德符的《野获编补遗》载："今人惟取初萌之精者，汲泉置鼎，一瀹便啜，遂开千古茗饮之宗。"泡茶道在明朝中期形成并流行，一直流传至今。

现存明代茶书有35种之多，占了现存中国古典茶书一半以上。其中有朱权《茶谱》、顾元庆《茶谱》、吴旦《茶经水辨》、田艺蘅《煮泉小品》、徐忠献《水品》、陆树声《茶寮记》、徐渭《煎茶七类》、孙大绶《茶谱外集》、陈师《茶考》、张源《茶录》、屠隆《茶说》、陈继儒《茶话》、张谦德《茶经》、许次纾《茶疏》、程用宾《茶录》、徐勃《茗谭》、周高起《阳羡茗壶系》等。其中，嘉靖以前的茶书只有朱权《茶谱》1种，嘉靖时期的茶书5种，隆庆时期1种，万历22种，天启、崇祯6种，仅万历年间茶书就超过明代茶书的一半以上。

周高起在《阳羡茗壶系》中说："茶至明代不复碾屑和香药制团饼，此已远过古人。近百年中，壶黜银锡及闽豫瓷而尚宜兴陶，又近人远过前人处。"明中期至明末的上百年中，宜兴紫砂艺术突飞猛进地发展起来。紫砂壶造型精美，色泽古朴，光彩夺目，成为艺术作品。从万历到明末是紫砂器发展的高峰，前后出现了"四名家""壶家三大"。"四名家"为董翰、赵梁、元畅、时朋。董翰以文巧著称，其余三人则以古拙见长。"壶家三大"指的是时大彬和他的两位高足李仲芳、徐友泉。时大彬在当时就受到"千奇万状信手出""宫中艳说大彬壶"的赞誉，被誉为"千载一时"。李仲芳制壶风格趋于文巧，而徐友泉善制汉方等。此外，李养心、惠孟臣、邵思亭擅长制作小壶，世称"名玩"。欧正春、邵氏兄弟、蒋时英等人，借用历代陶器、青铜器和玉器的造型及纹饰制作了不少超越古人的作品，广为流传。

明代的茶事诗词虽不及唐宋，但在散文、小说方面有所发展，如张岱的《闵老子茶》《兰雪茶》《金瓶梅》对茶事的描写。茶事书画也超过唐宋，代表性的有沈周、文徵明、唐寅、丁云鹏、陈洪绶的茶画，徐渭的《煎茶七类》书法等。在晚明时期，形成了中华茶文化的第三个高峰。

1.3.5　当代——中华茶文化第四个高峰的开始

进入现代，传统的茶诗、茶词的创作仍在继续，郭沫若、赵朴初、聂绀弩、启功等均有佳作传世。茶事散文极其繁荣，20 世纪的文学家大都撰有茶文，其数量是以往历代总和的数倍乃至数十倍。鲁迅、周作人、梁实秋、林语堂、苏雪林、秦牧、邵燕祥、汪曾祺、邓友梅、李国文、贾平凹均有优秀茶文，个人出版茶事散文专集的，有林清玄《莲花香片》、王琼《白云流霞》等。茶事小说更是异军突起，王旭烽的茶人三部曲——《南方有嘉木》《不夜之侯》《筑草为城》，荣获中国小说最高奖——茅盾文学奖。

艺术方面，有吴昌硕、齐白石、丰子恺、刘旦宅、范曾、林晓丹、李茂荣的茶事绘画，赵朴初、启功的茶事书法。老舍的《茶馆》常演不衰，茶歌、茶舞、茶乐是许多文艺晚会的保留节目。《请茶歌》《采茶舞曲》《挑担茶叶上北京》《请喝一杯酥油茶》广为流传，家喻户晓。

自 20 世纪 80 年代起，沉寂了两百多年的中华茶道开始复兴。首先从台湾，继之是大陆和港澳。茶艺、茶道、茶文化团体和组织纷纷成立，全国和地方性的茶艺赛、茶席设计赛也经常举办。理论研究异常活跃，近 20 年出版的有关茶艺、茶道、茶文化著作的数量，超过中国历史上茶书数量的总和。并且，现代中华茶艺已走出国门，不仅传播到东亚、东南亚，还远传欧美。

20 世纪 80 年代以来，中华茶文化全面复兴，茶馆业的发展更是突飞猛进。现代茶艺馆如雨后春笋般地涌现，遍布都市城镇的大街小巷。目前中国每一座大中城市都有茶馆（茶楼、茶坊、茶社、茶苑等）数十到数百家，此外，许多宾馆、饭店、酒楼也附设茶室。中国目前有大大小小的各种茶馆、茶楼、茶坊、茶社、茶苑 5 万多家，北京、上海各有茶馆（茶楼、茶坊、茶社、茶苑等）1 000 多家。在许多大中城市，茶馆的数量正以每年 20% 的速度增长。正是鉴于现代茶馆业的迅猛发展，劳动和社会保障部于 1998 年将茶艺师列入国家职业大典，茶艺师这一新兴职业走上中国社会舞台。为适应经济社会发展和科技进步的客观需要，2019 年 5 月，中华人民共和国人力资源和社会保障部制定了《茶艺师国家职业技能标准（2018 年版）》，为规范从业者行为、引导职业教育培训方向，以及职业技能鉴定提供了依据。

中国有 55 个少数民族，由于所处地理环境、历史文化及生活风俗的不同，形成了不同的饮茶风俗，如藏族酥油茶、维吾尔族的香茶、回族的刮碗子茶、蒙古族的咸奶茶、侗族和瑶族的打油茶、土家族的擂茶、白族的三道茶、哈萨克族的奶茶、苗族的八宝油茶、基诺族的凉拌茶、傣族的竹筒香茶、拉祜族的烤茶、哈尼族的土锅茶、布朗族的青竹茶等。当代，少数民族的茶文化也有长足的发展，新疆、云南等少数民族较集中的省区成立了茶文化协会。民族的也是世界的。2019 年 12 月 19 日，第 74 届联合国大会通过决议，将每年 5 月 21 日定为"国际茶日"。决议确认茶叶是最重要的经济作物之一，能够对发展中国家的农村发展、减贫和粮食安全发挥重要作用。每一位从事茶文化事业的人，都应该自觉地以此作为最高指导原则和追求，为祖国茶文化事业的蓬勃发展作出积极的贡献。

白族的三道茶

"三道茶"是白族人民待客的独特礼俗。

头道茶。主人热情地迎客入门，边交谈边架火煨水，待水开，把专作烤茶用的小砂罐放在火盆上烘热，然后放入一小撮茶叶，并执罐不停地抖动，待茶叶颜色微黄、散发出诱人的清香时，才冲入开水，只听"哧嚓"一声，罐内茶叶翻腾，涌起一些泡沫溢出罐外，像一朵盛开的绣球花。白族人认为，这是吉祥的象征。等泡沫落下，再冲入沸水，茶便煨好。这头道茶，色如琥珀，晶莹透亮，主人往一种叫牛眼盅的小茶杯里斟上两三滴，兑入少许开水，便双手举杯齐眉递给客人。白族人有"酒满敬人，茶满欺人"的尊客例规，所以那牛眼盅内的茶水只够品一两口。头道茶水不多，可是那味道苦中带着香醇，别有一番韵味。白族称这第一道茶为"清苦之茶"。它寓意做人的道理："要立业，就要先吃苦。"

二道茶。品完头道茶后，主人便往砂罐内重新注满开水，接着拿出一个小碗，碗里盛有切成薄片的核桃仁和红糖，沏入热茶时，那碗里茶水翻腾，薄仁片抖动似蝉翼。品尝之时，茶香扑鼻，味道甘甜。这就是第二道茶，又叫"甜茶"或"糖茶"。它寓意"人生在世，做什么事，只有吃得了苦，才会有甜香来"。

三道茶。先舀半匙蜂蜜，再加上三两粒红色花椒放入牛眼盅内，沏上茶水后，客人边晃动茶盅边饮，其味甜而微辣又略苦。接着主人把用牛奶加工的乳制品乳扇取一张，放在火上烤，待乳扇发泡呈黄色后，揉碎放进茶碗里同时加入一些红糖接着冲入热茶水，稍用筷子搅拌后再敬客。这样既可以饮到香茶，又能品到白族传统食品的风味，更是回味无穷。它寓意人们要常常"回味"，牢牢记住"先苦后甜"的哲理。

白族的"三道茶"，一苦二甜三回味，犹如人生的履历，值得慢慢体会。

1.4 茶艺的概念

中国茶艺早在唐、宋时期就已经发展到了相当的高度，"茶"与"艺"已密不可分。其定型与完备阶段是在唐代，精深于紧随其后的、饮茶风气旺盛的宋代，明代茶艺最重要的贡献是饮法的定型与发展。自清代以后，各地就相继出现了富有本地区特色的茶艺表演，其中以流行于广东潮汕和福建漳泉等地区的工夫茶的风格最为独特，影响最为深远。

"茶艺"这一名称被广泛使用有一个过程，最早使用是在20世纪70年代的台湾。当时的台湾开始出现茶文化复兴浪潮，之后于1978年酝酿成立有关茶文化组织时，接受了台湾民俗学会理事长娄子匡教授的建议，开始使用"茶艺"一词，并相继成立了"台北市茶艺协会""高雄市茶艺学会"。随后各种茶艺馆也如雨后春笋般地涌现在世人面前。"茶艺"一词被人们广泛接受，而且也传播至大陆各省份。"茶艺"具有了新时期的内涵与特征，"茶艺"在此主要指茶叶"品饮之艺"。"茶艺"这一名称就这样普及开来。

1.4.1　茶艺的定义和范围

1.4.1.1　茶艺的定义

茶艺的定义，包括广义和狭义两个方面。

广义的定义是：研究茶叶的生产、制造、经营、饮用的方法和探讨茶业原理、原则，以达到物质和精神享受的学问。

狭义的定义是：研究如何泡好一壶茶的技艺和如何享受一杯茶的艺术。

1.4.1.2　茶艺的范围

凡是有关茶叶的产、制、销、用等一系列的过程，都属于茶艺的范围。例如，茶山之旅，参观制茶过程；如何选购茶叶，如何泡好一壶茶，如何享用一杯茶；茶与壶的关系、茶文化史、茶叶经营、茶艺美学等，都是属于茶艺活动的范围。

茶艺是多彩多姿、充满情趣的生活艺术，想要享受高品质的生活，茶艺生活是重要的象征之一。利用节假日到茶山去走走，欣赏茶园风光，享受那翠绿的景致和清新的空气，一方面可以认识茶叶；另一方面又可以和茶农话家常，了解他们种茶、做茶的苦乐。

1.4.2　茶艺的内容

1. 茶艺的具体内容

茶艺的具体内容有技艺、礼法和道三个部分。

"技艺"是指茶艺的技巧和工艺。

"礼法"是指礼仪和规范。

"道"是指一种修行，一种生活的道路、方向，是人生哲学。

技艺和礼法是属于形式部分，道是属于精神部分。

茶艺起源于中国，茶艺与中国文化的各个层面有着密不可分的关系。高山出好茶，清泉泡好茶，茶艺并非空谈的玄学概念，而是生活内涵改善的实质性体现。就个人而言，饮茶可以提高生活品质，扩展艺术领域，这也是"茶"载"艺"的主要原因。自古以来，插花、挂画、点茶、焚香并称四艺，为文人雅士所喜爱。现代生活忙碌而紧张，更需要茶艺来缓和情绪，使精神松弛，心灵更为澄明。泡茶和饮茶是茶艺的主要内容，茶艺还可以提供高雅的休闲活动，拉近人与人之间的距离，化解误会冲突，建立和谐的关系。茶艺内容的综合表现就是茶文化。

2. 茶艺的类型

根据划分原则和标准的不同，茶艺的类型也不同。

（1）以茶事功能来划分，分为生活型茶艺、经营型茶艺、演示型茶艺。生活型茶艺主要包括个人品茗和以茶待客为目的的茶事活动，即以喝一杯好茶为依归，联络感情，追求精神的愉悦。经营型茶艺主要指在茶艺馆、茶叶店、餐饮店及其他营业性场所为消费者提供的茶艺服务。演示型茶艺又可以分为技艺型茶艺演示和艺术型茶艺演示，技艺型如四川茶馆的长嘴壶茶艺，艺术型如现在普遍表演的经过艺术加工的各种类型的茶艺。

（2）以泡茶器具划分，主要有壶泡法茶艺、盖碗茶艺、玻璃杯茶艺等。

（3）以茶叶种类划分，有乌龙茶茶艺、绿茶茶艺、红茶茶艺、花茶茶艺等。

（4）以社会阶层划分，有宫廷茶艺、文士茶艺、宗教茶艺、民间茶艺等。

（5）以民族划分，有汉族茶艺、少数民族茶艺。少数民族茶艺主要包括蒙古族茶艺、藏族茶艺、维吾尔族茶艺、回族茶艺、白族茶艺、苗族茶艺、侗族茶艺、土家族茶艺、傣族茶艺、纳西族茶艺、基诺族茶艺、布朗族茶艺、景颇族茶艺、彝族茶艺、佤族茶艺等。例如，大家所熟知的蒙古族茶艺（蒙古族咸奶茶茶艺演示）、藏族茶艺（酥油茶茶艺演示）、白族茶艺（三道茶茶艺演示）、纳西族茶艺（龙虎斗茶艺演示）等。

3. 茶艺的特点

一是以哲理为先。中国茶艺最讲究的是道法自然，即与自然相契合，物我两忘，发自心性；崇尚简静，即以简为德，心静如水，怡然自得，返璞归真。

二是以审美为重。中国茶艺之美包括环境美、水质美、茶叶美、器具美、艺术美等。

三是以个性为要。中国茶艺讲究意境，各类茶艺百花齐放。儒雅含蓄与热情奔放，空灵玄妙与禅机逼人……各种风格都能充分展现。

四是以实用为佳。茶最终是用来喝的，是开门七件事（柴、米、油、盐、酱、醋、茶）之一，是和老百姓的生活紧密相关的。

概括茶艺的特点，可以领悟到茶艺的精髓。

（1）茶艺之本——纯：茶性之纯正，茶主之纯心，化茶友之净纯。

（2）茶艺之韵——雅：沏茶之细致，动作之优美，茶局之典雅，展茶艺之神韵。

（3）茶艺之德——礼：感恩于自然，敬重于茶农，诚待于茶客，联茶友之情谊。

（4）茶艺之道——和：人与人之和睦，人与茶、人与自然之和谐，系心灵之挚爱。

因此，茶艺传达的是纯、雅、礼、和的茶道精神理念。

1.4.3 茶艺、茶俗、茶道与茶文化

茶艺、茶俗、茶道是我们探寻茶文化内涵的3条必通之途，是中华茶文化这只"传世宝鼎"的并立三足。若要真正懂得中国茶之至醇韵味，就需要对茶艺、茶俗、茶道做进一步的探究。掌握了这三者之间的关系，犹如把握住了中国茶文化的枢机，以此为纲，中国茶、中国茶文化脉络尽知。

茶俗是指在长期社会生活中，逐渐形成的以茶为主题或以茶为媒体的风俗、习惯、礼仪。事实上，人类最早认识到的茶，只是将其作为自己生活中的一部分，茶可以疗疾、果腹、止渴等，所有的这一切，都说明了茶与大众生活的息息相关之处。茶俗正是茶文化殿堂的第一重大门，只有开启了这扇大门，才可能真正迈入神圣的茶文化宫殿。

若从茶艺、茶俗、茶道这三者之间的关系上来说，茶艺则应当是茶文化的形象表述，是其表层意蕴。无论是人们日常生活中丰富多彩的茶事活动，还是深奥玄妙的茶道精神都必须通过茶艺这扇玲珑剔透的茶文化之窗来展示。

然而，若是光有"原始存在"的茶俗、精致美妙的茶艺，而不将茶文化的内涵进行系统化和凝练化，从而提出"茶道"，中华茶文化就不能征服世人。正是由于有了让人琢磨不透却又实实在在的"道"，茶才从平凡走向经典，从粗鄙走向典雅，从遥远的远古走向了绚丽的今世，从中国走向了世界。

从大的方面着眼，则一切茶艺也无非是茶俗二字。茶俗或者说大众的茶事活动，就是催生茶艺的土壤，也是培育茶道理论的基础。"俗"为根本，"艺"为表征，"道"是精髓，至此，中国茶文化逐步稳健，矗立于世界文化之林。

茶文化作为一种生活文化，包括大众文化和精英文化。它由茶饮、茶俗、茶礼、茶艺、茶道等五个层面架构而成。在茶文化中，饮茶文化是主体，而茶艺和茶道又是饮茶文化的主体。茶艺无论是内涵还是外延均小于茶文化。茶艺是茶道的基础，是茶道的必要条件，茶艺可以独立于茶道而存在。茶道以茶艺为载体，依存于茶艺。茶艺重点在"艺"，重在习茶艺术，以获得审美享受；茶道的重点在"道"，旨在通过茶艺修身养性、参悟大道。茶艺的内涵小于茶道，茶道的内涵包容茶艺。茶艺的外延大于茶道，其外延介于茶道与茶文化之间。茶艺与茶道精神是中国茶文化的核心。

茶艺、茶俗、茶道与茶文化的关系如图 1-1 所示。

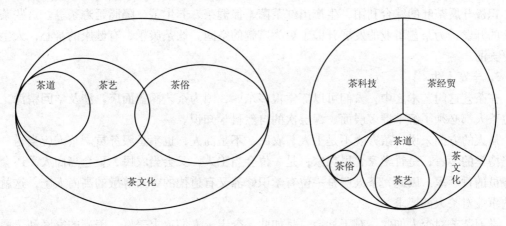

（a）茶艺、茶俗、茶道与茶文化的外延关系图　　（b）茶艺、茶道、茶文化、茶俗的内涵关系图

图 1-1　茶艺、茶俗、茶道与茶文化的关系

1.4.4　学习茶艺的意义

茶艺本身是以中华民族五千年灿烂文化内涵为底蕴的，因此，茶艺既是古老的，又是现代的，更是未来的。她的生命力是旺盛的，发展是方兴未艾的。

茶艺是我们中华民族的瑰宝，更应屹立于世界文化之林。作为一个中国人，弘扬中华文化是责无旁贷的。学习茶艺可以达到以下 4 个目的。

1. 净化心灵

茶原本生长在森林中，耐得阴苦、不出风头，紧紧和大地拥抱在一起，是随和自然的常绿植物。茶作为一种物质，不管是药用、食用还是饮用，都能满足人们的物质需要。

茶字由"艹""人""木" 3 部分组成，茶、人、自然和谐统一。茶叶作为祭品、图腾，显然是一种精神寄托与信仰的满足。唐代陆羽《茶经》说："茶宜精行俭德之人。"唐代韦应物的茶诗《喜园中茶行》说："洁性不可污，为饮涤尘烦……此物信灵味……得与幽人言。"宋代苏东坡直截了当地说："从来佳茗似佳人。"清代郑板桥说："只和高人入茗杯。"茶品、人品往往被人们相提并论。

通过研习茶艺、品茶、评茶，往往能够进入忘我的境界，从而远离尘嚣，远离污染，给身心带来愉悦。茶洁净淡泊，朴素自然，茶味醇纯。茶耐得寂寞，自守无欲，与清静相依。

儒学家推崇仁、义、礼、智、信，讲求自我修养，慎独自重，胸怀大志，标高树远，可以为不淡泊而忍受淡泊，为不寂寞而耐得寂寞，潜心茶艺，保持一种良好的心态，这无疑是茶对人类的贡献。

2. 强身健体

茶艺是现代时尚高雅的休闲活动，因为它能促使人的身心健康。

（1）茶是最好的保健饮料，养成饮茶的习惯能让人精神愉快，身体健康。

（2）饮茶能振奋精神，广开思路，消除身心的疲劳，保持旺盛的活力。

（3）茶艺活动能够规范自己的行为，养成良好的习惯，提高生活品质。

（4）以茶入菜，以茶佐菜，可发挥茶的美味营养功效，增添饮食的多样化和生活情趣。

茶对于人体的健康有很多好处，现在人们为了从茶叶中获得更多对人体有益的营养和药效，积极开展茶叶的综合利用，生产出红茶菌、保健茶、养生茶、降脂延寿茶等。这些茶叶产品的开发，为茶艺事业的发展开辟了更为广阔的空间。饮茶康乐，有健康的身心，人生才能更美丽。

3. 丰富人生

在茶艺这门艺术之中，人们可以探索很多东西，因为茶艺涵盖面广，涉及学问精深，每一位茶人都必须了解掌握多层面、深层次的自然科学知识。

从人的方面来说，茶人既不是工人、农民，不是商人，也不是服务员。茶人应当是一位真正博学的学者；是哲学家、思想家；是一位会当工人，又会当农民，更会当商人，还会做服务员的哲学家。因此，茶人应是一位有学识修养又有道德的令人尊敬的高尚人士，这就是茶艺事业对茶人的要求。

学习茶艺对个人如此，对于社会更是如此。今天，人们追求美好、美满的家庭和美丽的人生，这一切都可以从茶艺开始。

学习茶艺的目的，就是以严格的规律，促使一个人的思想以高尚文雅的方式表现在行为上，建立和谐的社会。

4. 美化生活

"茶是和平的饮料"。茶能净化心灵，强身健体，丰富人生。因此，以茶为"道"，就是以茶为生活的道路。茶道就是生活之道，是生活的一部分。人与人心灵相通，化解鸿沟，促进和谐和了解，使人从世俗的生活中走出来，代之以美感、价值感和充实感。

人生如茶，生命的清茶浮于命运的清水上。茶尽时，茶香犹存。茶，品不尽，道不完。在幽幽茶香中，让我们用"国饮"提升生活的质量，弘扬中国传统的茶文化。

■ 本章小结

我国茶文化源远流长，在不同历史时期茶文化的发展具有不同特点。本章主要介绍了茶的起源、茶文化的发展历程，以及学习茶艺的意义。高品质的现代生活不可缺少茶香气息，作为中华儿女应该了解和弘扬我国传统的茶文化，用高雅的茶艺美化生活。

■ 思考与练习

一、判断题

1. 中国是世界上最早利用茶树的国家。（　　）

2. 世界上第一部茶书的书名是《茶谱》。(　　)

3. 茶文化是指整个茶叶发展历程中精神财富的综合。(　　)

4. 茶艺的主要内容是表演和欣赏。(　　)

5. 最早记载茶为药用的书籍是《大观茶论》。(　　)

二、选择题

1. 茶艺是 (　　) 的基础。

A. 茶文化　　　　　　B. 茶情　　　　　　C. 茶道　　　　　　D. 茶俗

2. 广义茶文化的含义是 (　　)。

A. 茶叶的物质与精神财富的总和　　　　　B. 茶叶的物质及经济价值关系

C. 茶叶艺术　　　　　　　　　　　　　　D. 茶叶经销

3. 中国茶文化内涵博大精深，涵盖了文学、艺术等艺术形态的大多领域，是中华文明一份积淀深厚、千古流传的 (　　) 和智慧结晶。

A. 物质文化遗产　　　B. 精神文化遗产　　　C. 古老文化遗产

4. 泡茶和饮茶是 (　　) 的主要内容。

A. 茶道　　　　　　　B. 茶仪　　　　　　C. 茶艺　　　　　　D. 茶宴

5. 《神农本草经》是最早记载茶为 (　　) 的书籍。

A. 食用　　　　　　　B. 礼品　　　　　　C. 药用　　　　　　D. 聘礼

三、填空题

1. 宋徽宗赵佶写有一部茶书，名为＿＿＿＿＿。

2. 茶文化作为一种生活文化，包括大众文化和精英文化。它由茶饮、＿＿＿＿＿、茶礼、＿＿＿＿＿和＿＿＿＿＿等五个层面架构而成。

3. 有关中国饮茶起源涉及的神话人物是＿＿＿＿＿。

4. 茶的利用可分为三个阶段：＿＿＿＿＿、＿＿＿＿＿和＿＿＿＿＿。

5. 自古以来，＿＿＿＿＿、＿＿＿＿＿、＿＿＿＿＿和＿＿＿＿＿并称"四艺"，为文人雅士所喜爱。

四、简答题

1. 为什么说中国是世界上最早发现和利用茶叶的国家？

2. 茶艺的定义及学习茶艺的意义各是什么？

■ 实践活动

题目： 弘扬我国传统茶文化是当代大学生义不容辞的责任。

目的要求： 中华民族是一个古老的民族，也是一个有着高雅情操的民族，自古以来，人们种茶、采茶、制茶、饮茶，方寸之间见精神。一杯清茶，传达的是友好、真诚、尊重等美好情感。通过学习中国茶文化的历史渊源，讨论当代大学生传承我国优秀茶文化对提高自身修养的重要意义。

方法和步骤： 查阅有关茶文化的书籍，观看纪录片《茶——一片树叶的故事》，以小组为单位进行讨论、交流意见。

作业： 结合自身情况写出心得体会。

第2章

草木英华

学习目标

- 了解茶树的形态特征及生长环境；
- 掌握基本茶类及其品质特征，了解再加工茶类；
- 了解制茶工艺的发展历史，掌握茶叶的制作过程；
- 掌握中国十大名茶产地及其品质特点，并能够分辨十大名茶。

2.1 茶树基础知识

什么是茶？茶圣陆羽在《茶经》中说："茶者，南方之嘉木也。一尺，二尺，乃至数十尺。其巴山峡川有两人合抱者，伐而掇之。"茶，山茶科常绿灌木或乔木，产于我国中部至南部，嫩叶可加工成饮料。茶因其独特的功效，又被称为瑞草、仙草、灵草等，古诗文中较为常见。学习茶艺，认识茶叶，首先要从了解茶树开始。

2.1.1 茶树的形态特征

学习茶艺，首先要了解和研究茶树的生物特征，掌握其形态、生命活动规律及与生态环境的关系等。只有这样，才能在学习和运用茶的过程中，达到准确、自如的目的。

1. 茶树的外形

茶树的地上部分，在无人为控制情况下，因为茶枝性状的差异，植株分为乔木型、灌木型和小乔木型 3 种。

（1）乔木型茶树。有明显的主干，分枝部位高，通常树高 3～5 米。

（2）灌木型茶树。没有明显主干，分枝较密，多近地面处，树冠矮小，通常为 1.5～3 米。

（3）小乔木型茶树。在树高和分枝上都介于灌木型茶树与乔木型茶树之间。

茶树的树冠形成，由于分枝角度、密度的不同，分为直立状、半直立状、披张状 3 种。

目前，为了茶叶的优质和高产，科学地培养植株和树冠，人工栽培茶园已是栽培管理上的重要环节。运用修剪和采摘技术，可培养健壮均匀的主干，扩大分枝的密度和树冠的幅度，增加采摘面，控制茶树适中的高度等，有效地提高了产量和质量，方便了采摘和管理。

2. 茶树的组成

1）根

茶树的根由主根、侧根、细根、根毛组成，为轴状根系。主根由种子的胚根发育而成，在垂直向土壤下生长的过程中，分生出侧根和细根，细根上生出根毛。主根和侧根构成根系的骨干，寿命较长，起固定、输导、贮藏等作用。细根和根毛统称吸收根，寿命较短，不断更新。

2）茎

茶树的茎，从其作用分主干、主轴、骨干枝、细枝。分枝以下的部分称为主干，分枝以上的部分称为主轴。主干是区别茶树类型的重要依据之一。

在茶树的茎上有生叶和芽。生叶的地方叫节，两叶之间的一段叫节间，叶脱落后留有叶痕。芽又分叶芽和花芽，叶芽展开后形成的枝叶称新梢。新梢展叶后，分一芽一叶梢，一芽二叶梢，摘下后即是制茶用的鲜叶原料。

茶树的枝茎有很强的繁殖能力，将枝条剪下一段插入土中，在适宜的条件下即可生成新的植株。

3）叶

茶树的叶片，是制作茶叶的原料，也是茶树进行呼吸、蒸发和光合作用的主要器官。

茶树的叶由叶片和叶柄组成，没有托叶，属于不完全叶。在枝条上为单叶互生，着生的状态因品种而不同，有直立状、半直立状、水平状、下垂状4种。叶面有革质，较平滑，有光泽；叶背无革质，较粗糙，有气孔（是茶树交换体内外气体的通道）。

茶树叶片的大小、色泽、厚度和形态，因品种、季节、树龄及农业技术措施等有显著差异。叶片形状有椭圆形、卵形、长椭圆形、倒卵形、圆形等，以椭圆形和卵形居多。成熟叶片的边缘上有锯齿，一般为16～32对；叶片的叶尖有急尖、渐尖、钝尖和圆尖之分，叶片的大小，长的可达20厘米，短的5厘米；宽的可达8厘米，窄的仅2厘米。

以成熟叶为例，茶树叶片的叶脉呈网状，有明显的主脉，由主脉分出侧脉，侧脉又分出细脉，侧脉与主脉呈45°左右的角度向叶缘延伸，到叶缘2/3处呈弧形向上弯曲，并与上一侧脉连接，组成一个闭合的网状输导系统，这是茶树叶片的重要特征之一。

茶树叶片上的茸毛，即一般常指的"毫"，也是它的主要特征。茶树的嫩叶背面着生茸毛，是鲜叶细嫩、品质优良的标志，茸毛越多，表示叶片越嫩。一般从嫩芽、幼叶到嫩叶，茸毛逐渐减少，到第四叶叶片成熟时，茸毛便已不见了。

4）花

花是茶树的生殖器官之一。茶花可分为花托、花萼、花瓣、雄蕊、雌蕊5个部分，属于完全花。茶花为两性花，多为白色，少数呈淡黄或粉红色，稍微有些芳香。

茶花由授粉至果实成熟，大约需一年零四个月。在这一期间，仍不断产生新的花芽，继续开花、授粉，产生新的果实，这也是茶树的一大特征。

5）果实与种子

茶树的果实是茶树进行繁殖的主要器官。果实包括果壳、种子两部分，属于植物学中的宿萼蒴果类型。

茶树种子多为棕褐色，也有少数黑色、黑褐色，大小因品种而异，结构可分为外种皮、内种皮与种胚3部分。辨别茶籽质量的标准是：外壳硬脆，呈棕褐色，在正常采收和保管下，发芽率在85%左右。

2.1.2 茶树的生长环境

茶树在生长过程中不断地和周围环境进行物质和能量的交换，既受环境制约，又影响周围环境。茶树的生长环境是决定茶叶茶质优良的重要因素。

1. 气候

茶树性喜温暖、湿润，在南纬 45°与北纬 38°之间都可以种植，最适宜的生长温度为 18～25 ℃，不同品种对于温度的适应性有所差别。

茶树生长需要年降水量在 1 500 毫米左右，且分布均匀，早晚有雾，相对湿度保持在 85% 左右的地区，较有利于茶芽发育及茶青品质。若长期干旱或湿度过高均不适于茶树生长栽培。

2. 日照

茶作为叶用作物，极需要日光。日照时间长、光度强时，茶树生长迅速，发育健全，不易罹患病虫害，且叶中多酚类化合物含量增加，适于制造红茶；反之，茶叶受日光照射少，则茶质薄，不易硬化，叶色富有光泽，叶绿质细，多酚类化合物少，适制绿茶。光带中的紫外线对于提高茶汤的水色及香气有一定影响。高山所受紫外线的辐射较平地多，且气温低，霜日多，植物生长期短，所以高山茶树矮小，叶片亦小，茸毛发达，叶片中含氮化合物和芳香物质增加，故高山茶香气优于平地茶。

3. 土壤

茶树适宜在土质疏松、土层深厚、排水及透气良好的微酸性土壤中生长。虽在不同种类的土壤中都可生长，但以酸碱度（pH）以 4.5～5.5 为最佳。

茶树要求土层深厚，最好有一米以上，其根系才能发育和发展，若有黏土层、硬盘层或地下水位高，都不适宜种茶。土壤中石砾含量不超过 10%，且含有丰富的有机质是较理想的茶园土壤。

2.2 茶叶的生产与制作

中国制茶历史悠久，各种茶类品质特征的形成，除了受茶树品种和鲜叶原料的影响外，加工条件和制造方法也是重要的决定因素。

2.2.1 制茶工艺的发展历史

在没有发明用火烤煮食物之前，茶只能是咀嚼鲜叶，这种最原始的利用方法进一步发展的结果，便是生煮羹饮，生煮类似现代生活的煮菜汤。后来人们将茶叶晒干收藏，可随时取作祭品或作药用和饮用，进一步发展的结果便是采叶作饼。

中唐以后，采叶做饼茶的制茶工艺得到逐步完善，进行系统总结记载的便是陆羽《茶经·三之造》。唐朝时，茶叶制造是以蒸青团饼茶为主，茶叶采摘后，先放在甑釜中蒸一下，然后将蒸好的茶叶用杵臼捣碎，再把捣碎的茶末放在铁制的规承（模）中，拍压制成团饼，将茶饼穿起来烘焙至干，封存。

到了宋朝，制茶技术发展很快，而且由于贡茶制度的形成，团饼茶的制作力求精益求精，饰面花纹出现龙凤之类，龙凤团饼由此逐步产生。宋朝团饼茶称片茶，其制造工艺较唐朝有了改进。宋时，除团饼茶（即片茶）之外，还有散茶生产。散茶是蒸青后直接烘干呈松散状而得名。到宋朝后期，散茶得到进一步发展，有取代团饼茶之势。

元代制茶逐渐发展为以制造散茶、末茶为主。

到了明代，团饼茶逐渐被淘汰，采摘细嫩芽叶制造散茶已是大势所趋。因制造团饼茶费工耗时，且经水浸、榨汁有损茶叶香味，故散茶逐渐被人们所接受。正式废团饼茶兴叶茶，促成这种变革的重要人物是明太祖朱元璋，他于洪武二十四年（1391）九月十六日下了一道诏令"罢造龙团，惟采茶芽以进"，从此，停止制造团饼茶，蒸青散茶叶大为盛行。

2.2.2 影响茶叶品质的主要因素

千姿百态的茶叶，其色、香、味、形的本质是以多种化学物质作为基础的，物质的含量及其组成比例影响着各种茶的品质。

1. 茶叶色、香、味、形的由来

对茶叶的质量而言，除了必须符合卫生标准外，它的色、香、味、形，就成为评估茶叶品质的基础。各种茶类各有其特征，并有与其特征相应的色、香、味、形的质量要求。茶叶的色、香、味、形，表现为各种茶类的特有品质，同时又由于其色泽悦目，香气诱人，滋味爽口，饮后在感官上也能享受到愉悦。正如范仲淹在《和章岷从事斗茶歌》所描述的那样："斗茶味兮轻醍醐，斗茶香兮薄兰芷。"说明饮茶后感到其味胜"醍醐"，其香胜"兰芷"，享受到饮茶后味美香高的乐趣。在茶的色、香、味、形的感应下，人能够获得特殊的身心修炼与精神安慰。

当然，茶叶的色、香、味、形，是茶叶品质的综合反映，除了形依赖于物理作用外，色、香、味均以品质化学成分为基础。

1）茶叶色泽的化学本质

茶叶色泽，包括茶叶的干茶色与汤色两个部分。茶叶颜色，习惯上都是指干茶的色泽。但在茶叶品质审评上，还包括泡茶以后留下来的叶底色泽。这些色泽的出现，都有其一定的物质基础，即形成各种颜色的茶叶化学成分。

茶叶中的有色物质很多：绿色的叶绿素，橙红色的类胡萝卜素，具有各种不同颜色的黄酮及其弍类物质与花青素等。除此以外，还有鲜叶经过不同加工方式所形成的各种茶类的特有颜色，如红茶、乌龙茶、白茶等。茶鲜叶加工之后所产生的颜色，有的来自有色物质，有的是从无色物质转化而成的。物质的转化过程非常复杂。同是一片鲜叶，由于加工方法不同，可以制成各种茶类，通过加工过程中的化学变化与物理变化，各种茶类表现出应有的特色。茶叶中的各类有色物质，都不是单一的一种化合物，而是一个组合。例如，类胡萝卜素，就包括α-胡萝卜素、β-胡萝卜素、γ-胡萝卜素、番茄红素、叶黄素、玉米黄素等。此外，因叶子的老嫩，其含量也有变化，一个组合中的各种成分，以及量与组成比的不同，反映出来的颜色更是深浅色泽不一，神态各异。

鲜叶中的各种组成成分经热处理后，有量的差异，固定下来的各种成分之间的比例不同，反映在主体叶绿素的颜色上，就产生了深浅不同的绿色：嫩绿、翠绿、黄绿及乌绿。绿茶的干茶色泽与其等级的确定有直接影响，总的标准是以绿润为中心。绿茶"绿"字之由来，叶绿素虽是主体，在感官上的嫩润黄等感受，又与茶叶中所含的果胶物质与黄酮类物质的变化有关。

优质绿茶的茶汤色泽应该是清澈明亮的淡黄微绿色。这种淡黄的颜色，主要是以黄酮甙类物质及原来无色的物质经轻度氧化形成有色物质为主体。由于叶绿素属于非水溶性物质，故绿茶茶汤中的绿色成分是黄酮类物质（如牡荆甙等）。叶绿素是脂溶性物质，在绿茶茶汤中不能形成呈色的主体。据科学研究证明，叶绿素在绿茶茶汤中只有极微量的悬浮颗粒，不能形成真溶液。

红茶的干茶颜色看起来有乌润感，它不是什么正统的红色，之所以命名为红茶，是因茶汤的汤色。因此，红茶的外形色泽要求，即干茶颜色的品质标准，并不反映"红"的特征。国际通用的红茶名词为 black tea，在字义上完全以外形乌黑色泽作为依据，并无"红"的含义。

红茶汤色要求红艳明亮，这种红色来自鲜叶中的茶多酚。红茶在制作工序中有一个发酵过程，实际上是一个氧化过程。鲜叶中的茶多酚经过这一氧化过程，把含量的 30%～40% 转化成红茶的特征色素，其氧化产物的主要成分是茶黄素、茶红素和茶褐素。发酵技术掌握恰当，这 3 种主要红色成分比例协调，红茶汤色就可以获得红艳明亮的结果，这是优质红茶的汤色。

乌龙茶属于半发酵茶，它的加工方法及采用的技术原理介于红茶与绿茶之间，干茶色泽一般偏青褐。乌龙茶的汤色呈黄红色，鲜叶中的茶多酚被氧化的量较少，因此茶黄素与茶红素的含量都较低，茶褐素很少。

2）茶叶香气的化学本质

茶叶香气由一群比较复杂的芳香物质所构成。不同芳香物质的种类及数量的综合，形成了各种茶类的香气特征。除了品种、季节因素的特殊原因外，鲜叶原料通过不同的加工方法，可形成各种不同香气。目前，虽然对多数芳香化合物相应的香气性质已有初步了解，但仍然难以用具体的芳香物质成分直接表明茶叶所特有的具体气味。例如：具有嫩茶鲜爽清香香气性质的芳香化合物有顺-3-己烯醇等六碳醇、六碳酸、反-2-六碳烯酸以及某些五碳醇；具有铃兰类鲜爽花香性质的芳香化合物有沉香醇；具有茉莉、柚子类甜醇浓厚香气性质的芳香化合物有 β-紫罗酮与紫罗酮的衍生物、顺-茉莉酮、茉莉酮酸甲酯、橙花叔醇；具有果味香性质的芳香化合物有茉莉内酯及其他内酯类化合物、茶螺烯酮、其他紫罗酮类化合物；具有木质气味性质的芳香化合物有倍半萜烯等碳氢化合物、4-乙烯苯酚。各种各样的芳香物组成各种茶类的不同香味，其香型就反映了茶类的香气特征。到目前为止，茶叶香气的研究内容仍处于了解茶叶香气的组成成分、组成变化与茶品质关系的阶段，至于代表某种茶类香气的芳香物质的组成，还有待于采用更为先进的分析仪器继续深入研究。

迄今为止，已分离鉴定的茶叶芳香物质约有 700 种，但其主要成分仅为数十种。它们有的是鲜叶、绿茶、红茶共有的，有的是各自分别独具的，有的是在鲜叶生长过程中合成的，有的则是在茶叶加工过程中形成的。例如，顺-3-己烯醛只存在于鲜叶，不存在于绿茶、红茶中；吡嗪类化合物在绿茶中含量很多，但在红茶中则尚未发现；红茶中所含的酯类化合物有 38 种，但在绿茶中仅发现 9 种；内酯类化合物也有类似情况。

总体来说，茶鲜叶中含有的香气物质种类较少，大约 80 种；绿茶中有 260 多种，红茶则有 400 多种。芳香物质种类的组成与量的不同，形成了茶叶多种多样的香味特色。

3）茶叶滋味的化学本质

由于香气和滋味的关系非常密切，所以一般常用"香味"两个字来表示食品的香气。人们能感受到的茶叶滋味，是以茶叶化学成分的味阈值为基础，由味觉器官的反应形成的。茶叶中对味觉起主导作用的是茶多酚（包括儿茶素及各种多酚类物质）、氨基酸，具辅助作用的是咖啡因、还原糖等化合物；在红茶中，除茶多酚、氨基酸外，起特征作用的茶黄素与茶红素等与红茶滋味密切相关的物质，是儿茶素经氧化产生的。

酸、甜、咸、苦的味阈测定代表物，是蔗糖、盐酸、食盐与硫酸奎宁，它们的味阈值分别为 0.03 摩尔/升、0.009 摩尔/升、0.01 摩尔/升、0.000 08 摩尔/升，由此可见，苦味物质对味觉器官的反应灵敏度最高。茶叶的涩味是指茶汤中所含物质对口腔产生的带收敛性的刺激感受。茶叶中表现为涩味的是多酚类物质，一般多酚类物质在茶汤中占水浸出物的 10%～40%。这其中又以各类儿茶素物质构成了涩味的主体。严格来讲，涩味是人的口腔黏膜接触特定的物质后产生的物理性收缩反应，并不是单纯的由味觉感受细胞完成的感觉。茶叶中表现为苦味的物质主要是咖啡因、花青素和茶皂素等。咖啡因在茶叶的水浸出物中一般占 4% 左右的含量。茶叶的苦味和涩味总是相伴的，二者的共同作用确定了茶叶的滋味刺激特性。茶叶中表现为鲜味的物质主要是各种游离的氨基酸及儿茶素、氨基酸与咖啡因形成的复杂化合物，一般氨基酸在茶汤中占水浸出物的 3% 左右。甜味主要由茶叶中的可溶性糖类物质和某些氨基酸形成。甜味不是茶叶的主要滋味，但能在一定程度上中和茶叶的苦涩味。此外，茶叶中所含的可溶性果酸（糖类中的一种）具有黏稠性，可增强茶汤的浓度，使茶味产生丰富和厚实的感受。酸味通常由茶汤中的有机酸、抗坏血酸（维生素 C）、茶黄素和部分氨基酸等物质产生，正常的酸味也是茶汤滋味的调节因素之一。

4）茶叶外形的形成

各种茶类的外形，都是物理作用形成的。当然在物理作用过程中，不能排除一定的化学变化。茶叶的外形有条形、扁形、针形、圆形、片形、卷曲形等。鲜叶经过一定的加工过程后，辅以成形的技术措施，并通过干燥使形固定下来，形成一定的茶类特征。在定形干燥过程中，茶叶的色泽也会发生一定的变化，如绿茶绿色的深浅、红茶色泽的乌润与否等。这虽与茶类的形状特征没有直接影响，但对感官心理因素及滋味品质的评定，将会产生重要的作用，所以茶叶在加工过程中，在外形色泽上也是应该十分注意的。如白茶的外形，由于加工方法自成体系，形状基本保持鲜叶的原有完整片状，其叶色由于水分的散失而变成深绿色，茸毛显露而形成白色层，这是该类茶外形的特征，与其他各种茶类彻底改变原有鲜叶的形状，毫无共同之处。由于白茶外形之美，故又称为白牡丹。

以上所述的呈色、呈香、呈味物质的变化，除了加工技术条件外，鲜叶原料的茶树品种、茶园生态、肥培管理、采摘标准、采收季节等的不同，也会产生一定的差异。

2. 不同季节茶的品质特点

茶叶的品质与天气息息相关，一年四季气候变化不定，采收制作出的茶叶自然各有异同。这是茶树体内新陈代谢在合成茶叶品质的生化过程中，受到外界条件变化的结果。从茶叶品质成分的季节特点来看，主要反映在氨基酸与儿茶素的关系上。

1）春茶（三月中旬至五月上旬采收）

每年十二月至翌年清明节前，是春茶生长的季节。茶树在冬季生长速度缓慢，自春天起才开始萌发新芽。经过冬季的休息，入春后雨量充沛，温度适中，春茶的芽叶肥壮，色泽翠绿，叶片质地柔软，滋味清新，香气浓烈。春茶的干茶条索紧结，香气浓，芽叶与茶梗肥壮厚实，偶尔会夹杂如绿豆大小的幼果。冲泡时因为条索厚重，春茶的下沉速度较快，香气持久，滋味甘醇。茶汤清澈明亮，叶底柔软厚实，芽叶较多，叶脉细密，叶缘的锯齿形状不明显。

2）夏茶（五月中旬至六月下旬采收及七月上旬至八月中旬采收）

夏茶的生长季节是一年中最为炎热的时间，芽叶生长迅速，能溶解于茶汤中的溶出物质相对减少，茶叶香气不如春茶强烈，茶汤滋味不如春茶新鲜爽口，而且苦涩的成分增加。但由于夏茶的儿茶素与咖啡因含量较多，因此适合制白毫乌龙，其滋味强烈，颜色浓艳。在外形上，夏茶的条索松散，茶叶轻飘蓬松，茶梗瘦长，芽尖常带有茸毛。因为重量轻，冲泡时茶叶下沉速度较慢，香气难以提升，滋味苦涩，叶底薄而硬，顶芽较不明显，对开叶相对增加，叶脉较粗，叶缘的锯齿形状清晰可见。

3）秋茶（九月上旬至十月下旬采收）

秋茶的品质介于春茶与夏茶之间。茶树经过春夏两季的采摘后，茶芽内所含成分相对降低，茶叶的香气、滋味较为平和。干茶叶大小不一，叶片轻薄瘦小，偶尔夹杂些许茶苞在条索中，香气平淡。冲泡后的茶汤虽不如夏茶苦涩，但仍带有些微涩味，滋味淡薄，叶底展开后大小不一，对开叶多，叶缘锯齿形状明显。

4）冬茶（十月下旬至十一月下旬采收）

冬茶与春茶是一年中品质最好的两季茶。春茶的浓厚犹如杨贵妃的婀娜；冬茶的清香则如赵飞燕的轻盈，冬茶的水色与香味较春茶清淡，但香气细腻，苦涩感较低，这是冬茶的一大优点。茶叶的外观颜色为淡绿色，粗茶杂质较多，整体颜色不均匀，但精制过的成品可除去此问题。冬茶的滋味虽不如春茶浓郁，却较为柔顺。

2.2.3 茶叶的制作

茶树上长着的叶子叫作"生叶"；从茶树上采下来的叶子叫"鲜叶"，也叫"茶青"。茶青摘下来之后，首先要让它失去一些水分，称为"萎凋"。

炒茶的工艺较复杂。从茶树采下来的鲜叶，静置多长时间开始炒，是茶叶制作的关键。又因为这个关键而制造出三大系列茶叶，即不发酵茶、半发酵茶和全发酵茶。

鲜叶经炒定干燥后制成的茶叶，称不发酵茶。由于不发酵而少有改变鲜叶的颜色，所以是绿茶。

鲜叶静置一定时间后而炒定干燥的茶叶，称为半发酵茶，或"部分发酵茶"。这类茶叶是最复杂的：静置时间的长短而有不同程度的变化，从发酵10%到70%都有。例如，台湾文山包种茶发酵约15%，冻顶茶发酵约25%，木栅铁观音茶发酵约40%，乌龙茶发酵60%～70%。这类茶因为属于部分发酵，所有干茶均呈现青色，发酵越高青色越深，甚至转为青褐色。总的来说，呈现的颜色是青蛙皮的颜色，因此称为"青茶"。

如果将鲜叶静置让它完全"渥红"，即全发酵茶，做出来的干茶呈暗红色，也就是红茶。

白茶是因为有一些茶树品种较为特别（如福鼎大白茶种），它的芽尖白毫较多，采下经特殊工艺制作后仍能保存白毫而不脱落，茶呈现银白色，所以称白茶。

黄茶是在制造绿茶的过程中，加一道闷黄的工序从而使茶叶呈现出黄色。

黑茶则是一种后发酵茶，将制成的茶叶经过堆积再发酵，使颜色呈黑色，因此称为黑茶。

茶叶的不同是缘于制造方法的不同。原则上，从任何一种茶树上摘下来的鲜叶，都可用不同的制造方法，制成任何一样成品茶叶。当然，某一品种的茶树最适合制成哪一样的茶叶，是有它的“适制性”的。

2.3　茶叶的分类

中国人在几千年对茶的利用过程中，逐步对茶叶加工工艺加以改良和完善，使茶叶种类不断发展和丰富。茶学界在各种茶类制法的基础上结合其品质特征，将中国茶叶分为基本茶类和再加工茶类两大部分，如图 2-1 所示。

- 中国茶类
  - 基本茶类
    - 绿茶
      - 蒸青绿茶（煎茶、玉露等）
      - 晒青绿茶（滇青、川青、陕青等）
      - 炒青绿茶
        - 眉茶（特珍、珍眉、凤眉等）
        - 珠茶（平水珠茶、雨茶、秀眉等）
        - 扁炒青（西湖龙井、大方、碧螺春、雨花茶、松针等）
      - 烘青绿茶
        - 普通烘青（闽烘青、浙烘青、徽烘青、苏烘青等）
        - 特种烘青（黄山毛峰、太平猴魁、华顶云雾、高桥银峰等）
    - 白茶
      - 白芽茶（白毫银针等）
      - 白叶茶（白牡丹、贡眉等）
    - 黄茶
      - 黄芽茶（君山银针、蒙顶黄芽等）
      - 黄小茶（北港毛尖、沩山毛尖、温州黄汤等）
      - 黄大茶（霍山黄大茶、广东大叶青等）
    - 乌龙茶（青茶）
      - 闽北乌龙（水仙、大红袍、肉桂等）
      - 闽南乌龙（铁观音、奇兰、黄金桂等）
      - 广东乌龙（凤凰单枞、凤凰水仙、岭头单枞等）
      - 台湾乌龙（冻顶乌龙、文山包种、白毫乌龙等）
    - 红茶
      - 小种红茶（正山小种等）
      - 工夫红茶（滇红、祁红、川红、闽红、宜红等）
      - 红碎茶（叶茶、碎茶、片茶、末茶）
    - 黑茶
      - 湖南黑茶（安化黑茶等）
      - 湖北老青茶（蒲圻老青茶等）
      - 四川边茶（南路边茶、西路边茶等）
      - 滇桂黑茶（普洱茶、六堡茶等）
  - 再加工茶类
    - 花茶（茉莉花茶、珠兰花茶、玫瑰红茶、桂花乌龙等）
    - 紧压茶（黑砖、茯砖、方茶、饼茶、沱茶等）
    - 萃取茶（速溶茶、浓缩茶等）
    - 茶饮料（茶可乐、茶汽水、荔枝红茶、柠檬红茶、猕猴桃茶等）
    - 果味茶（荔枝红茶）
    - 保健茶（苦丁茶）

图 2-1　中国茶叶的分类

2.3.1 基本茶类

按照初加工工艺不同，以及加工中茶叶多酚类物质的氧化聚合程度的不同，可将茶叶分为六大基本类型，即绿茶、红茶、乌龙茶（青茶）、黄茶、白茶、黑茶。

1. 绿茶

绿茶是我国产量最多的一类茶叶，全国 20 多个产茶省（区、市）都产绿茶。我国绿茶花色品种之多居世界首位，每年出口数万吨，占世界茶叶市场绿茶贸易的 70%。

绿茶的绿色由叶绿素决定。鲜叶经热处理后，叶中所含活性物质受热而被破坏，活性被抑制，阻止了各种化学成分由活性物质的催化而引起的变化，使叶绿素在鲜叶中固定下来，这样制成的茶就称为绿茶。其淡黄微绿的色泽主要是黄酮类物质及轻度氧化形成的有色物质。叶绿素是脂溶物质，在茶汤中只有少量悬浮颗粒，不形成真溶液。

按初制加工过程的杀青和干燥方式不同，绿茶可分为蒸青绿茶、炒青绿茶、烘青绿茶、晒青绿茶。

绿茶的基本制作工艺为杀青、揉捻、干燥。

1）蒸青绿茶

这是唐宋时盛行的制法。

用蒸汽杀青制作而成的绿茶称之为蒸青绿茶，是我国古代最早发明的一种茶类，如玉露、煎茶等。基本工艺是：蒸青、冷却、粗揉、中揉、精揉、烘干。用蒸青机，通过 100 ℃的蒸汽，使鲜叶的叶温在 30 秒内达到 95 ℃以上，鲜叶中的酶活性迅速受热钝化，从而固定了蒸青叶的绿色。特点是：三绿（干茶绿、汤色绿、叶底绿），香清味醇（据考：南宋咸淳年间日本高僧大忼禅师到浙江径山寺研究佛法，当时径山寺盛行围坐品茶研讨佛经，常举行"茶宴"，饮的是经蒸碾焙干研成末的"抹茶"，茶叶清醇。大忼禅师回国后，将径山寺"茶宴"和"抹茶"制法传至日本，启发了日本的"茶道"）。

2）炒青绿茶

炒青绿茶产生于明代。

炒青绿茶因干燥方式采用炒干而得名。按外形形状，可分为眉茶（长炒青）、珠茶（圆炒青）、扁炒青（细嫩炒青）3 类。

3）烘青绿茶

主产于安徽、福建、浙江三省。高档烘青绿茶直接饮用，其余大部分用来窨制花茶。特点是外形完整、稍弯曲、锋苗显，干茶墨绿，香清味醇，汤色、叶底黄绿明亮。

4）晒青绿茶

主产于四川、云南、广西、湖北和陕西，是压制紧压茶的原料，最后一道工序是晒干。代表性的名茶有滇青绿茶。

绿茶品质特征是：香高味醇，清汤绿叶，汤色清澈明亮，呈淡黄微绿色。滋味讲究高醇。绿茶以春茶最好，夏茶最差。

2. 红茶

红茶为全发酵茶。在制茶过程中，以日晒代替杀青，揉后叶色变红而形成了红茶。最早出现的红茶是清代创始于福建崇安的小种红茶。在国际市场上，红茶贸易量占世界茶叶总贸易量的 90% 以上。据红茶的外形形状，可分为条红茶（小种红茶、工夫红茶）和红碎茶

（叶茶、碎茶、片茶和末茶）。

红茶的基本制作工艺为萎凋、揉捻、发酵、干燥。

条红茶主产于福建、安徽、云南、江西。条红茶具有条索紧细，匀齐清秀，色泽乌润，香气馥郁，滋味醇厚甘甜，汤色、叶底红亮的品质特点。松烟小种有特殊松烟味。

红碎茶主产于云南、海南、广东、广西、四川、贵州。产地不同，滋味各异。

红茶品质特征是：汤色红艳、明亮，香气浓郁带甜，滋味浓郁鲜爽，红汤红叶。

茶叶中原本无色的多酚类物质，在多酚氧化酶的催化作用下氧化，形成红色氧化聚合物——红茶色素，形成了红茶、红汤、红叶的鲜明特点。

3. 乌龙茶（青茶）

乌龙茶（青茶）为半发酵茶，是介于绿茶（不发酵）与红茶（全发酵）之间的一类茶叶。冲泡后有一股"如梅似兰"的幽香，无红茶之涩、绿茶之苦。乌龙茶出现在清代初年，创制地点在福建。

乌龙茶的基本制作工艺为晒青、晾青、摇青、杀青、揉捻和干燥。

乌龙茶又可分为闽北乌龙、闽南乌龙、广东乌龙、台湾乌龙等几种类型。

（1）闽北乌龙。主产于福建北部武夷山一带。代表性的名茶有水仙、大红袍等。

（2）闽南乌龙。闽南是乌龙茶的发源地。铁观音、黄金桂等产于这一带。

（3）广东乌龙。主要产于广东潮州、饶平一带。如凤凰单枞等。

（4）台湾乌龙。主产于台湾。因发酵不同，分台湾乌龙和台湾包种两类。冻顶乌龙在台湾乌龙的名气很大，近年金萱、翠玉等包种茶发展势头也很好。

乌龙茶品质特征是：汤色黄红，香气浓醇而馥郁，滋味醇厚，鲜爽回甘，叶底边缘呈红褐色，中间部分呈淡绿色，形成奇特的"绿叶红镶边"。乌龙茶性和不寒，久藏不坏，香久益清，味久益醇，且滋味醇厚回甘，有独特的"喉韵"，即似嚼之有物。

4. 黄茶

黄茶属微发酵茶类。黄茶最早出现在明代，在炒制绿茶过程中由于技术失误，或杀青时间过长，或杀青后没及时摊晾，或揉捻后未及时烘干、炒干，堆积过久，使叶子变黄，产生黄汤黄叶，这样就出现了茶的另一个品类——黄茶。

黄茶的基本制作工艺为杀青、揉捻、闷黄、干燥。其中，闷黄是形成黄茶品质的关键。闷黄分湿坯闷黄和干坯闷黄。湿坯闷黄是将杀青叶或经热揉后的揉捻叶进行堆闷，需 7 个小时。干坯闷黄是初烘后再进行装篮闷黄，需 7 天左右。

黄茶依原料芽叶的嫩度和大小可分为黄大茶、黄小茶和黄芽茶。

（1）黄大茶。主要包括产于安徽霍山的"霍山黄大茶"和广东韶关、肇庆、湛江的"广东大叶青"。

（2）黄小茶。主要有湖南岳阳的"北港毛尖"，湖南宁乡的"沩山毛尖"，湖北远安的"远安鹿苑"，浙江温州、平阳一带的"温州黄汤"。

（3）黄芽茶。原料细嫩，采摘单芽或 1 芽 1 叶加工而成。主要有湖南岳阳洞庭山的"君山银针"，四川雅安的"蒙顶黄芽"，安徽霍山的"霍山黄芽"。

黄茶品质特征是：色黄、汤黄、叶底黄，滋味浓醇清爽，汤色橙黄明净，叶底嫩黄。

5. 白茶

白茶属微发酵茶。传说咸丰、光绪年间被茶农偶尔发现。这种茶树嫩芽肥大、毫多，生晒制干，香、味俱佳。该茶主产于福建，台湾也有少量生产，主销东南亚和欧洲。

白茶的基本制作工艺为萎凋、晒干和烘干。

白茶因采制原料不同，分为芽茶和叶茶两类。

（1）白芽类。白芽类白茶也称银针，主要代表是"白毫银针"。

（2）白叶类。白叶类白茶主要有"白牡丹""贡眉""寿眉"等。

白茶品质特征是：茶芽完整，形态自然，白毫不脱，清淡回甘，香气清鲜，茶汤浅淡，滋味甘醇，毫香显露，汤色杏黄，持久耐泡。主要品尝毫香气。

6. 黑茶

黑茶属后发酵茶。黑茶产量较大，仅次于绿茶、红茶，以边销为主，又称为"边销茶"。黑茶制作始于明代中期。黑茶出现也是偶然的——在制作绿茶时，因叶量多，火温低，使叶色变为近似黑色的深褐绿色，或绿毛茶堆积后发酵，渥成黑色，于是便产生了黑茶。黑茶的原料一般较粗老，加之制造过程中往往堆积时间较长，因而叶色墨黑或黑褐。

黑茶的基本制作工艺为杀青、揉捻、渥堆、干燥。渥堆是决定黑茶品质风格的关键。黑茶因产地和工艺上的差别，有湖南黑茶、湖北老青茶、四川边茶、滇桂黑茶之分。黑茶压制的砖茶、饼茶、沱茶等紧压茶，是少数民族不可缺少的饮品，冲泡时最好在沸水中煮几分钟。

黑茶品质特征是：外形叶粗，梗多，干茶褐色，汤色棕红，香气纯正，滋味醇和，醇厚回甘，陈香馥郁。有解毒、治痢疾、除瘴、降血脂、减肥、抑菌、暖胃、醒酒、助消化等功效。

2.3.2 再加工茶类

以基本茶类做原料进行再加工以后制成的产品称再加工茶类。主要包括花茶、紧压茶、保健茶、萃取茶、果味茶等。

1. 花茶

用茶叶和香花进行拼和窨制，使茶叶吸收花香而制成的香茶，称花茶。明代顾元庆在《茶谱》中有橙皮窨茶和莲花窨茶的记载。橙皮茶就是将橙皮切丝，将茶叶与其拌和后烘干。莲花茶是在太阳未出时，将茶叶放入莲花内，用麻绳略扎，一天一夜后将茶倒出烘干。但这都不是现代意义上的花茶，现代意义上的花茶创制于清朝顺康年间。据记载当时有一个闵姓徽州人，自娱自乐用兰花和茶叶放在一起窨制，取名兰花方片。经他的启发，后人竞相效仿，发展成了当今的一大茶类。

现在花茶的种类很多，有茉莉花茶、白兰花茶、玫瑰花茶、玳玳花茶、珠兰花茶、柚子花茶、桂花茶、栀子花茶、米兰花茶、树兰花茶等。

一般来讲，茉莉花茶以烘青绿茶为主要原料，也有用龙井、乌龙窨制的，称为花龙井、茉莉乌龙。玫瑰花大都用来窨制红茶，桂花窨制绿茶、红茶、乌龙茶效果都很好。品饮花茶主要是品香气的鲜灵度、香气的浓郁度、香气的纯度。

2. 紧压茶

各种散茶经加工蒸压成一定形状而制成的茶称紧压茶。紧压茶分为绿茶紧压茶、红茶紧压茶、乌龙紧压茶、黑茶紧压茶。三国张揖《广雅》中有"荆巴间采茶作饼"，是我国饼茶最早的记载。

紧压茶产区主要有湖南、湖北、四川、云南、贵州等地。主销新疆、内蒙古、甘肃等地，是少数民族不可缺少的饮品。紧压茶原料较为粗老，在干燥前或后要渥堆，渥堆时间长达数月。

压制时将茶叶蒸热，使之吸收水分，使原料软化，再装入模框内压制后退出模框进行烘干。模框是紧压茶定型的关键，有砖形、碗形、饼形等。不管紧压茶形状如何，都要外形光洁，棱角分明，不龟裂。香气纯和、无青涩味、陈香浓郁、汤色棕褐者为上品。

3. 保健茶

不以治疗疾病为目的的食品称为保健功能食品，保健茶是保健功能食品的重要组成部分。保健茶能调节人体机能，适用于特殊人群。

菊花、苦丁、玫瑰花等植物都不是茶，但人们习惯上把能够饮用的这些植物也称为茶。有些植物的根、茎、叶、花、果经过加工后可单独泡饮，也可调配一些茶叶泡饮。饮用保健茶能调节人体机能，起到预防和保健的作用。

保健茶是我国医学宝库中最丰实也最简单实用的一部分。保健茶气味较淡，药性轻灵，服用简单、方便，或浓或淡也没有严格限制，而且没有副作用。

2.4　中国名茶

中国茶学导师陈椽教授说："名闻全国和蜚声海外的茶叶，都为名茶。"中国茶叶科学研究所所长程启坤教授认为，名茶是指有一定知名度的好茶，通常具有独特的外形，优异的色香味品质。

2.4.1　名茶的特点

（1）饮用者共同喜爱，认为与众不同。

（2）历史上的贡茶，至今仍还存在。

（3）国际博览会上比赛得过奖项。

（4）新制名茶全国评比受到好评。

2.4.2　名茶的分类

1. 传统名茶

传统名茶又称历史名茶，主要是历史上的贡茶，但仍持续生产至今，如西湖龙井、洞庭碧螺春等。

2. 恢复历史名茶

在历史上曾经有过、后来因某些原因消失、近现代重新恢复起来的名茶，如徽州松萝、蒙山甘露等。

3. 新创名茶

指中华人民共和国成立以来，各地茶叶工作者根据市场需求，运用茶树新品种和制茶新技术研制出的名茶。这部分名茶有的是因其具有独特优异的色、香、味、形品质深受消费者喜爱而出名的，更多的是在国内外茶叶（食品、农产品）评比活动中获奖后扬名四方而成为名茶的。

2.4.3　中国现代茶区分布

我国茶区是世界上最古老又最广阔的。我国茶叶种植面积广阔、茶类齐全、名优品种之多可为世界之最。我国的茶区分布东起东经 122°的台湾东岸花莲县，西至东经 94°的西藏自治区米林县，南起北纬 18°的海南省榆林港，北至北纬 37°的山东省荣成市。云南、贵州、四川、重庆、西藏、甘肃、浙江、江苏、湖南、湖北、安徽、陕西、河南、山东、江西、福建、广东、广西、海南、台湾等 20 多个省（区、市）的上千个县（市）产茶。地跨中热带、边缘热带、南亚热带、中亚热带、北亚热带和暖热带。在垂直分布上，种植茶树最高的在海拔 2 600 米的高地上，而最低的仅距海平面几十米。在不同地区，生长着不同类型和不同品种的茶树，从而决定着茶叶的品质及其适制性和适应性，形成一定的茶类结构。茶区属于经济概念，它的划分是要在国家总的发展生产方针指导下，综合自然条件和经济、社会条件，注意行政区域的基本完整来考虑的。我国茶区划分采取三个级别，即一级茶区，系全国性划分，用以宏观指导；二级茶区，系由各产茶省（区、市）划分，进行省（区、市）内生产指导；三级茶区，系由各地县划分，具体指挥茶叶生产。

目前，国家一级茶区分为四个：西南茶区、华南茶区、江南茶区、江北茶区。

1. 西南茶区

西南茶区位于中国西南部，包括云南、贵州、四川、重庆及西藏东南部，是中国最古老的茶区。云贵高原为茶树原产地中心，地形复杂，有些同纬度地区海拔高低悬殊，气候差别很大，大部分地区均属亚热带季风气候，冬不寒冷，夏不炎热。土壤状况也较为适合茶树生长，四川、贵州和西藏东南部以黄壤为主，有少量棕壤；云南主要为赤红壤和山地红壤。土壤有机质含量一般比其他茶区丰富。茶树品种资源丰富，主要生产红茶、绿茶、黄茶、黑茶和花茶等，是中国发展大叶种红碎茶的主要基地之一。

2. 华南茶区

华南茶区位于中国南部，包括广东、广西、福建、台湾、海南等省（区），为中国最适宜茶树生长的地区。有乔木、小乔木、灌木等各种类型的茶树品种，茶品种资源极为丰富，主要生产红茶、绿茶、青茶、白茶、黄茶、黑茶和花茶等。

除闽北、粤北和桂北等少数地区外，年平均气温为 19～22 ℃，最低月（一月）平均气温为 7～14 ℃，茶树年生长期 10 个月以上，年降水量是中国茶区之最，一般为 1 200～2 000 毫米，其中台湾地区雨量特别充沛，年降水量常超过 2 000 毫米。茶区土壤以砖红壤为主，部分地区也有红壤和黄壤分布，土层深厚，有机质含量丰富。

3. 江南茶区

江南茶区位于中国长江中下游南部，包括浙江、湖南、江西等省和安徽南部、江苏南部、湖北南部等地，为中国茶叶主要产区，年产量大约占全国总产量的 2/3。生产的主要茶类有绿茶、红茶、黄茶、黑茶、花茶等。有很多品质各异的特种名茶，如西湖龙井、黄山毛峰、洞庭碧螺春、君山银针、庐山云雾等。江南茶园主要分布在丘陵地带，少数在海拔较高的山区。这些地区气候四季分明，年平均气温为 15～18 ℃，冬季气温不低于-8 ℃。年降水量 1 400～1 600 毫米，春夏季雨水最多，占全年降水量的 60%～80%，秋季干旱。茶区土壤主要为红壤，部分为黄壤或棕壤，少数为冲积壤。

4. 江北茶区

位于长江中下游的北部，包括河南、陕西、甘肃和山东等省和安徽北部、江苏北部、湖北北部等地，属于中国北部茶区，主要生产绿茶。茶区年平均气温为 15～16 ℃，冬季绝对最低气温为-10 ℃左右。年降水量较少，为 700～1 000 毫米，且分布不均，常使茶树受旱。茶区土壤多属黄棕壤或棕壤，是中国南北土壤的过渡类型。但少数山区有良好的微域气候和土壤，故茶的质量亦不亚于其他茶区，如六安瓜片、信阳毛尖等。

2.4.4　中国十大名茶

1. 西湖龙井

1）产地

西湖龙井产于浙江杭州西湖的狮峰山、龙井、翁家山、梅家坞、云栖、虎跑、四眼井一带的群山之中。杭州产茶历史悠久，早在唐代陆羽《茶经》中就有记载，龙井茶则始产于宋代。

2）地理气候

风景秀丽的茶区东依西子湖，南接钱塘江，西邻转塘，北面是林木茂盛的山丘坡地。这里气候温和，雨量充沛，光照漫射，土壤微酸，土层深厚，排水性好。处处林木茂盛，溪涧长流，翠竹婆娑，一片片美丽的茶园处在云雾缭绕之中。年平均气温 16 ℃，年降水量在 1 500 毫米左右。优越的自然条件有利于茶树的生长发育，茶芽不停萌发，采摘时间长，全年可采 30 批左右，几乎是茶叶中采摘次数最多的。

3）品质特点

龙井茶以"色翠、香郁、味甘、形美"四绝著称于世，素有"国茶"之称。成品茶外形光扁平直，色翠略黄呈"糙米色"，滋味甘鲜醇和，香气幽雅清高，汤色碧绿清莹，叶底细嫩成朵，一旗一枪，交错相映，大有赏心悦目之享受。

4）采制

西湖龙井的采制相当讲究，有三大特点：一是早，二是嫩，三是勤。龙井茶历来以早为贵，茶农常说："早采三天是宝，晚采三天是草。"明代田艺蘅的《煮泉小品》也有"烹煎黄金芽，不取谷雨后"之句。旧时按采期先后及芽叶嫩老曾分为以下不同等级：莲心、旗枪、雀舌、极品、明前、雨前、头春、二春、长大。以清明前采制的最为珍贵，称为"明前"；谷雨前采制的品质也很好，称为"雨前"。只采 1 个嫩芽的称"莲心"，采 1 芽 1 叶的称"旗枪"，采 1 芽 2 叶的称"雀舌"。

西湖山区的龙井茶，由于产地生态条件和炒制技术的差别，历史上有"狮""龙""云""虎"4 个品类。狮字号产于狮峰山一带，龙字号产于龙井、翁家山一带，云字号产于梅家坞、云栖一带，虎字号产于虎跑、四眼井一带。后来根据生产发展和品质风格的差异，调整为"狮峰龙井""梅坞龙井""西湖龙井"3 个品类，其中以"狮峰龙井"品质最佳，香气高锐而持久，滋味鲜醇，色略黄，呈"糙米色"。"梅坞龙井"外形挺秀，扁平光滑，色翠绿。"西湖龙井"叶底肥嫩，香气不及前两种。高级龙井每千克中含芽头 8 万余个，为龙井茶之极品。

小链接

龙井茶与虎跑泉

龙井茶不凡的品质历来受到茶人的赞美。明代高濂说："西湖之泉以虎跑为最，两山之茶，以龙井为佳。"龙井茶、虎跑泉是闻名的杭州双绝。古往今来的几千年间，关于龙井茶的传说、故事很多，使龙井茶更充满了神秘色彩。

传说乾隆皇帝下江南时，来到杭州龙井狮峰山下，看乡女采茶，以示体察民情。这天，乾隆皇帝看见几个乡女正在十多棵绿绿的茶树前采茶，心中一乐，也学着采了起来。刚采了一把，忽然太监来报："太后有病，请皇上急速回京。"乾隆皇帝听说太后有病，随手将一把茶叶向袋内一放，日夜兼程赶回京城。其实太后只因山珍海味吃多了，一时肝火上升，双眼红肿，胃里不适，并没有大病。此时见皇儿来到，只觉一股清香传来，便问带来什么好东西。皇帝也觉得奇怪，哪来的清香呢？他随手一摸，啊，原来是杭州狮峰山的一把茶叶，几天过后已经干了，浓郁的香气就是它散出来的。太后便想尝尝茶叶的味道，宫女将茶泡好，送到太后面前，果然清香扑鼻，太后喝了一口，双眼顿时舒适多了，喝完了茶，红肿消了，胃不胀了。太后高兴地说："杭州龙井的茶叶，真是灵丹妙药。"乾隆皇帝见太后这么高兴，立即传令下去，将杭州龙井狮峰山下胡公庙前那十八棵茶树封为御茶，每年采摘新茶，专门进贡太后。至今，杭州龙井村胡公庙前还保存着这十八棵御茶。到杭州的旅游者中有不少还专程去察访一番，拍照留念。

虎跑泉是怎样来的呢？据说很早以前有兄弟二人，哥弟名大虎和二虎。二人力大过人，有一年二人来到杭州，想安家住在现在虎跑的小寺院里。和尚告诉他俩，这里吃水困难，要翻几道岭去挑水，兄弟俩说，只要能住，挑水的事我们包了，于是和尚收留了兄弟俩。有一年夏天，天旱无雨，小溪也干涸了，吃水更困难了。一天，兄弟俩想起南岳衡山的"童子泉"，如能将童子泉移来杭州就好了。兄弟俩决定要去衡山移来童子泉，一路奔波，到衡山脚下时就昏倒了，等他俩醒来后发现眼前站着一位手拿柳枝的小童，这就是管"童子泉"的小仙人。他听了兄弟俩的诉说后用柳枝一指，水洒在他俩身上，霎时，兄弟二人变成两只斑斓老虎，小童跃上虎背。老虎仰天长啸一声，带着"童子泉"直奔杭州而去。老和尚和村民们夜里做了一个梦，梦见大虎、二虎变成两只猛虎，把"童子泉"移到了杭州，天亮就有泉水了。第二天，天空霞光万道，两只老虎从天而降，猛虎在寺院旁的竹园里前爪刨地，不一会儿就刨了一个深坑，突然狂风暴雨大作，雨停后，只见深坑里涌出一股清泉，大家明白了，肯定是大虎和二虎给他们带来的泉水。为了纪念大虎和二虎，他们给泉水起名叫"虎刨泉"，后来为了顺口就叫"虎跑泉"。用虎跑泉泡龙井茶，色香味绝佳。现今的虎跑茶室，就可品尝到这"双绝"佳饮。

---

2. 黄山毛峰

1）产地

黄山毛峰产于安徽省黄山。黄山产茶的历史可追溯至宋朝嘉祐年间。至明朝隆庆年间，黄山茶已很有名气了。黄山毛峰始创于清代光绪年间。

2）地理气候

美丽的黄山素以苍劲多姿之奇松，嶙峋惟妙之怪石，变幻莫测之云海，色清甘美之温泉闻名于世。明代徐霞客评价说："五岳归来不看山，黄山归来不看岳。"黄山风景区海拔700～800 米的桃花峰、紫云峰、云谷寺、松谷庵、吊桥庵、慈光阁一带为特级毛峰主产区。风景区外的汤口、岗村、杨村、芳村也是黄山毛峰重要产区。目前黄山毛峰的生产已扩展到黄山山脉南北麓的黄山市徽州区、黄山区、歙县、黟县等地。

黄山位于中国的东南，东与浙江相连，南与江南毗邻。迷人的黄山气候宜人，峰峦叠翠，这里山高谷深，溪涧遍布，林木茂盛，年平均气温 15～16 ℃，年降水量 1 800～2 000毫米。土壤属山地黄壤，土层深厚，质地疏松，透气性好，含有丰富的有机质和磷钾肥，酸性土壤。优越的自然环境为黄山毛峰自然品质风格的形成创造了良好的条件。

3）品质特点

特级黄山毛峰堪称我国毛峰之极品，其形似雀舌，匀齐壮实，锋毫显露，色如象牙，鱼叶金黄，香气清香高长，汤色清澈明亮，滋味鲜醇回甘，叶底嫩黄成朵。"黄金片"和"象牙色"是黄山毛峰的两大特征。

4）采制

黄山毛峰采摘细嫩芽叶，特级黄山毛峰采摘标准为 1 芽 1 叶，1～3 级黄山毛峰的采摘标准分别为 1 芽 1～2 叶，1 芽 2～3 叶。特级毛峰开采于清明前后，1～3 级毛峰采摘于谷雨前后，特级毛峰又分上、中、下 3 等，1～3 级各分 2 个等次。为了保质保鲜，要求上午采，下午制；下午采，当夜制。

3. 太平猴魁

1）产地

太平猴魁产于安徽省太平县太平湖畔（现改为黄山市黄山区）的猴坑、猴岗及颜村三村。太平猴魁为茶之极品，久享盛名。太平县为原县名，产茶可追溯到明朝以前，太平猴魁创制于清朝末年。

2）地理气候

猴坑地处黄山，境内林木参天，云雾弥漫，空气湿润，相对湿度超过 80%。茶园土壤肥沃，腐殖质丰富，酸碱度适宜，具有得天独厚的生态环境。

3）品质特点

太平猴魁成品茶挺直，两端略尖，扁平匀整，肥厚壮实，全身白毫，茂盛而不显，含而不露，色泽苍绿，叶主脉呈猪肝色，宛如橄榄；入杯冲泡，芽叶徐徐展开，舒放成朵，两叶抱一芽，或悬或沉；茶汤清绿，香气高爽，蕴有诱人的兰香，味醇爽口。其品质按传统分法为：猴魁为上品，魁尖次之，再次为贡尖、天尖、地尖、人尖、和尖、元尖、弯尖等传统尖茶。现分为 3 个品级：上品为猴魁，次为魁尖，再次为尖茶。

4）采制

太平猴魁的采摘是很讲究的，一般在谷雨前开园，立夏前停采。采摘时间较短，每年只有 15～20 天时间，采摘标准为 1 芽 3 叶，并严格做到"四拣"：一拣山，拣高山、阴山、云雾笼罩的茶山；二拣丛，拣生长旺盛的茶丛；三拣枝，拣粗壮挺直的嫩枝；四拣叶，拣肥大多毫的茶叶。将所采的 1 芽 3～4 叶，从第二叶茎部折断，1 芽 2 叶（第二叶开面）俗称"尖头"，为制猴魁的上好原料。采摘天气一般选择在晴天或阴天午前（雾退之前），午后拣尖。

4. 洞庭碧螺春

1）产地

洞庭碧螺春产于我国江苏省苏州市的太湖洞庭山。碧螺春创制于明朝，乾隆下江南时已是声名赫赫了。

2）地理气候

洞庭碧螺春的产区是我国著名的茶果间作区，茶树和桃树、李树、杏树、石榴等果木交错种植。茶树、果树枝丫相连，根脉相通，茶吸果香，果窨茶味，陶冶了碧螺春花香果味的天然品质。洞庭分东西二山，两山气候温和，水汽蒸腾，云雾缭绕，空气湿润，土壤呈酸性，土质疏松，非常适宜茶树生长。

3）品质特点

外形条索紧结，卷曲成螺，满身披豪，银白隐翠。香气浓郁，滋味鲜醇甘厚，回味绵长，汤色清澈明亮，叶底嫩绿。有一嫩（芽叶嫩）三鲜（色、香、味）之称，是我国名茶中的珍品，以"形美、色艳、香浓、味醇"而闻名中外。

4）采制

碧螺春采制技术非常高超，采摘有三大特点：一是摘得早，二是采得嫩，三是拣得净。每年春分前后开采，谷雨前后结束，约一个月时间。品质以春分至清明采制的明前茶最名贵。采 1 芽 1 叶，叶形卷如雀舌。每 500 克茶叶约需 7 万个芽头。

5. 六安瓜片

1）产地

六安瓜片产于安徽六安和金寨两县的齐云山。六安为古时淮南著名茶区，早在东汉时就已有茶。唐朝中期六安茶区的茶园就初具规模，所产茶叶开始出名。

2）地理气候

六安瓜片的产地齐云山是大别山的余脉，海拔 804 米，位于大别山区的西北边缘，山高林密，云雾弥漫，空气湿度大，年降雨量充足，土质疏松，土层深厚，茶园多在山坡冲谷之中，生态环境优越。

3）品质特点

六安瓜片其外形平展，每一片不带芽和茎梗，叶呈绿色光润，微向上重叠，形似瓜子，内质香气清高，水色碧绿，味甘鲜，耐冲泡，叶底厚实明亮。此茶不仅可消暑解渴生津，而且还有极强的助消化作用和治病功效，明代闻龙在《茶笺》中称，六安茶入药最有功效，因而被视为珍品。

4）采制

六安瓜片的采摘季节较其他高级茶迟约半月以上，高山区则更迟一些，多在谷雨至立夏之间。六安瓜片的采摘标准为 1 芽 2 叶，可略带少许 1 芽 3~4 叶。第一叶制"提片"，第二叶制"瓜片"，第三叶或第四叶制"梅片"，芽制"银针"。

6. 信阳毛尖

1）产地

信阳毛尖产于河南省信阳市西部海拔 600 米左右的车云山一带，创制于清朝末年。

2）地理气候

信阳毛尖的主要产地位于"五山"（车云山、震雷山、云雾山、天云山、集云山）和二潭（黑龙潭、白龙潭）的群山峡谷之间。这里地势高峻，溪流纵横，云雾弥漫，植被丰富，土壤肥沃，呈微酸性，为制造独特风格的茶叶提供了天然条件。

3）品质特点

信阳毛尖条索细紧圆直，色泽翠绿，白毫显露；汤色、叶底均呈嫩绿明亮；叶底芽壮，匀整；茶叶香气属清香型，并不同程度地表现出毫香、鲜嫩香、熟板栗香；茶叶滋味浓醇鲜爽、高长而耐泡。素以"色翠、味鲜、香高"著称。

4）采制

采摘是制好毛尖的第一关，制作特级毛尖，只采摘 1 芽 1 叶初展；一级毛尖采摘 1 芽 2 叶初展；二级毛尖采摘 1 芽 2～3 叶初展为主，兼有 2 叶对夹叶；三级毛尖采摘 1 芽 2～3 叶，兼有较嫩的 2 叶对夹叶；四、五级毛尖采摘 1 芽 3 叶及 2～3 叶对夹叶。一般于 4 月上旬开采，采茶一般在晴天进行，要求及时、分批、按标准采茶，不采小，不采老，不采鱼叶（马蹄叶），不采果，不采老枝梗。鲜叶采回摊晾，不时轻翻，当天采的茶当天炒完。

7. 安溪铁观音

1）产地

安溪铁观音产于福建的安溪县。早在唐朝安溪就已产茶。铁观音始创时间则在清朝。

2）地理气候

安溪境内雨量充沛，气候温和，山峦重叠，林木繁多，终年云雾缭绕，山清水秀，属亚热带季风气候区，年平均气温 15～18 ℃，年降水量约 1 800 毫米，土壤呈酸性，土层深厚，适宜于茶树生长。目前境内保存的良种有 60 多个，铁观音、本山、毛蟹、大叶乌龙、梅占等都属于全国知名良种，因此安溪有"茶树良种宝库"之称。

3）品质特点

铁观音是乌龙茶的极品，茶条卷曲，肥壮圆结，沉重如铁，呈青蒂绿腹蜻蜓头状，色泽鲜润，砂绿显，红点明，叶表有白霜；具有天然兰花香，汤色金黄，浓艳清澈；叶底肥厚明亮，具有绸面光泽；滋味醇厚甘鲜，入口回甘带蜜味；香气馥郁持久，有"七泡有余香"的美誉。

4）采制

铁观音制作严谨，技艺精巧，一年分四季采制，制茶品质以春茶为最好。秋茶次之，其香气特高，俗称秋香，但汤味较薄。夏暑茶品质较次。鲜叶采摘标准必须在嫩梢形成驻芽后，顶叶刚开展呈小开面或中开面时，采下 2～3 叶。采摘时要做到"五不"，即不折断叶片，不折叠叶张，不碰碎叶尖，不带单片，不带鱼叶和老梗。生长地带不同的茶树鲜叶要分开，特别是早青、午青、晚青要严格分开制作，以午青品质为最优。

8. 武夷山大红袍

1）产地

大红袍产于福建省武夷山天心岩九龙窠的高岩峭壁上，是武夷岩茶中的名丛珍品。

2）地理气候

大红袍驰名中外，与优异的自然环境是分不开的。武夷山方圆 60 公里，平均海拔 650 米。四周皆溪壑，与外山不相连接，有三十六峰，年平均温度为 18～18.5 ℃；雨量充沛，年降水量2 000毫米左右。山峰岩壑之间，有幽涧流泉，山间常年云雾弥漫，年平均相对湿度在80%左右。而作为武夷岩茶之王的大红袍则生长在武夷山东北部天心岩九龙窠的高岩峭壁之上。两旁岩壁直立，日照不长，气温变动不大。更巧妙的是，岩顶终年有细小甘泉由岩罅滴落，滋润茶地，随水流落而下的还有苔藓类的有机物，因而这里的土壤较其他处要润泽肥沃。名山胜境，陶冶出大红袍的天然灵气。

3）品质特点

大红袍外形条索紧结，色泽绿褐鲜润，冲泡后汤色橙黄明亮，叶底有"绿叶红镶边"之美感。大红袍最异于其他名茶的特点是香气馥郁，有兰花香，香高而持久，"岩韵"明显。大红袍很耐冲泡，冲泡七八次仍有香味。

4）采制

"大红袍"茶的采制技术与其他岩茶相类似，只不过更加精细而已。武夷岩茶要求茶青采摘标准为新梢芽叶生育将成熟（采开面3～4叶），无叶面水、无破损、新鲜、均匀一致。茶树新梢生育至最后一叶开张形成驻芽后即称开面；当新梢顶部第一叶与第二叶的比例小于1/3时即称小开面，介于1/3至2/3时称中开面，达2/3以上时称大开面。茶树新生育两叶即开面者称对夹叶。武夷岩茶要求的最佳采摘标准为开面三叶。采摘时间因品种不同而异，春茶采摘在谷雨后（个别早芽种例外）到小满前，夏茶在夏至前，秋茶在立秋后。一般五月上旬为最佳采摘时间，七月最次。岩茶采摘对天时要求甚高，一般有"四不采"，即：雨天不采，露水叶不采，烈日不采，前一天下大雨不采（久雨不晴例外）。当天最佳采摘时间在9—11时，12—15时次之，其余时间较差。这主要与鲜叶含水能否满足焙制时的特殊加工要求有关。

 小链接

大红袍的传说

古时候，有一穷秀才上京赶考时病倒在路上，幸被武夷山天心庙的老方丈看见，就沏了一碗热茶给他喝，竟然把他的病治好了。后来秀才金榜题名，中了状元，还被招为东床驸马。一个春日，状元来到武夷山谢恩，在老方丈的陪同下，前呼后拥，到了九龙窠。但见峭壁上长着三株茶树，枝叶繁茂，吐着一簇簇嫩芽，在阳光下闪着紫色的光泽，煞是可爱。老方丈告诉状元郎说："你去年的病就是用这种茶叶泡茶治好的。这种茶树的叶子炒制后收藏，可以治百病。"状元听了要求采制一盒进贡皇上。第二天，庙内烧香点烛，击鼓鸣钟，召来大、小和尚向山上出发。众人来到树下焚香礼拜，齐声高喊"茶发芽"，然后采下芽叶，精工制作，装入锡盒。状元带了茶进京后，正遇皇后肚疼鼓胀，卧床不起。状元立即献茶让皇后服下，果然茶到病除。皇上大喜，将一件大红袍交给状元，让他代表自己去武夷山封赏。一路上礼炮轰响，火烛通明，到了九龙窠，状元命一樵夫爬上半山腰，将皇上赐的大红袍披在茶树上，以示皇恩。说来也奇怪，等掀开大红袍时，三株茶树的芽叶在阳光下闪出红光，众人说这是大红袍染红的。后来，人们就把这三株茶树叫作"大红袍"，有人还在石壁上刻了"大红袍"三个大字。此后，大红袍就成了年年岁岁的贡茶。

9. 祁门红茶

1）产地

祁门红茶主产地是安徽省祁门县。与之相邻的东至、贵池、石台、黟县一带也有生产。该茶创制于清朝光绪元年，是我国红茶中的珍品。

2）地理气候

祁门红茶的产区，自然条件优越，茶区90%属山地，一般海拔在600米左右。这里的茶园土壤肥沃，腐殖质含量高，早晚温差很大。这里是黄山山脉，茶园大多分布在竹林遍野的峡谷山地和丘陵地带，山多、雾多、云多，雨量充沛，温暖湿润，构成了茶树生长的天然佳境，从而酿成了祁门红茶特有的芳香厚味。

3）品质特征

祁门红茶外形条索紧秀，锋苗好，色泽乌润泛黑光，俗称"宝光"；茶汤颜色红艳，叶底嫩软红亮；内质香气浓郁高长，似蜜糖香，又蕴藏兰花香，滋味醇厚，味中有香，香中带甜，回味隽永。其特有的香气在国际市场上被称为"祁门香"。

4）采制

祁红采制工艺精细，采摘1芽2～3叶的芽叶作原料，经过萎凋、揉捻、发酵，使芽叶由绿色变成紫铜红色，香气透发，然后进行文火烘焙至干。红毛茶制成后，还须进行精制，精制工序复杂，经毛筛、抖筛、分筛、紧门、撩筛、切断、风选、拣剔、补火、清风、拼和、装箱而制成。

10. 君山银针

1）产地

君山银针产于湖南省洞庭湖中的君山岛上，属于黄茶类针形茶，有"金镶玉"之称。

2）地理气候

君山又名洞庭山，岛上土壤肥沃，气候温和，年平均降水量为1 340毫米，3—9月的相对湿度约为80%，气候非常湿润。每当春夏季节，湖水蒸发，云雾弥漫，岛上竹木丛生，生态环境十分适宜茶树的生长。

3）品质特征

君山银针芽头肥壮，紧实挺直，芽身金黄，满披银毫，汤色橙黄明净，叶底嫩黄明亮，香气清鲜，滋味甜爽。冲泡时芽尖冲向水面，悬空竖立，然后徐徐下沉杯底，形如群笋出土，又像银刀直立，有"洞庭帝子春长恨，二千年来草更长"的描写。

4）采制

君山银针的采摘开始于清明前3天左右，直接从树上采摘芽头。为防止擦伤芽头，盛茶篮中要衬上白布。君山银针制作特别精细而别具一格，分杀青、摊晾、初烘、初包、复烘、摊晾、复包、足火等8道工序，历时3昼夜，长达70小时之久。

■ 本章小结

本章讲述了茶树的形态特征及其生长环境；制茶工艺的发展历史，以及茶叶的制作过程；茶叶基本类别及不同茶类的各自特点；中国十大名茶的产地、品质特征、采制及其地理气候。学生学习后可感受到中国茶知识的博大精深。

思考与练习

一、判断题

1. 武夷岩茶是乌龙茶，优质岩茶香气馥郁胜似兰花而深沉持久，浓饮不苦不涩，味浓醇清活，有岩骨花香之誉，称为岩韵。多次冲泡，余韵犹存。（　　）

2. 白茶品质特点是叶色油黑或褐绿色，汤色深黄或褐红。（　　）

3. 名茶可分为传统名茶、恢复历史名茶、新创名茶三大类。（　　）

4. 全国可以分为四大产茶区：西南茶区、华南茶区、江南茶区和江北茶区。（　　）

5. 碧螺春的香气特点是甜醇带板栗香。（　　）

二、选择题

1. 乌龙茶（青茶）按产地分为闽北乌龙、闽南乌龙、广东乌龙、台湾乌龙。下面属于闽北乌龙的是（　　）。

A. 武夷岩茶、水仙、大红袍、肉桂等　　　B. 铁观音、奇兰、水仙、黄金桂等

C. 凤凰单枞、凤凰水仙、岭头单枞等　　　D. 冻顶乌龙、包种、乌龙等

2. 西湖龙井的产地是（　　）。

A. 梧州　　　　　B. 湖州　　　　　C. 苏州　　　　　D. 杭州

3. 江苏省苏州市太湖洞庭山是（　　）的产地。

A. 大方茶　　　　B. 雨花茶　　　　C. 碧螺春　　　　D. 绿牡丹

4. 十大名茶中的君山银针属于六大茶类中的（　　）。

A. 红茶　　　　　B. 绿茶　　　　　C. 青茶　　　　　D. 黄茶

E. 黑茶　　　　　F. 白茶

5. 茶叶按学术分类分为绿茶、红茶、黄茶、青茶、白茶、黑茶六大类，分类的基本依据是（　　）。

A. 发酵程度　　　　　　　　　　　　B. 产地

C. 形状　　　　　　　　　　　　　　D. 工艺和多酚类物质氧化聚合程度

三、填空题

1. 茶树适宜在土质疏松、排水良好、pH 在_____之间的土壤生长。

2. 形成绿茶清汤绿叶品质特征的重要加工工序是_____。

3. 中国红茶种类可分为_____、_____、_____。

4. 君山银针属于_____类，安吉白茶属于_____类。

5. 茶树性喜温暖、湿润的环境，通常最适宜生长的气温在_____之间。

6. 茶树的树型主要有_____型、_____型、_____型。

四、简答题

1. 影响茶树生长的环境要素是什么？

2. 为什么说高山出好茶？

3. 六大基本茶类的品质特点分别是什么？

4. 名茶应具备的四个特点是什么？

5. 请说出中国十大名茶及其产地。

实践活动

题目： 六大基本茶类的识别。

目的要求： 初步了解六大基本茶类的分类方法，认识六大茶类的品质特征。

方法和步骤： 取六大基本茶类的代表样茶，观察外形特征、干茶色泽，嗅闻干茶香气。分别取茶样 3 克，倒入审评杯内，按 1∶50 的茶水比例冲泡 5 分钟，倾出茶汤于审评碗，闻香，观汤色，品滋味，最后察看叶底的形状、色泽等。

作业： 认真记录观察结果，写出实践心得体会。

第 3 章

择 器 选 陶

学习目标

- 了解茶具的历史及种类，感受中国茶具悠久的历史及传统壶文化的精髓；
- 掌握紫砂壶的材料、特点、造型和鉴赏，提高学生的鉴赏力和审美能力；
- 通过实物欣赏和实地参观，引发学生对我国传统文化——壶文化的浓厚兴趣。

中国茶具历史悠久，工艺精湛，品类繁多，其发展过程主要表现为由粗趋精、由大趋小、由简趋繁、复又返璞归真、从简行事。经历古朴、富丽、淡雅 3 个阶段。茶具因茶而生，是"茶之为饮"的结果。茶具以陶瓷材料为最佳，既不夺香又无熟汤气。茶具又因茶人的参与，而使其成为茶文化的载体。茶具之变化，为茶文化的发展史勾勒出一条美丽的弧线。

3.1 茶具——千姿百态玉玲珑

茶具，按狭义的范围，主要指茶杯、茶碗、茶壶、茶盏、茶碟、托盘等饮茶用具。有学者认为西汉王褒《僮约》为中国最早的茶具史料，其中"烹茶尽具"释为煮茶和清洁茶具。系统而完整记述茶具的为唐代陆羽《茶经》，将饮茶器具统称为茶器，并将其分为 8 类 24 种共 29 件。宋朝前期，饮用茶类和饮茶方法基本与唐代相同，茶具相差无几。元代基本沿袭宋制，但制作精致，装饰华丽。从明代开始，条形散茶在全国兴起，烹茶用沸水直接冲泡，茶具开始简化。清代沿用明代茶具，其品种门类更全。近代，茶具的品种、花色更多，造型艺术上比过去精巧美观，材料和工艺均有新的发展。目前我国茶具，种类繁多，质地迥异，形式复杂，花色丰富，一般分为陶土茶具、瓷器茶具、竹木茶具、玻璃茶具、漆器茶具和金属茶具。

3.1.1 陶土茶具——流露韵致

陶土器具是新石器时代的重要发明。最初是粗糙的土陶，以后逐步演变为比较坚实的硬陶，再发展为表面敷釉的釉陶。宜兴古代制陶颇为发达，在商周时期就出现了几何印纹硬陶，秦汉时期已有釉陶的烧制。晋代杜育《荈赋》"器择陶简，出自东隅"，首次记载了陶茶具。

北宋时，江苏宜兴采用紫泥烧制成紫砂陶器，使陶茶具的发展走向高峰，成为中国茶具的主要品种之一，明代大为流行。紫砂壶和一般陶器不同，其里外都不敷釉，采用当地的紫泥、红泥、绿泥抟制焙烧而成。内部的双重气孔使紫砂茶具具有良好的透气性能，泡茶不走味，贮茶不变色，盛暑不易馊，经久使用，还能汲附茶汁，蕴蓄茶味。紫砂茶具还具有造型简练大方、色调淳朴古雅的特点，外形有似竹节、莲藕、松段和仿商周古铜器形状的。《桃溪客语》说："阳羡（即宜兴）瓷壶自明季始盛，上者与金玉等价。"可见其名贵。

明清时期为紫砂茶具制作的兴旺期。明永乐帝曾下旨造大批僧帽壶，推动了紫砂茶具的发展。明代周高起《阳羡茗壶系》："僧闲静有致，习与陶缸瓮者处，抟其细土，加以澄练，捏筑为胎，规而圆之，剜使中空，踵傅口柄盖的，附陶穴烧成，人遂传用。"

宜兴紫砂壶名家始于明代供春，供春的制品被称为"供春壶"，造型新颖精巧，质地薄而坚实，被誉为"供春之壶，胜如金玉"。其后的四大家，即董翰、赵梁、元畅、时朋均为制壶高手，其作品罕见。同时代李茂林用"匣钵"法，即将壶坯放入匣钵再行烧制，不染灰泪，烧出的壶表面洁净，色泽均匀一致，至今沿用。清代名匠辈出，陈鸣远、杨彭年等形成不同的流派和风格，工艺渐趋精细。陈鸣远制作的茶壶，线条清晰，轮廓明显，壶盖有行书"鸣远"印章，至今被视为珍藏。杨彭年的制品，雅致玲珑，不用模子，随手捏成，天衣无缝，被人推为"当世杰作"。近代、现代的程寿珍、顾景舟、蒋蓉等承前启后，使紫砂壶的制作又有新发展。紫砂茶具已成为人们的日常用品和珍贵的收藏品。

3.1.2　瓷器茶具——张扬风格

自古以来，瓷器就以其独特的魅力在中国艺术品中占有不可替代的位置。素雅清新的青花瓷、柔和灵逸的粉彩瓷、透明如水的薄胎瓷、鲜亮可爱的斗彩瓷、艳丽华贵的珐琅瓷，穿越历史而来，精美绝伦，举世瞩目。

瓷器系中国发明，滥觞于商周，成熟于东汉，发展于唐代。瓷脱胎于陶，初期称"原始瓷"，至东汉才烧制成真正的瓷器。瓷器茶具的品种很多，其中主要有青瓷茶具、白瓷茶具、黑瓷茶具等。这些茶具在中国茶文化发展史上，都曾有过辉煌的一页。

1. 青瓷茶具

青瓷以瓷质细腻、线条明快流畅、造型端庄浑朴、色泽纯洁而斑斓著称于世。青瓷茶具晋代开始发展，主要产地在浙江，最流行的是一种叫"鸡头流子"的有嘴茶壶。唐朝烧制茶具最出名的有越窑、邢窑，有着"南青北白"的美誉，越州青瓷在唐朝极为世人所推崇，唐代顾况《茶赋》云"舒铁如金之鼎，越泥似玉之瓯"。唐代的茶壶称"茶注"，壶嘴称"流子"，形式短小。宋代饮茶之风比唐代更为盛行，饮茶多使用茶盏，盏托也更为普遍。陶瓷工艺在宋朝有了划时代的重大发展，历史上的官、哥、汝、定、钧等五大名窑在那时都已形成规模，陶瓷工艺空前繁荣。值得一提的是，造瓷艺人章生一、章生二兄弟俩的"哥窑""弟窑"生产的各类青瓷茶具，包括茶壶、茶碗、茶盏、茶杯、茶盘等，已达到鼎盛时期，远销各地。哥窑瓷，胎薄质坚，釉层饱满，色泽静穆，有粉青、灰青、翠青、蟹壳青等颜色，以粉青最为名贵；弟窑瓷，造型优美，胎骨厚实，光润纯洁，有梅子青、豆青、粉青、蟹壳青等颜色，以梅子青、粉青最佳。明代，青瓷茶具更以其质地细腻、造型端庄、釉色青莹、纹样雅丽而蜚声中外。16 世纪末，龙泉青瓷出口法国，轰动整个法兰西，人们用当时风靡欧洲的名剧《牧羊女》中的女主角雪拉同的美丽青袍与之相比，称龙泉青瓷为"雪拉同"，至今法国人对龙泉青瓷仍沿用这一美称。

青瓷茶具质地细润，釉色晶莹，青中泛蓝，如冰似玉，有的宛若碧峰翠色，有的犹如一壶春水。唐代诗人陆龟蒙以"九秋风露越窑开，夺得千峰翠色来"的名句赞美青瓷。青瓷因色泽青翠，用来冲泡绿茶，更有益汤色之美。（见彩页"翠青小盏"图）

 小链接

故宫博物院藏的青釉凤头龙柄壶，是我国北方青釉的精美作品，也是唐文化接受外来影响的一个实例（见图3-1）。

图3-1 ［唐］青釉凤头龙柄壶

尺寸：通高41.2厘米，口径9.4厘米，底径10厘米。

壶灰白色胎，通体釉色淡青略带浅黄，釉厚处呈玻璃状。壶的装饰为堆贴与刻花两种手法。通体饰力士、莲瓣纹、卷叶纹和宝相花。壶口覆以凤头盖，盖的一端与壶流相吻而稍上翘成弧形，构成凤嘴，壶身一侧附龙形竖柄，龙头衔壶口，龙尾接器底。

2. 白瓷茶具

我国白瓷最早出现于北朝，成熟于隋代。唐代盛行饮茶，民间使用的茶器以越窑青瓷和邢窑白瓷为主，形成了陶瓷史上著名的南青北白的对峙格局。唐代诗人皮日休《茶中杂咏·茶瓯》诗有"邢客与越人，皆能造兹器，圆似月魂堕；轻如云魄起，枣花势旋眼，蘋沫香沾齿，松下时一看，支公亦如此"之说。白瓷，早在唐朝就有"假白玉"之称，并"天下无贵贱通用之"。在北宋，景德窑生产的瓷器，质薄光润，白里泛青，雅致悦目。到了元代，江西景德镇出品的白瓷茶具以其"白如玉、明如镜、薄如纸、声如磬"的优异品质而蜚声海内外。景德镇的白瓷彩绘茶具，造型新颖、清丽多姿；釉色娇嫩，白里泛青；质地莹澈，冰清玉洁。其外壁多绘有山川河流、四季花草、飞禽走兽、人物故事，或缀以名人书法，又颇具艺术欣赏价值，所以使用最为普遍。

白瓷以江西景德镇为最著名，其次如湖南醴陵、河北唐山、安徽祁门等地的白瓷茶具也各具特色。

3. 黑瓷茶具

黑瓷茶具，始于晚唐，鼎盛于宋，延续于元，衰微于明、清。这是因为自宋代开始，饮茶方法已由唐时煎茶法逐渐改变为点茶法，而宋代流行的斗茶，又为黑瓷茶具的崛起创造了条件。宋代最受文人欢迎的茶具，并不产于五大名窑，大多是产于福建建州窑的黑瓷。这是因为宋人斗茶之风盛行，茶汤呈白色，而"斗茶"茶面泛出的茶汤更是纯白色，建盏的黑釉与雪白的汤色，相互映衬，黑白分明，斗茶效果更为明显。这种建盏在宋元时流入日本，被称为天目碗，至今仍可以在日本茶道中见到踪迹（见彩页"天目茶碗"图）。宋蔡襄《茶录》说："茶色白，宜黑盏，建安所造者绀黑，纹如兔毫，其坯微厚，熁之久热难冷，最为要用。出他处者，或薄或色紫，皆不及也。其青白盏，斗试家自不用。"这种黑瓷兔毫茶盏，风格独特，古朴雅致，而且瓷质厚重，保温性能较好，故为斗茶家所珍爱。

 小链接

"宋代五大名窑"介绍

宋代五大名窑分别为：钧窑、汝窑、官窑、定窑、哥窑。中国五大名窑是正式开创了烧制的实用器皿与观赏器皿的"瓷器"时代。事实上，在宋朝以前中国的烧制实用器皿与观赏器皿绝大多数都是陶器，是不同的种类，所以说，五大名窑的到来是真正意义上的瓷器时代的到来。

钧瓷以独特的窑变艺术而著称于世，钧窑广泛分布于河南省禹州（时称钧州），特点是造型古朴、工艺精湛、配釉复杂，有"入窑一色出窑万彩"的神奇窑变魅力。

汝瓷窑址在今河南省汝州，主要有天青、天蓝、淡粉、粉青、月白等，釉层薄而莹润，釉泡大而稀疏，有"寥若晨星"之称。釉面有细小的纹片，称为"蟹爪纹"。汝瓷造型古朴大方，其釉有"雨过天晴云破处""千峰碧波翠色来"的美誉。

官窑是官府经营的瓷窑，也泛指明、清时期景德镇为宫廷生产的瓷器。宋代由官府直接营建，分北宋官窑和南宋官窑。宋代官窑瓷器主要为素面，既无华美的雕饰，又无艳彩涂绘，最多使用凹凸直棱和弦纹为饰。

定窑的窑址在今河北省曲阳县，古属定州，故名定窑。创烧于唐，极盛于北宋及金，终于元。定窑之所以能显赫天下，一方面是由于色调上属于暖白色，细薄润滑的釉面白中微闪黄，给人以湿润恬静的美感；另一方面则由于其善于运用印花、刻花、划花等装饰技法，将白瓷从素白装饰推向了一个新阶段。

哥窑瓷的重要特征是釉面开片，这是发生在釉面上的一种自然开裂现象。宋代哥窑瓷釉质莹润，通体釉面被粗深或者细浅的两种纹线交织切割，术语叫作"冰裂纹"，俗称"金丝铁线"。哥窑瓷器从色泽区分，有月白、灰黄、粉青、灰青、油灰、深浅米黄等种类。

3.1.3 竹木茶具——新颖别致

竹木茶具，即采用车、雕、琢、削等工艺，将竹或木制成茶具。竹茶具大多为用具，如竹夹、竹瓢、茶盒、茶筛、竹灶等；木茶具多用于盛器，如碗、涤方等。竹木茶具，古代有之。竹木茶具形成于中唐，陆羽在《茶经·四之器》中开列的29件茶具，多数是用竹木制作的。宋代沿袭，并发展用木盒贮茶。明清两代饮用散茶，竹木茶具种类减少，但工艺精湛，明代竹茶炉、竹架、竹茶笼及清代的檀木锡胆贮茶盒等传世精品均为例证。近代和现代的竹木茶具趋向于工艺和保健。在少数民族地区,竹木茶具仍占有一定位置,云南哈尼族、傣族的竹茶筒、竹茶杯,西藏藏族和蒙古族的木碗,布朗族的鲜粗毛竹煮水茶筒均是。

竹木茶具轻便实用,取材容易,制作方便,对茶无污染,对人体又无害,因此,自古至今,一直受到茶人的欢迎。其产品出自竹木之乡,遍布全国。

3.1.4 玻璃茶具——晶莹剔透

玻璃,古人称之为流璃或琉璃,实是一种有色半透明的矿物质。用这种材料制成的茶具,能给人以色泽鲜艳,光彩照人之感。因此,用它制成的茶具,形态各异,用途广泛,加之价格低廉,购买方便,而受到茶人好评。在众多的玻璃茶具中,以玻璃茶杯最为常见,用它泡茶,茶汤的色泽、茶叶的姿色,以及茶叶在冲泡过程中的沉浮移动,都尽收眼底,观之赏心悦目,别有风趣。因此,用来冲泡各种细嫩名优茶,最富品赏价值,家居待客,不失为一种好的饮茶器皿。但玻璃茶杯质脆,易破碎,比陶瓷烫手,是美中不足。

3.1.5 漆器茶具——鲜丽夺目

漆器茶具始于清代,主要产于福建福州一带。漆器茶具较有名的有北京雕漆茶具、福州脱胎茶具、江西鄱阳等地生产的脱胎漆器等,其均具有独特的艺术魅力。其中,福建生产的漆器茶具尤为多姿多彩,有"宝砂闪光""金丝玛瑙""仿古瓷""雕填"等品种,特别是创造了红如宝石的"赤金砂"和"暗花"等新工艺以后,更加鲜丽夺目,逗人喜爱。

漆器茶具具有轻巧美观,色泽光亮,能耐温、耐酸的特点。这种茶器具更具有艺术品的功用。

3.1.6 金属茶具——雍容华贵

金属茶具是指由金、银、铜、铁、锡等金属材料制作而成的器具。从出土文物考证,茶具从金银器皿中分化出来约在中唐前后,陕西扶风县法门寺塔基地宫出土的大量金银茶具,有银金花茶碾、银金花茶罗子、银茶则、银金花鎏金龟形茶粉盒(见彩页图)等可为佐证,唐代金银茶具为帝王富贵之家使用。但从宋代开始,古人对金属茶具褒贬不一。元代以后,特别是从明代开始,随着茶类的创新,饮茶方法的改变,以及陶瓷茶具的兴起,才使包括银质器具在内的金属茶具逐渐消失,尤其是用锡、铁、铅等金属制作的茶具,用它们来煮水泡茶,被认为会使"茶味走样",以致很少有人使用。但用金属制成贮茶器具,如锡瓶、锡罐等,却屡见不鲜。这是因为金属贮茶器具的密闭性要比纸、竹、木、瓷、陶等好,具有较好的防潮、避光性能,这样更有利于散茶的保存。

3.2 紫砂茶具——紫泥清韵

紫砂茶具起始于宋,盛于明清,流传至今。自古以来,宜兴紫砂,冠绝一时,文人墨客,情有独钟。北宋梅尧臣诗云:"小石冷泉留早味,紫泥新品泛春华。"欧阳修也有"喜共紫瓯吟且酌,羡君潇洒有余情"的诗句,说明紫砂茶具在北宋刚开始兴起。1976年7月,在宜兴市丁蜀镇羊角山的古窑中,考古人员发掘出大量早期紫砂残片(见图3-2)。残片复原出的器物大部分为壶,判其年代不早于北宋中期。残片的出土,印证了宜兴紫砂始于北宋的说法。明代中叶以后，逐渐形成了集造型、诗词、书法、绘画、篆刻、雕塑于一体的紫砂艺术。

图 3-2　宜兴紫砂博物馆羊角山出土紫砂残片

3.2.1　紫砂泥——果备五色，烂若披锦

1. 泥中泥

> 土是有生之母，陶为人所化装，
>
> 陶人与土配成双，天地阴阳酝酿。
>
> 水、火、木、金协调，宫、商、角、徵交响，
>
> 汇成陶海叹汪洋，真是森罗万象。
>
> ——郭沫若

在这陶人与土配成双的陶瓷王国中，应该有宜兴紫砂陶人的功夫和贡献。

"人间珠玉安足取，岂如阳羡溪头一丸土"，这是汪文柏《陶器行赠陈鸣远》诗中的一句。"阳羡"是江苏宜兴的古名，"一丸土"是天下闻名的紫砂壶的原料——紫砂泥，有"泥中泥"之美誉。主要产地在宜兴的丁蜀镇，它坐落于丁山和蜀山，从宋代起此地就是家家制陶、户户捣泥的陶艺世界。

关于紫砂陶的发现，伴随着一个美丽的传说："相传壶土初出用时，先有异僧经行村落，口呼曰'卖富贵'，土人群媲之。僧曰：'贵不要买，买富如何？'因引村叟，指山中产土之穴。去及发之，果备五色，烂若披锦。"这种五彩斑斓的泥土，被誉为"五色之土"。这些泥土黏中带砂，分为紫色（砂泥）、橘色（黄泥）、红色（原泥）、奶白色（白泥）、黛色（绿泥）。

紫砂陶之所以能够在宜兴烧出并延续至今，其根本原因就是在于丁蜀有"土"。这"土"并不是一般的"瓷土"，它是宜兴特有的一种深埋于地下八九米黄石岩的含铁量高的团粒结构沙石，主要分布在黄龙山、张渚、濮东等地。

制作紫砂壶的主要原料有紫泥（紫砂泥）、绿泥（本山绿泥）和红泥（朱砂泥），统称为"紫砂泥"。丰富的陶土资源深藏在当地的山腹岩层之中，杂于夹泥之层，故有"岩中岩，泥中泥"之称。泥色红而不嫣，紫而不姹，黄而不娇，墨而不黑，质地细腻和顺，可塑性较好，经再三精选，反复锤炼，加工成型，然后放于 $1\,100 \sim 1\,200\,℃$ 高温隧道窑内烧炼成陶。由于紫砂泥中主要成分为氧化硅、铝、铁及少量的钙、锰、镁、钾、钠等多种化学成分，焙烧后的成品呈现出赤似红枫、紫似葡萄、赭似墨菊、黄似柑橙、绿似松柏等色泽，绚丽多彩，变幻莫测。

2. 紫砂壶的特点——独领风骚，其来有自

"名壶莫妙于砂，壶之精者又莫过于阳羡"，这是明代文学家李渔对紫砂壶的总评价。

宜兴紫砂由于其特殊的材质，紫砂壶具备了以下几个特点。

（1）泡茶不走味（宜茶性）。紫砂是一种双重气孔结构的多孔性材质，气孔微细，密度高。用紫砂壶沏茶，不失原味，且香不涣散，得茶之真香真味。明人文震亨说："茶壶以砂者为上，盖既不夺香，又无熟汤气。"

（2）抗馊防腐。紫砂壶透气性能好，使用其泡茶不易变味，暑天越宿不馊。

（3）发味留香。紫砂壶能吸收茶汁，壶内壁不刷，沏茶而无异味。紫砂壶经久使用，壶壁积聚"茶锈"，以致空壶注入沸水，也会茶香氤氲，这与紫砂壶胎质具有一定的气孔率有关，是紫砂壶独具的品质。

（4）火的艺术。紫砂陶土经过焙烧成陶，称为"火的艺术"，根据分析鉴定，烧结后的紫砂壶，既有一定的透气性，又有低微的吸水性，还有良好的机械强度，适应冷热急变的性能极佳，即使在100摄氏度的高温中烹煮之后，再迅速投放到零摄氏度以下冰雪中或冰箱内，也不会爆裂。

（5）变色韬光。紫砂使用越久，壶身色泽越发光亮照人，气韵温雅。《茶笺》中说："摩挲宝爱，不啻掌珠。用之既久，外类紫玉，内如碧云。"《阳羡茗壶系》说："壶经久用，涤拭口加，自发黯然之光，入可见鉴。"

（6）可赏可用。在艺术层面上，紫砂泥色多彩，且多不上釉，通过历代艺人的巧手妙思，便能变幻出种种缤纷斑斓的色泽、纹饰来，加深了其艺术性。成型技法变化万千，造型上的品种之多，堪称举世第一。

（7）艺术传媒。紫砂茶具透过"茶"，与文人雅士结缘，并进而吸引到许多画家、诗人在壶身题诗、作画，寓情写意，此举使得紫砂器的艺术性与人文性得到进一步提升。

实用价值与艺术价值的兼备，自然也提高了紫砂壶的经济价值，紫砂壶的身价"贵重如珩璜"，甚至超过珠宝。由于上述的心理、物理、艺术、文化、经济等因素作为基础，宜兴紫砂茶具数百年来能受到人们的喜爱与重视，可谓是独领风骚，其来有自。

3.2.2　壶与人——紫砂风情

1. 紫砂壶起源

　　　　　　金沙泉畔金沙寺，白足禅僧去不还。

　　　　　　此日蜀冈千万穴，别传薪火祀眉山。

　　　　　　　　　　　　　　——［清］吴骞

　　　　　　宜兴妙手数供春，后辈还推时大彬。

　　　　　　一种粗砂无土气，竹炉谩煞斗茶人。

　　　　　　　　　　　　　　——［清］吴冲之

这两首清诗，形象地概括了紫砂壶的起源、发展及相关的人文特征。

根据明人周高起《阳羡茗壶录》的"创始"篇记载，紫砂壶首创者，相传是明代宜兴金沙寺一个不知名的寺僧，他选紫砂细泥捏成圆形坯胎，加上嘴、柄、盖，放在窑中烧成。"正始篇"又记载，明代嘉靖、万历年间，出现了一位卓越的紫砂工艺大师——供春（龚春）。供春幼年曾为进士吴颐山的书童。他在金沙寺伴读时，收集寺僧洗手时洗下的细泥，别出心裁地捏出几把"指螺纹隐起可按"的茗壶，即后来如同拱璧的"供春壶"。

大约 20 世纪 20 年代，储南强先生在苏州地摊"邂逅"供春壶，于是便把它买回。曾有一位英国人出"两万金"要他转让，但被储老拒之门外，表现了中国文物收藏家的大义凛然的精神。新中国成立以后，储老将其珍藏捐献给博物院，现藏中国国家博物馆，如图 3-3 所示。

图 3-3 树瘿壶（供春）

2. 明代紫砂名家壶艺

瓷壶小样最宜茶，甘饮浓浮碧乳花。

三大一时传旧系，长教管领小心芽。

——［清］周春《阳羡名陶录题辞》

明代中晚期，宜兴紫砂正式形成较完整的工艺体系，这时紫砂已从日用陶器中独立出来，在工艺上讲究规正精巧，名工辈出，已形成一支专业工艺队伍。所制茗壶进入宫廷，输出国外。"宜兴陶都"声誉日隆，正是此时，逐渐奠定基础。

图 3-4 提梁壶（时大彬）

明代出现紫砂四大家：董翰、赵梁、元畅、时朋。当时陶肆流行一句民谣："壶家妙手称三大。"三大就是时大彬、李仲芳、徐友泉。也有人把时朋算进去，称作"三大一时"。

从四大家到三大妙手，表示明代紫砂茗壶已经从初创走向成熟。

时大彬是明代制壶大师，时朋之子。万历年间宜兴人。制壶严谨，讲究古朴，壶上有"时"或"大彬"印款，备受推崇，人称"时壶"。有诗曰："千奇万状信出手""宫中艳说大彬壶"。始仿供春制大茶壶，后改制小型茶壶，传世之作有提梁壶（见图 3-4）、扁壶、僧帽壶等。代表作有"三足圆壶""六方紫砂壶""提梁紫砂壶"等。

3. 清代紫砂名家壶艺

李杜诗篇万口传，至今已觉不新鲜。

江山代有才人出，各领风骚数百年。

——［清］赵翼《论诗五首》

清代是紫砂进一步繁荣的时期，阳羡丁山、蜀山等紫砂传统产地空前繁荣，清人朱琰《陶说》中曾形容过，当时丁山和蜀山两地是"家家做坯，户户业陶"。在选料、配色、造型、烧制、题材、纹饰及工具等各方面，都比明代精进。尤其在清中期以后，形制、诗词、书画、金石、雕塑融为一体，文化气息更浓郁，地方特色更强烈、名声更大。

清代涌现出许多名家，如王友兰、陈鸣远、华凤翔、陈曼生、杨彭年、邵大亨、邵友兰、邵友廷、黄玉麟等。

陈鸣远是时大彬后一代大师。《阳羡名陶录》称"鸣远一技之能，间世特出。自百余年来，诸家传器日少，故其名尤噪。足迹所至，文人学士争相延揽"。顾景舟也赞美陈鸣远曰："集明代紫砂传统之大成，历清代康、雍、乾三朝的砂艺名手。个人风格特点：既承袭了明代器物造型朴雅大方的民族形式，又着重发展了精巧的仿生写实技法。他的实践树立了砂艺史的又一个里程碑。"陈鸣远制作的梅桩壶如图3-5所示，壶身、流、把、盖全部是用极富生态的残梅桩、树皮及缠枝组成。作品是一件强而有力的雕塑，壶上的梅花是用堆花手法，将有色的泥浆堆积塑造成型，栩栩如生。此壶现藏于美国西雅图博物馆。

陈曼生癖好茶壶，工于诗文、书画、篆刻。在任溧阳知县时，结识了制壶艺人杨彭年、杨凤年兄妹，此后就与紫砂结下了不解之缘。他用文人的审美标准，把绘画的空灵、书法的飘洒、金石的质朴，有机地融入了紫砂壶艺，设计出了一大批另辟蹊径的壶型：或肖状造化，或师承万物（一说18种，一说26种，一说38种）。造型简洁、古朴风雅，文人壶风大盛，"名士名工，相得益彰"的韵味，将紫砂创作导入另一境界。陈曼生设计，杨彭年制作，再由陈氏镌刻书画，其作品世称"曼生壶"，一直为鉴赏家们所珍藏。如图3-6所示，为曼生十八式其中的箬笠壶。

图3-5 梅桩壶（陈鸣远）

图3-6 箬笠壶（杨彭年 陈曼生）

图3-7 掇球壶（程寿珍）

4. 近代紫砂名家壶艺

民国初期宜兴陶业一度欣欣向荣，但战乱的阴影却始终挥之不去，最终重创了上海、宜兴的陶业。1937年抗日战争爆发，宜兴沦陷，"大窑户逃往外地，中小窑户无意经营"。丁蜀窑场受到严重破坏，社会混乱，民不聊生，陶瓷生产一蹶不振，宜兴陶业几乎到了人亡艺绝的境地。

近代主要制壶大师有程寿珍、俞国良、李宝珍、范鼎甫、汪宝根、冯桂林等。

程寿珍，清咸丰至民国初期宜兴人，擅长制形体简练的壶式。作品粗犷中有韵味，技艺纯熟。所制的"掇球壶"最负盛名（见图3-7），壶是由3个大、中、小的圆球重叠而垒成，故称掇球壶。其造型以优美弧线构成主体，线条流畅，整把壶稳健丰润。曾获1915年美国旧金山"太平洋万国巴拿马博览会"奖和1917年美国"芝加哥国际赛会"优秀奖。

5. 现当代紫砂名家壶艺

兄起扫黄叶，弟起烹秋茶……杯中宣德瓷，壶用宜兴砂。

—— [清] 郑燮《李氏小园三首之三》

进入20世纪中期，紫砂生产逐步得到发展。紫砂茶具不仅畅销国内，而且远销日本、菲律宾、澳大利亚、新加坡、罗马尼亚、美国、德国、法国、意大利等50多个国家，参加过 70 多次国际性博览会，获得过金奖，颇受好评。有"名器名陶，天下无类""陶中奇葩""中国瑰宝""名陶神品""泥土等同黄金""寸柄之壶，盈握之杯，珍同拱璧，贵如珠玉"等赞语，为中外陶瓷鉴赏家、收藏家所珍视。

20 世纪 50 年代，7 位著名的紫砂国手分别是任淦庭、裴石民、顾景舟、吴云根、王寅春、朱可心、蒋蓉。

当代最著名的紫砂艺人当首推紫砂业中唯一荣获"中国工艺美术大师"称号的顾景舟老先生。他与紫砂结缘 60 个春秋，在继承传统的基础上形成了自己独特的艺术风格：浑厚而严谨，流畅而规矩，古朴而雅趣，工精而技巧，散发浓郁的东方艺术特色。对紫砂历史的研究、传器的断代与鉴赏有独到的见解，主编《宜兴紫砂珍赏》。顾老为培养下一代不遗余力，桃李芬芳，是近代紫砂陶艺中最杰出的一位代表，被誉为"壶艺泰斗""一代宗师"。图 3-8 为顾景舟制作的如意仿古壶。

图 3-8　如意仿古壶（顾景舟）

3.2.3　紫砂茗壶造型——千变万化

1. 紫砂壶的构成
紫砂壶的构成有几个基本要素：壶身（体）、壶盖、壶把、壶嘴、壶底。其各部分名称如图 3-9 所示。

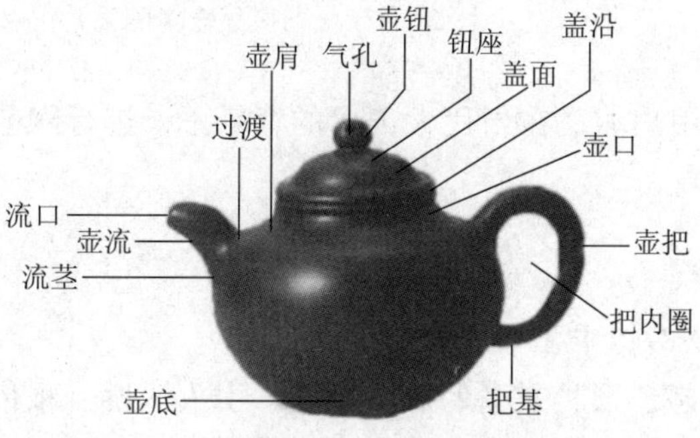

壶盖：盖在壶身上面起密合作用，有嵌盖、压盖和截盖 3 种形式。

壶把：壶把是为了便于执壶而设，有端把、横把、提梁 3 种基本形式。

壶嘴："流"的尖端位置叫"嘴"，有一弯流嘴、二弯流嘴、三弯流嘴、直嘴、流 5 种基本式样。

壶底：关系到紫砂壶放置的平稳，分为一捺底、加底和钉足三大类。

图 3-9　紫砂壶各部分名称示意图

2. 紫砂壶造型
紫砂壶造型，形态各异，变化万千，传统中有"方非一式，圆不一相"的说法。圆器打身筒、方器镶身筒、筋纹器或花货搪身筒，独特的泥片成型，众多的加工工具，可规范每一个部件。

五百年来紫砂壶艺的发展，经过众多艺人的努力、吸收及借鉴了大量的其他门类艺术，创造并产生了圆器、方器、自然器、筋纹器、新形器等五大类。

圆器造型主要由各种不同方向和曲度的曲线组成，圆器的造型规则要求是"圆、稳、匀、正"。它的艺术要求必须是珠圆玉润，口、盖、底、嘴、把、肩、腰的配置比例要协调和谐，匀称流畅，达到无懈可击，致使器型上的标准要求为"柔中寓刚，圆中有变，厚而不重，稳而不笨，有骨有肉，骨肉亭匀"。掇球壶、仿鼓壶、汉扁壶是紫砂圆器造型的典型作品。

方器造型主要由长短不同的直线组成，如四方、六方、八方及各种比例的长方形等。方器造型规则要求为"线条流畅，轮廓分明，平稳庄重"，以直线、横线为主，曲线、细线为辅，器型的中轴线、平衡线要正确、匀挺、富于变化。方器除口、盖、底、把、嘴应与壶体相对称外，还要求做到"方中寓圆，方中求变，口盖划一，刚柔相称"。如四方壶（见图 3-10）、八方壶、传炉壶、觚棱壶、僧帽壶等造型。

自然形器，一般称为"花货"，是对雕塑性器皿及带有浮雕、半圆雕装饰器皿造型的统称。将生活中所见的各种自然形象和各种物象的形态通过艺术手法，设计成器皿造型，如将松、竹、梅等形象制成各种树桩形造型。

筋纹器造型，是从生活中所见的瓜棱、花瓣、云水纹等创作出来的造型样式。筋纹器壶艺造型规则是"上下对应，身盖齐同，体形和谐，比例精确，纹理清晰，深浅自如，明暗分明，配置合理"。近代常见的筋纹器造型有合菱壶、半菊壶等。图 3-11 为金菊掇只壶。

图 3-10　四方壶（张铭松）

图 3-11　金菊掇只壶（陈氏）

新形器，大多以壶为主题，放弃传统实用功能，在当代大美术的背景下，进行陶艺创作，并以此来关注社会发展。

3.2.4　紫砂茗壶鉴赏

历史地看紫砂陶的工艺技术鉴赏，主要区分以下 3 个层次。

（1）高雅的陶艺层次。它必须是合理有趣、形神兼备、制技精湛、引人入胜、雅俗共赏、使人爱不释手的佳器，方能算得上乘。

（2）是指工技精致，形式完整，批量复制面向市场的高档次商品。

（3）是普通产品，即按地方风俗生活习惯，规格大小不一，形式多样，制技一般，广泛流行于民间的日用品。

顾景舟先生在《简谈紫砂陶艺鉴赏》一文中论述："抽象地讲，紫砂陶艺审美可总结为：'形、神、气、态' 4 个要素。形，即形式之美，是作品的外轮廓，也就是具象的面相；神，即神韵，一种能令人意会体验出精神美的韵味；气，即气质，壶艺所内含的本质的美；态，即形态，作品的高、低、肥、瘦、刚、柔、方、圆的各种姿态。从这几个方面贯通一气才是一件真正完美的好作品。"

徐秀棠认为通理得趣，方为上乘之器。"理"，合理（适用、好用）；"趣"，情趣、雅趣、机趣。

对于茶具的鉴赏和选择，包括种类、质地、产地、年代、大小、轻重、厚薄、形式、花色、颜色、光泽、声音、书法、图画等方面，是一种综合性的高深学问。

3.3 茶具选配——红花绿叶，相映生辉

明代许次纾《茶疏》有言："茶滋于水，水藉乎器，汤成于火，四者相须，缺一则废。"强调了茶、水、器、火四者的密切关系。古往今来，大凡讲究品茗情趣的人，都注重品茶韵味，崇尚意境高雅，强调"壶添品茗情趣，茶增壶艺价值"。认为好茶好壶，犹似红花绿叶，相映生辉。对一个爱茶人来说，不仅要会选择好茶，还要会选配好茶具。

3.3.1 因茶选具

唐代，人们喝的是饼茶，茶须烤炙研碎后，再经煎煮而成，这种茶的茶汤呈"淡红"色。一旦茶汤倾入瓷茶具后，汤色就会因瓷色的不同而起变化。陆羽从茶叶欣赏的角度，提出了"青则益茶"，认为以青色越瓷茶具为上品。越瓷为青色，倾入"淡红"色的茶汤，呈绿色。

宋代，饮茶习惯逐渐由煎煮改为"点注"，团茶研碎经"点注"后，茶汤色泽已近"白色"。宋代蔡襄特别推崇"绀黑"的建安兔毫盏。

明代，人们已由宋代的团茶改饮散茶。明代初期，饮用的芽茶茶汤已由宋代的"白色"变为"黄白色"，这样对茶盏的要求当然不再是黑色了，而是时尚"白色"。明代张源的《茶录》中也写道："茶瓯以白磁为上，蓝者次之。"明代中期以后，瓷器茶壶和紫砂茶具的兴起，使茶汤与茶具色泽不再有直接的对比与衬托关系。人们饮茶注意力转移到茶汤的韵味上来了，主要侧重在"香"和"味"，追求壶的"雅趣"。强调茶具选配得体，才能尝到真正的茶香味。

清代以后，茶具品种增多，形状多变，色彩多样，再配以诗、书、画、雕等艺术，从而把茶具制作推向新的高度。一般来说，重香气的茶叶要选择硬度较大的壶，如瓷壶、玻璃壶。绿茶类、轻发酵的包种茶类比较重香气；品饮碧螺春、君山银针、黄山毛峰、龙井等细嫩名茶，则用玻璃杯直接冲泡最为理想。重滋味的茶要选择硬度较低的壶，如陶壶、紫砂壶。乌龙茶类是比较重滋味的茶叶，如铁观音、岩茶、单丛等。

俗话说"老茶壶泡，嫩茶杯冲。"这是因为较粗老的老叶，用壶冲泡，一则可保持热量，有利于茶叶中的水浸出物溶解于茶汤，提高茶汤中的可利用部分；二则较粗老茶叶缺乏观赏价值，用来敬客，不大雅观，这样，还可避免失礼之嫌。而细嫩的茶叶，用杯冲泡，一目了然，同时可收到物质享受和精神欣赏之美。

3.3.2 因地选具

各地饮茶习惯、茶类及自然气候条件不同，茶具可以灵活运用。如东北、华北一带，多数都用较大的瓷壶泡茶；江苏、浙江一带除用紫砂壶外，一般习惯用有盖的瓷杯直接泡饮；四川一带则喜用瓷制的盖碗杯；福建及广东潮州、汕头一带，习惯于用小杯啜乌龙茶，故选用"烹茶四宝"——潮汕风炉、玉书碨、孟臣罐、若琛瓯泡茶，以鉴赏茶的韵味。潮汕风炉是一只缩小了的粗陶炭炉，专作加热之用；玉书碨是一把缩小了的瓦陶壶，高柄长嘴，架在风炉之上，专作烧水之用；孟臣罐是一把比普通茶壶小一些的紫砂壶，专作泡茶之用；若琛瓯是只有半个乒乓球大小的 2～4 只小茶杯，每只只能容纳 4 毫升茶汤，专供饮茶之用。

小杯啜乌龙，与其说是解渴，还不如说是闻香玩味。这种茶具往往又被看作是一种艺术品。至于我国边疆少数民族地区，至今多习惯于用碗喝茶，古风犹存。茶具的优劣，对茶汤的质量和品饮者的心情都会产生显著的影响。因为茶具既是实用品，又是观赏品，同时也是极好的馈赠品。

3.3.3 茶具的色泽搭配

茶具的色泽主要指制作材料的颜色和装饰图案花纹的颜色，通常可分为冷色调与暖色调两类。冷色调包括蓝、绿、青、白、黑等色，暖色调包括黄、橙、红、棕等色。茶具色泽的选择主要是外观颜色的选择搭配，其原则是要与茶叶相配。饮具内壁以白色为好，能真实反映茶汤色泽与明亮度。同时，应注意一套茶具中壶、盅、杯等的色彩搭配，再辅以船、托、盖置，做到浑然一体。如以主茶具色泽为基准配以辅助用品，则更是天衣无缝。各种茶类适宜选配的茶具色泽大致如下。

(1) 名优绿茶：透色玻璃杯，应无色、无花、无盖；或用白瓷、青瓷、青花瓷无盖杯。

(2) 花茶：青瓷、青花瓷等盖碗、盖杯、壶杯具。

(3) 黄茶：奶白或黄釉瓷及黄橙色壶杯具、盖碗、盖杯。

(4) 红茶：内挂白釉紫砂、白瓷、红釉瓷、暖色瓷的壶杯具、盖杯、盖碗或咖啡壶具。

(5) 白茶：白瓷及内壁有色黑瓷。

(6) 乌龙茶：紫砂壶杯具，或白瓷壶杯具、盖碗、盖杯。

3.3.4 茶具选购

1. 瓷器茶具

选购瓷器茶具，除考虑价格因素外，对瓷器本身要仔细察看：器形是否周正，有无变形；釉色是否光洁，色度是否一致，有无砂钉、气泡眼、脱釉等。如果是青花或彩绘的，则看其颜色是否不艳不晦，不浅不深，有光泽（浅则过火，深则火候不够；艳则颜色过厚，晦则颜色过薄）。最后，要提起轻轻弹叩，再好的瓷器有裂纹便会大打折扣。

2. 紫砂壶

一把好的紫砂壶应在实用性、工艺性和鉴赏性三方面获得肯定。应具备造型美、材质美、适用美、工艺美和品位美。

1) 实用第一

容量大小需合己用，口盖设计合理，茶叶进出方便，重心要稳，端拿要顺手，出水要顺畅，断水要果快。此点是大部分茶壶不易顾及的。好壶出水刚劲有力，弧线流畅，水束圆润不打麻花。断水时，即倾即止，简洁利落，不流口水，并且倾壶之后，壶内不留残水。

紫砂壶与别的艺术品最大的区别，就在于它是实用性很强的艺术品，它的"艺"全在"用"中"品"，如果失去"用"的意义，"艺"亦不复存在。所以，千万不能忽视壶的功能美。

2) 工艺技巧

嘴、钮、把三点一线；口盖要严紧密合；壶身线面修饰平整、内壁收拾利落，落款明确端正；胎土要求纯正，火度要求适当。

3）鉴赏性

紫砂壶已和中国几千年的茶文化联系在一起，成为受人青睐的国粹，收藏名壶已成了人们精神享受上的一种乐趣。

《茗壶图录》中把紫砂壶比作人："温润如君子者有之，豪迈如丈夫者有之，风流如词客，丽娴如佳人，葆光如隐士，潇洒如少年，短小如侏儒，朴讷如仁人，飘逸如仙子，廉洁如高士，脱俗如衲子者有之。"紫砂壶具有灵性壶格，是真正懂得的人都认同的。所以，饮茶、赏壶不但是生活的享受，同时也是一种生活艺术。

 小链接

1. 如何用新壶（整修内部、去蜡醒壶）

新壶在使用之前，需要处理，这个过程就叫开壶。开壶也有好多种方法，下面介绍一种——水煮法。

取一干净无杂味的锅，将壶盖与壶身分开置于锅底，徐注清水高过壶身，以文火慢慢加热至沸腾。此步骤应注意壶身和水应同步升温加热，待水沸腾之后，取一把茶叶（通常采用较耐煮的重焙火茶叶）投入熬煮，数分钟后捞起茶渣，砂壶和茶汤则继续以小火慢炖。等二三十分钟后，以竹筷小心将茶壶起锅，静置退温（勿冲冷水）。最后再以清水冲洗壶身内外，除尽残留的茶渣，即可正式启用。

这种水煮法的主要功能除了去蜡醒壶外，亦可让壶身的气孔结构借热胀冷缩而释放出所含的土味及杂质。若施行得宜，将有助于日后泡茶养壶。

2. 如何养壶

在养壶的过程中要始终保持壶的清洁，尤其不能让紫砂壶接触油污，保证紫砂壶的结构通透；在冲泡的过程中，先用沸水浇壶身外壁，然后再往壶里冲水，也就是常说的"润壶"；常用棉布擦拭壶身，不要将茶汤留在壶面，否则久而久之壶面上会堆满茶垢，影响紫砂壶的品相；紫砂壶泡一段时间要有"休息"的时间，一般要晾干三五天，让整个壶身（中间有气孔结构）彻底干燥。

养壶是茶事过程中的雅趣之举，其目的虽在于"器"，但主角仍是"人"。养壶即养性也。"养壶"之所以曰"养"，正是因其可"怡情养性"也。

■ 本章小结

本章主要涉及三方面内容：一是茶具的种类；二是从 4 个方面介绍紫砂壶；三是茶具的选配。学生学习本章知识后能知晓中国茶具悠久的历史、工艺的精湛及品种的繁多；教师通过对不同材质茶器具的讲解，能够提高学生的鉴赏力和审美能力；通过实物欣赏和实地参观，引发学生对我国传统文化——壶文化的浓厚兴趣及体验传统壶文化的精髓。

思考与练习

一、判断题

1. 瓷器茶具按色泽不同可分为白瓷、青瓷和黑瓷茶具等。（　　　）

2. 明代制壶四大家是董翰、赵梁、元畅、时朋。（　　　）

3. 在冲泡茶的基本程序中，温壶（杯）的主要目的是提高茶具的温度。（　　　）

4. 紫砂壶所用的泥料主要有紫泥、绿泥和红泥三种。（　　　）

5. 景德镇青花瓷以"造型古朴挺健、釉色翠青如玉"著称于世。（　　　）

二、选择题

1. 茶具这一概念最早出现于西汉时期（　　　）中"武阳买茶，烹茶尽具"。

A. 王褒《茶谱》　　B. 陆羽《茶经》　　C. 陆羽《茶谱》　　D. 王褒《僮约》

2. 宋代哥窑的产地在（　　　）。

A. 浙江杭州　　　　B. 河南临汝　　　　C. 福建建州　　　　D. 浙江龙泉

3. 青花瓷是在（　　　）上缀以青色文饰，清丽恬静，既典雅又丰富。

A. 玻璃　　　　　　B. 黑釉瓷　　　　　C. 白瓷　　　　　　D. 青瓷

4. （　　　）又称"三才碗"，蕴含"天盖之，地载之，人育之"的道理。

A. 兔毫盏　　　　　B. 玉书煨　　　　　C. 盖碗　　　　　　D. 茶荷

5. （　　　）特点是在紫砂壶上镌刻书画、题铭，融砂壶、诗文、书画于一体。

A. 孟臣壶　　　　　B. 曼生壶　　　　　C. 鸣远壶　　　　　D. 大亨壶

6. 泥色多变，耐人寻味，壶经久用，反而光泽美观是（　　　）优点之一。

A. 金属茶具　　　　B. 紫砂茶具　　　　C. 青瓷茶具　　　　D. 漆器茶具

7. （　　　）瓷器素有"薄如纸，白如玉，明如镜，声如磬"的美誉。

A. 福建德化　　　　B. 湖南长沙　　　　C. 浙江龙泉　　　　D. 江西景德镇

8. 潮汕工夫茶必备的"四宝"中的"若琛瓯"是指精细的（　　　）。

A. 紫砂小品茗杯　　B. 白色小瓷杯　　　C. 青色小瓷杯　　　D. 黑釉小瓷杯

三、填空题

1. 宋代五大名窑是_____、_____、_____、_____和_____。

2. 潮汕工夫茶必备的"四宝"是_____、_____、_____和_____。

3. 制作紫砂壶的主要原料有_____泥、_____泥和_____泥，统称为"紫砂泥。"

四、简答题

1. 茶具按材料分有哪些种类？各有哪些优缺点？

2. 怎样根据所泡茶叶选择茶具？

3. 紫砂壶的特点是什么？

实践活动

题目：调查市场上茶具的种类，分别列举各种茶具的特点。

　　目的要求：通过调查，认识、了解当前市场上常用的茶具种类、样式、价格以及不同茶具的特点，将茶具的选用与地方茶叶消费习惯联系起来。

　　方法和步骤：确定调查内容、方法，制订调查表格和计划；以小组为单位进行市场调查；结合调查地区的茶叶消费特点，对调查结果进行分析。

　　作业：将调查结果以表格的形式表达出来，并完成调查报告。

第 4 章

烹 茗 论 泉

学习目标

- 了解水质对茶的重要性；
- 掌握古人和现代人泡茶用水的要求；
- 掌握泡茶四要素，能够根据不同茶类泡好一壶茶；
- 了解天下名泉，感受中国传统饮茶文化的魅力。

水乃茶之母，无水则不可泡茶。水质的好坏也直接影响茶汤的质量，所以中国人自古就非常讲究泡茶用水。明代许次纾在《茶疏》中说："精茗蕴香，借水而发，无水不可与论茶也。"明代张源在《茶录》中宣称："茶者，水之神；水者，茶之体。非真水莫显其神，非精茶曷窥其体。"明代张大复在《梅花草堂笔谈》中说得更为透彻："茶性必发于水，八分之茶，遇十分之水，茶亦十分矣；八分之水，试十分之茶，茶只有八分耳。"佳茗必须有好水相匹配，方能相得益彰；反过来，有了好茶，若水不好，佳茗也不佳也。这是古人对茶与水关系的精辟阐述。可见，水质对茶的重要性：水质不好，就不能正确反映茶叶的色、香、味，尤其对茶汤滋味影响更大。杭州"龙井茶，虎跑水"，俗称杭州双绝；"蒙顶山上茶，扬子江心水"，闻名遐迩；"浉河中心水，车云山上茶"，中原闻名。这些都是名泉伴名茶之佐证，美上加美，相互辉映。

4.1 泡 茶 用 水

郑板桥写有一副茶联："从来名士能评水 自古高僧爱斗茶。"这副茶联极生动地说明了"评水"是茶艺的一项基本功，所以茶人们常说"水是茶之母"或"水是茶之体"。

4.1.1 水的分类

（1）按其来源，水可分为泉水（山水）、溪水、江水（河水）、湖水、井水、雨水、雪水、露水、自来水、纯净水、矿泉水、蒸馏水等。

（2）按其硬度（1升水中含有碳酸钙1毫克称硬度为1度），水可分为硬水和软水。根据现代的科学分析，水中通常都含有处于电离状态下的钙和镁的碳酸盐、硫酸盐和氯化物，每公升水中钙、镁离子含量少于8毫克的称为软水，超过8毫克的称为硬水。

4.1.2　好水的主要指标

饮茶与水是密不可分的。首先作为好水要达到的主要指标如下。

1. 感官指标

色度不超过 15 度，即无异色；浑浊度不超过 5 度，即水呈透明状，不浑浊；无异常的气味和味道，不含有肉眼可见物；使人有清洁感。

2. 化学指标

pH 为 6.5~8.5。茶汤水色对 pH 相当敏感。pH 降至 6 以下时，水的酸性太大，汤色变淡；pH 高于 7.5 呈碱性时，茶汤变黑。

3. 水的总硬度

水的总硬度不高于 25 度。水的硬度是反映水中矿物质含量的指标，它分为碳酸盐硬度及非碳酸盐硬度两种，前者在煮沸时产生碳酸钙、碳酸镁等沉淀，因此煮沸后水的硬度会改变，故亦称碳酸盐硬度，这种水称"暂时硬水"；后者在煮沸时无沉淀产生，水的硬度不变，故亦称永久硬度，这种水称"永久硬水"。

水的硬度会影响茶叶成分的浸出率。软水中溶质含量较少，茶叶成分浸出率高；硬水中矿物质含量高，茶叶成分的浸出率低。尤其是当水的硬度为 30 度以上时，茶叶中的茶多酚等成分的浸出率就会明显下降。并且硬度大也就是水中钙、镁等矿物质含量高，还会引起茶多酚、咖啡因沉淀，造成茶汤变浑、茶味变淡。各类茶中的风味最易受水质的影响，如要泡好绿茶最好用硬度为 3~8 度的水。日本水质较软，大部分地方的水的硬度为 7~9 度，冲泡的绿茶滋味鲜爽，汤色亮绿，因此日本人偏爱绿茶。而欧洲国家的水质较硬，很多地方高于 20 度，泡绿茶时汤色为黑褐色，且滋味不正常，因此那里的绿茶不如红茶、咖啡普及。

现在自来水的硬度一般不超过 25 度。在自然界中，雨水、雪水等天然水本是地上水分蒸发而形成的，纯度较高，硬度低，属于软水；泉水、江水等在石间土中流动，溶入了多种矿物质，硬度高，但多为暂时硬水，煮沸后硬度下降。

4. 水中氯离子浓度

水中氯离子浓度不超过 0.5 毫克/升；否则有不良气味，茶的香气会受到很大影响。水中氯离子多时，可先积水放一夜，然后烧水时保持沸腾 2~3 分钟。

5. 水中氯化钠的含量

水中氯化钠的含量应在 200 毫克/升以下；否则咸味明显，对茶汤的滋味有干扰。

6. 水中铁、锰浓度

水中铁浓度不超过 0.3 毫克/升，锰不超过 0.1 毫克/升；否则茶叶汤色变黑，甚至水面浮起一层"锈油"。

同时，作为饮用水必须达到的安全指标如下。

（1）微生物学指标。水遭到微生物污染，就可造成传染病的暴发。理想的饮用水不应含有已知致病微生物。生活饮用水的微生物指标为细菌总数在 1 毫升水中不超过 100 个，大肠杆菌群在 1 升水中不超过 3 个。

（2）毒理学指标。生活用水中如含有化学物质，长期接触会引起健康问题，特别是蓄积性毒物和致癌物质的危害。生活饮用水的卫生标准中，包括 15 项化学物质指标，如氟化物、氯化物、砷、硒、汞、镉、铬、铅、银、硝酸盐、氯仿、四氯化碳、滴滴涕、六六六等。这些物质不得超过规定浓度。

到底什么样的水泡茶最好，不可一概而论。在自然界中，一般来说，在无污染的情况下，只有雪水、雨水、露水才称得上是软水，其他如泉水、江水、河水、湖水、井水等，都是硬水。用软水沏茶，香高味醇，自然很好，但软水不可多得。暂时硬水的主要成分是碳酸氢钙和碳氢镁，一经高温煮沸，就会立即分解沉淀，使硬水变成软水，因此同样能泡出一杯好茶。

4.1.3　泡茶用水的选择

在中国饮茶史上，许多茶人常常不遗余力为赢得一泓美泉，"千里致水"，甚至不惜劳民伤财，如唐武宗时的李德裕，位居相位，喜饮无锡惠山泉水，他烹茶不用京城水，却专门派人从数千里以外的无锡经"递铺"传送惠山泉水至长安，称为"水递"。晚唐诗人曾有诗为证："丞相常思煮茗时，群侯催发只嫌迟。吴关去国三千里，莫笑杨妃爱荔枝。"其实，烹茶好水，各地都能觅得。茶人大多主张随汲随饮，适意可人。

1. 古人泡茶用水的要求

中国在唐代以前，尽管饮茶已较普遍，但习惯于在煮茶时加入各种香辛作料。在这种情况下，对茶的色、香、味、形并无多大要求，因而对水品要求也不高。唐代开始，随着茶品的增多，以及清饮雅赏之风的开创，才对水品有了较高的要求。据唐代张又新《煎茶水记》记载，最早提出鉴水试茶的是唐代的刘伯刍，他"亲揖而比之"，提出宜茶水品七等，开列如下：第一，扬子江南零水；第二，无锡惠山寺石泉水；第三，苏州虎丘寺石泉水；第四，丹阳市观音寺水；第五，扬州大明寺水；第六，吴淞江水；第七，淮水最下。

而差不多与刘伯刍同时代的陆羽提出"楚水第一，晋水最下"，将宜茶用水分为二十等：庐山康王谷水帘水第一；无锡惠山寺石泉水第二；蕲州兰溪石下水第三；峡州扇子山下有石突然，泄水独清冷，状如龟形，俗云蛤蟆口水第四；苏州虎丘寺石泉水第五；庐山招贤寺下方桥潭水第六；扬子江南零水第七；洪州西山西东瀑布水第八；唐州柏岩县淮水源第九；庐州龙池山岭水第十；丹阳市观音寺水第十一；扬州大明寺水第十二；汉江金州上游中零水第十三；归州玉虚洞下香溪水第十四；商州武关西洛水第十五；吴淞江水第十六；天台山西南峰千丈瀑布水第十七；郴州园泉水第十八；桐庐严陵滩水第十九；雪水第二十。

而清代的曹雪芹在《冬夜即事》诗中，主张"却喜侍儿知试茗，扫将新雪及时烹"。认为雪水沏茶最佳。总之，古代茶人，对宜茶水品议论颇多，说法也不完全一致，归纳起来，大致有以下几种论点。

1）择水选"源"

如唐代的陆羽在茶经中指出："其水，用山水上，江水中，井水下。"明代陈眉公《试茶》诗中的"泉从石出情更洌，茶自峰生味更圆"，都认为宜茶水品的优劣，与水源的关系甚为密切。

2）水品贵"活"

"活"是指有源头而常流动的水。如北宋苏东坡《汲江煎茶》诗中的"活水还须活火烹，自临钓石汲深清。大瓢贮月归春瓮，小杓分江入夜瓶"；宋代唐庚《斗茶记》中的"水不问江井，要之贵活"；南宋胡仔《苕溪渔隐丛话》中的"茶非活水，则不能发其鲜馥"；明代顾元庆《茶谱》中的"山水乳泉漫流者上"等，都说明宜茶水品贵在"活"。

3）水味要"甘"

"甘"是指水略有甘味。如北宋蔡襄《茶录》中认为："水泉不甘，能损茶味。"明代田艺蘅在《煮泉小品》中说："味美者曰甘泉，气氛者曰香泉。"明代罗廪在《茶解》中主张"梅雨如膏，万物赖以滋养，其味独甘，梅后便不堪饮"，强调宜茶水品在"甘"，只有"甘"才能够出"味"。

4）水质需"清"

"清"是指水质洁净清澈。如唐代陆羽的《茶经·四之器》中所列的漉水囊，就是作为滤水用的，宋代大兴斗茶之风，强调茶汤以"白"为贵，这样对水质的要求，更以清净为重，择水重在"山泉之清者"。明代熊明遇说："养水须置石子于瓮，不惟益水，而白石清泉，会心亦不在远。"这就是说，宜茶用水需以"清"为上。

5）水品应"轻"

"轻"是指水的分量轻。清乾隆皇帝一生中，塞北江南，无所不至。在杭州（浙江）品龙井茶，上峨眉（四川）尝蒙顶茶，赴武夷（福建）啜岩茶，他一生爱茶，是一位品泉评茶的行家。据清代陆以湉《冷庐杂识》记载，乾隆每次出巡，常喜欢带一只精制银斗，"精量各地泉水"，精心称重，按水的比重从轻到重，排出优次，定北京玉泉山水为"天下第一泉"，作为宫廷御用水。

不管什么水，只要符合"源、活、甘、清、轻"5个标准，才算得上是好水。所以，水源中以泉水为佳，因为泉水大多出自岩石重叠的山峦，污染少，山上植被茂盛，从山岩断层涓涓细流汇集而成的泉水富含各种对人体有益的微量元素，经过砂石过滤，清澈晶莹，茶的色、香、味可以得到最大的发挥。清人梁章钜在《归田锁记》中指出，只有身入山中，方能真正品尝到"清、香、甘、活"的泉水。在中国饮茶史上，曾有"得佳茗不易，觅美泉尤难"之说。多少爱茶人，为觅得一泓美泉，着实花费过一番工夫。

 小链接

王安石辨水

有一次王安石和苏东坡一起喝茶，喝罢，王安石问道："我托您取瞿塘中峡水，您这事办了吗？"东坡回答说："办了。您要的水已运来了，现在府外。"王安石命堂侯官两员，将水瓮抬进书房。他亲以衣袖拂拭，纸封打开，命童儿茶灶中煨火，用银铫汲水然后放在火上煮。先取白定碗一只，投阳羡茶一撮于内，待铫内的水冒出蟹眼一般的水泡，立即拿起铫将沸腾的水倾入碗里，其茶色半晌方见。王安石有些怀疑，问道："这是在哪里取的水？"东坡回答说："巫峡。"王安石故意说："这怕是中峡的水吧？"东坡说："正是。"王安石笑道："您又来欺老夫了！此乃下峡之水，如何说假话称此是中峡的水呢？"东坡大惊，告诉他当地人说的话："三峡相连，一般样水，有何区别？——晚生听错了，实是取下峡之水。老太师咋分辨的呢？"王安石说："读书人不可轻举妄动，须是细心察理。老夫若非亲到黄州，看过菊花，怎么诗中敢乱道'黄花落瓣'！这瞿塘水性，出于《水经补注》。上峡水性太急，下峡太缓，惟中峡不急不缓。太医院官乃明医，知老夫乃中脘出了毛病，故用中峡水做药引。此水烹阳羡茶，上峡味浓，下峡味淡，中峡浓淡适宜。今见茶色半晌方见，故知是

下峡水。"东坡离开座位，施礼谢罪，表示抱歉。

陆羽鉴水

在唐代宗年间，湖州刺史李季卿至维扬（今江苏扬州），遇见了陆羽。李季卿久闻陆羽精通茶艺茶道，十分倾慕，这次能在扬州相逢，自然十分高兴。便下令停船，邀请陆羽一同品茗相谈。李季卿说："素闻扬子江南零之水特别好，为天下一绝，再加上相逢名满四海的陆羽，可谓二妙相遇，实乃千载难逢。"遂命兵士驾船到江中去汲取南零水，并乘着取水间隙，将品茶用具一一布置妥当。

不久，南零水取到。陆羽用杓在水面一扬后说道："这水倒是扬子江的水，但不是南零段的，好像是临岸之水。"兵士急忙禀报："这水是我亲自驾船到南零去汲取的，有很多人看见，我怎么敢撒谎呢。"陆羽并不作答，将所取之水倒去一半，再用杓在水面一扬后高兴地说："这才是南零之水。"兵士听后大惊失色，忙伏地叩头说："我从南零取水回来时，不想到岸边时，由于船身晃动，使得所取之水溢出一半，担心水不够用，便从岸边取水加满。没曾想先生如此明鉴，再次谢罪。"

李季卿与数十位随从都惊叹于陆羽鉴水之神奇，李季卿便向陆羽讨教说："那么先生所经历过的水，哪些好哪些不好呢？"陆羽回答说："楚水第一，晋水最下。"李季卿忙命手下用笔一一记录下来。由此，"陆羽鉴水"的故事一时传为佳话，为茶圣一生的传奇又平添一段风韵。

---

2. 现代人泡茶用水的选择

1）纯净水

现代科学的进步，采用多层过滤和超滤、反渗透技术，可将一般的饮用水变成不含有任何杂质的纯净水，并使水的酸碱度达到中性。用这种水泡茶，不仅因为净度好、透明度高，沏出的茶汤晶莹透彻，而且香气滋味醇正，无异杂味，鲜醇爽口。市面上纯净水品牌很多，大多数都宜泡茶。除纯净水外，还有质地优良的矿泉水也是较好的泡茶用水。

2）自来水

自来水含有用来消毒的氯气等，在水管中滞留较久的，还含有较多的铁质。当水中的铁离子含量超过万分之五时，茶汤会呈褐色，而氯化物与茶中的多酚类作用，又会使茶汤表面形成一层"锈油"，喝起来有苦涩味。所以用自来水沏茶，最好用无污染的容器，先贮存一天，待氯气散发后再煮沸沏茶，或者采用净水器将水净化，这样就可成为较好的沏茶用水。

3）井水

井水属地下水，悬浮物含量少，透明度较高。但它又多为浅层地下水，特别是城市井水，易受周围环境污染，用来沏茶，有损茶味。所以，若能汲得活水井的水沏茶，同样也能泡得一杯好茶。唐代陆羽《茶经》中说的"井取汲多者"，明代陆树声《煎茶七类》中讲的"井取多汲者，汲多则水活"，说的就是这个意思。明代焦竑的《玉堂丛语》，清代窦光鼐、朱筠的《日下旧闻考》中都提到的京城文华殿东大庖井，水质清明，滋味甘洌，曾是明清两代皇宫的饮用水源。福建南安观音井，曾是宋代的斗茶用水，如今犹在。

4）江、河、湖水

江、河、湖水属地表水，含杂质较多，浑浊度较高，一般来说，沏茶难以取得较好的效果；但在远离人烟，又是植被生长繁茂之地，污染物较少，这样的江、河、湖水，仍不失为沏茶好水。如浙江桐庐的富春江水、淳安的千岛湖水、绍兴的鉴湖水就是例证。唐代陆羽在《茶经》中说："其江水，取去人远者。"说的就是这个意思。唐代白居易在诗中说："蜀茶寄到但惊新，渭水煎来始觉珍。"他认为渭水煎茶很好。唐代李群玉曰"吴瓯湘水绿花"，说湘水煎茶也不差。明代许次纾在《茶疏》中更进一步说："黄河之水，来自天上。浊者土色，澄之即净，香味自发。"也就是说，即使混浊的黄河水，只要经澄清处理，同样也能使茶汤香高味醇。这种情况，古代如此，现代也同样如此。

5）山泉水

山泉水大多出自岩石重叠的山峦。山上植被繁茂，从山岩断层细流汇集而成的山泉，富含二氧化碳和各种对人体有益的微量元素；而经过砂石过滤的泉水，水质清净晶莹，含氯、铁等化合物极少，用这种泉水泡茶，能使茶的色、香、味、形得到最大发挥，但也并非山泉水都可以用来沏茶，如硫黄矿泉水是不能沏茶的。另外，山泉水也不是随处可得，因此，对多数茶客而言，只能视条件和可能去选择宜茶水品了。

6）雪水和雨水

雨水和雪水，古人誉之为"天泉"。用雪水泡茶，一向就被重视。如唐代大诗人白居易《晚起》诗中的"融雪煎香茗"，宋代著名词人辛弃疾《六幺令》词中的"细写茶经煮香雪"，还有元代诗人谢宗可《雪煎茶》诗中的"夜扫寒英煮绿尘"，都是描写用雪水泡茶。清代曹雪芹的"却喜侍儿知试茗，扫将新雪及时烹"都是赞美用雪水泡茶的。《红楼梦》第四十一回"贾宝玉品茶栊翠庵"中也写道，妙玉用在地下珍藏了五年的、取自梅花上的雪水煎茶待客。至于雨水，综合历代茶人泡茶的经验，认为秋天雨水，因天高气爽，空中尘埃少，水味清冽，当属上品；梅雨季节的雨水，因天气沉闷，阴雨连绵，较为逊色；夏季雨水，雷雨阵阵，飞沙走石，因此水质不净，会使茶味"走样"。但雪水和雨水，与江、河、湖水相比，总是洁净的，不失为泡茶好水。不过，空气污染较为严重的地方，如酸雨的水，不能泡茶，同样污染很严重的城市的雪水也不能用来泡茶。

4.1.4　泡茶用水的处理

（1）过滤法。购置理想的滤水器，将自来水经过过滤后，再来冲泡茶叶。

（2）澄清法。将水先盛在陶缸，或无异味、干净的容器中，经过一昼夜的澄净和挥发，水质就较理想，可以冲泡茶叶。

（3）煮沸法。自来水煮开后，将壶盖打开，让水中的消毒药物的味道挥发掉，保留了没异味的水质，这样泡茶较为理想。

泡茶用水在茶艺中是一重要项目，它不仅要合于物质之理、自然之理，还包含着中国茶人对大自然的热爱和高雅的审美情趣。

4.2　泡　茶　要　素

茶叶中的化学成分是组成茶叶色、香、味的物质基础，其中多数能在冲泡过程中溶解于水，从而形成了茶汤的色泽、香气和滋味。泡茶时，应根据不同茶类的特点，调整水的温度、浸润时间和茶叶的用量，从而使茶的香味、色泽、滋味得以充分地发挥。综合起来，泡好一壶茶主要有四大要素：第一是茶叶用量，第二是冲泡水温，第三是冲泡时间，第四是冲泡次数。

4.2.1 泡茶四要素

1. 茶叶用量

茶叶用量就是每杯或每壶中放适当分量的茶叶。泡好一杯茶或一壶茶，首先要掌握茶叶用量。每次茶叶用多少，并没有统一标准，主要根据茶叶种类、茶具大小以及消费者的饮用习惯而定。一般而言，水多茶少，滋味淡薄；茶多水少，茶汤苦涩不爽。因此，细嫩的茶叶用量要多；较粗的茶叶，用量可少些。

普通的红、绿茶类（包括花茶），可大致掌握在 1 克茶冲泡 50～60 毫升水。如果是 200 毫升的杯（壶），那么，放上 3 克左右的茶，冲水至七八成满，就成了一杯浓淡适宜的茶汤。若饮用云南普洱茶，则需放茶叶 5～8 克。

乌龙茶因习惯浓饮，注重品味和闻香，故要汤少味浓，用茶量以茶叶与茶壶比例来确定，投茶量大致是茶壶容积的 1/3～1/2。广东潮汕地区，投茶量达到茶壶容积的 1/2～2/3。

茶、水的用量还与饮茶者的年龄、性别有关。大致来说，中老年人比年轻人饮茶要浓，男性比女性饮茶要浓。如果饮茶者是老茶客或是体力劳动者，一般可以适量加大茶量；如果饮茶者是新茶客或是脑力劳动者，可以适量少放一些茶叶。

2. 冲泡水温

古人对泡茶水温十分讲究。宋代蔡襄在《茶录》中说："候汤最难，未熟则沫浮，过熟则茶沉，前世谓之蟹眼者，过熟汤也。沉瓶中煮之不可辨，故曰候汤最难。"明代许次纾在《茶疏》中说得更为具体："水一入铫，便需急煮，候有松声，即去盖，以消息其老嫩。蟹眼之后，水有微涛，是为当时；大涛鼎沸，旋至无声，是为过时；过则汤老而香散，决不堪用。"以上说明，泡茶烧水，要大火急沸，不要文火慢煮。以刚煮沸起泡为宜，用这样的水泡茶，茶汤香味皆佳。如水沸腾过久，即古人所称的"水老"。此时，溶于水中的二氧化碳挥发殆尽，泡茶鲜爽味便大为逊色。未沸滚的水，被古人称为"水嫩"，也不适宜泡茶，因水温低，茶中有效成分不易泡出，使香味低淡，而且茶浮水面，饮用不便。据测定，用 60 ℃的开水冲泡茶叶，与等量 100 ℃的水冲泡茶叶相比，在时间和用茶量相同的情况下，茶汤中的茶汁浸出物含量，前者只有后者的 45%～65%。这就是说，冲泡茶的水温越高，茶汁就容易浸出，茶汤的滋味也就越浓；冲泡茶的水温低，茶汁浸出速度慢，茶汤的滋味也相对越淡。"冷水泡茶慢慢浓"，说的就是这个意思。

泡茶水温的高低，与茶的老嫩、松紧、大小有关。大致来说，茶叶原料粗老、紧实、整叶的，要比茶叶原料细嫩、松散、碎叶的，茶汁浸出要慢得多，所以冲泡水温要高。当然，水温的高低，还与冲泡的茶叶品种有关。

具体来说，高级细嫩名茶，特别是名优高档的绿茶，冲泡时水温为 80 ℃左右。只有这样泡出来的茶汤清澈不浑，香气醇正而不钝，滋味鲜爽而不熟，叶底明亮而不暗，使人饮之可口，视之动情。如果水温过高，汤色就会变黄；茶芽因"泡熟"而不能直立，失去欣赏性；维生素遭到大量破坏，降低营养价值；咖啡因、茶多酚很快浸出，又使茶汤产生苦涩味，这就是茶人常说的把茶"烫熟"了。相反，如果水温过低，则渗透性较低，往往使茶叶浮在表面，茶中的有效成分难以浸出，结果，茶味淡薄，同样会降低饮茶的功效。大宗红、绿茶和花茶，由于茶叶原料老嫩适中，故可用 90 ℃左右的开水冲泡。

冲泡乌龙茶、普洱茶等特种茶，由于原料并不细嫩，加之用茶量较大，所以须用刚沸腾的 100 ℃开水冲泡。特别是乌龙茶为了保持和提高水温，要在冲泡前用滚开水烫热茶具；冲泡后用滚开水淋壶加温，目的是增加温度，使茶香充分发挥出来。

至于边疆地区民族喝的紧压茶，要先将茶捣碎成小块，再放入壶或锅内煎煮后，才供人们饮用。

判断水的温度可先用温度计和计时器测量，等掌握之后就可凭经验来断定了。当然，所有的泡茶用水都得煮开，以自然降温的方式来达到控温的效果。

3. 冲泡时间

茶叶冲泡时间差异很大，与茶叶种类、泡茶水温、用茶数量和饮茶习惯等都有关。

如用茶杯泡饮普通红、绿茶，每杯放干茶 3 克左右，用沸水 150～200 毫升，冲泡时宜加杯盖，避免茶香散失，时间以 2～3 分钟为宜。时间太短，茶汤色浅淡；茶泡久了，增加茶汤涩味，香味还易丧失。不过，新采制的绿茶可冲水不加杯盖，这样汤色更艳。用茶量多的，冲泡时间宜短，反之则宜长。质量好的茶，冲泡时间宜短，反之宜长些。

茶的滋味是随着时间延长而逐渐增浓的。据测定，用沸水泡茶，首先浸泡出来的是咖啡因、维生素、氨基酸等；大约到 3 分钟时，浸出物浓度最佳，这时饮起来，茶汤有鲜爽醇和之感，但缺少饮茶者需要的刺激味。以后，随着时间的延续，茶多酚浸出物含量逐渐增加。因此，为了获取一杯鲜爽甘醇的茶汤，可用如下改良冲泡法（主要指绿茶）：将茶叶放入杯中后，先倒入少量开水，以浸没茶叶为度，加盖 3 分钟左右，再加开水到七八成满，便可趁热饮用。当喝到杯中尚余 1/3 左右茶汤时，再加开水，这样可使前后茶汤浓度比较均匀。

对于注重香气的乌龙茶、花茶，泡茶时，为了不使茶香散失，不但需要加盖，而且冲泡时间不宜长，通常 2～3 分钟即可。由于泡乌龙茶时用茶量较大，因此第一泡 1 分钟就可将茶汤倾入杯中，自第二泡开始，每次应比前一泡增加 15 秒左右，这样泡出的茶汤比较均匀。

白芽茶冲泡时，要求水的温度在 70 ℃左右，一般在四五分钟后，浮在水面的茶叶才开始徐徐下沉，这时，品茶者应以欣赏为主，观茶形，察沉浮，从不同的茶姿、颜色中使自己的身心得到愉悦，一般到 10 分钟，方可品饮茶汤；否则，不但失去了品茶艺术的享受，而且饮起来淡而无味。这是因为白芽茶加工未经揉捻，细胞未曾破碎，所以茶汁很难浸出，以致浸泡时间须相对延长，同时只能重泡一次。

另外，冲泡时间还与茶叶老嫩和茶的形态有关。一般来说，凡原料较细嫩，茶叶松散的，冲泡时间可相对缩短；相反，原料较粗老，茶叶紧实的，冲泡时间可相对延长。

4. 冲泡次数

据测定，茶叶中各种有效成分的浸出率是不一样的，最容易浸出的是氨基酸和维生素 C；其次是咖啡因、茶多酚、可溶性糖等。一般茶叶冲泡第一次时，茶中的可溶性物质能浸出 50%～55%；冲泡第二次时，能浸出 30% 左右；冲泡第三次时，能浸出约 10%；冲泡第四次时，只能浸出 2%～3%，几乎是白开水了。所以，通常以冲泡三次为宜。

如饮用颗粒细小、揉捻充分的红碎茶和绿碎茶，由于这类茶的成分很容易被沸水浸出，一般都是冲泡一次就将茶渣滤去，不再重泡；速溶茶，也是采用一次冲泡法；工夫红茶则可冲泡2～3次；而条形绿茶如眉茶、花茶通常只能冲泡2～3次；白芽茶和黄芽茶，一般也只能冲泡1次，最多2次。

品饮乌龙茶多用小型紫砂壶，在用茶量较多时（约半壶）的情况下，可连续冲泡4～6次，甚至更多。

4.2.2　不同茶类的适饮性

茶类不同，茶性也不同，家庭购茶既可根据家庭成员的个人喜好，也可根据各成员的身体状况，还可根据所属的季节，结合不同的茶性，选购不同的茶类。

一般认为绿茶是凉性的，而且绿茶中的营养成分如维生素、叶绿素、茶多酚、氨基酸等物质是所有茶中含量最丰富的。绿茶味较苦涩，特别是大叶种绿茶富含茶多酚和咖啡因，对胃有一定的刺激性，肠胃较弱的人应少喝或冲泡时茶少水多，使滋味稍淡而减少刺激性。在炎热的夏季，可以泡上一杯绿茶，使人仿佛来到清凉的绿草地，置身在绿意盎然的春季，暑意顿消。

红茶被认为是温性的，对于肠胃较弱的人，可以选用红茶特别是小叶种红茶，滋味甜醇，无刺激性。如果选择大叶种红茶，茶味较浓，可在茶汤中加入牛奶和红糖，有暖胃和增加能量的作用。在寒冷的冬季，泡上一杯香甜红艳的红茶，会使整个房间都沐上一层暖融融的光。

花茶较适宜妇女饮用，它有疏肝解郁、理气调经的功效。如茉莉花茶有助于产妇顺利分娩，玳玳花茶有调经理气的功效，女性在经期前后和更年期，性情烦躁，饮用花茶可减缓这些症状。

白茶的茶性清凉，过去在东北农村常用白茶炖冰糖来降火去燥，治疗牙疼、便秘等疾病。因东北地区到了冬天气温特别寒冷，整天蛰居在热炕上，饮食中又缺少新鲜蔬菜，极易上火。另外，白茶加工中未经炒、揉，任其自然风干，茶中多糖类物质基本未被破坏，是所有茶类中茶多糖含量最高的，而茶多糖对治疗糖尿病有一定的功效，因而糖尿病患者最适合饮用的是白茶，喝时应注意用凉开水长时间（7～8小时）浸泡，于清晨和晚上喝，不能用开水冲泡，以免高温破坏茶多酚。

4.3　名 泉 佳 水

神州大地，幅员辽阔，青山绿洲之间，名泉如繁星闪烁。它们或喷涌而出、飞翠流玉；或清澈如镜、汩汩外溢；或腾地而起、水雾弥漫；或时淌时停、含情带意。名泉吐珠，水质甘美可口，历来被名人雅士竞相评论。

4.3.1　天下第一泉

按常理，既为"天下第一泉"，应该是普天之下独一无二。然而事实上，单在中国被称为天下第一泉的，就有四处：一处为庐山的谷帘泉，一处为镇江的中泠泉，一处为北京西郊的玉泉，一处为济南的趵突泉。

1. 谷帘泉

谷帘泉又名三叠泉,在庐山主峰大汉阳峰南面康王谷中。

据唐代张又新《煎茶水记》记载,陆羽曾经应李季卿的要求,对全国各地 20 处名泉排出名次,其中第一名是"庐山康王谷谷帘泉"。

谷帘泉四周山体,多由砂岩组成,加之当地植被繁茂,下雨时雨水通过植被,再慢慢沿着岩石节理向下渗透,最后通过岩层裂缝,汇聚成一泓碧泉,从崖涧喷洒散飞,纷纷数十百缕,款款落入潭中,形成"岩垂匹练千丝落"(苏轼诗)的壮丽景象。因水如垂帘,故又称为"水帘泉"或"水帘水"。历史上众多名人墨客,都以能亲临观赏这一胜景和亲品"琼浆玉液"为幸。宋代陆游一生好茶,在入川途中,路过江西时,也对谷帘泉称赞不已,在他的日记中这样写道:"前辈或斥水品以为不可信,水品因不必尽当,然谷帘卓然,非惠山所及,则亦不可诬也。"此外,宋代的王安石、秦少游、朱熹等也都慕名到此,品茶品水,公认谷帘泉水"甘馥清泠,具备诸美而绝品也!"宋代名人王禹偁还专为谷帘泉写了序文:"水之来计程,一月矣,而其味不败。取茶煮之,浮云蔽雪之状,与井泉绝殊。"人们普遍认为谷帘泉的泉水具有八大优点,即清、冷、香、柔、甘、净、不噎人、可预防疾病。

2. 中泠泉

中泠泉也叫中濡泉、南泠泉,位于江苏镇江金山寺外。

唐宋之时,金山还是"江心一朵芙蓉",中泠泉也在长江中。据记载,以前泉水在江中,江水来自西方,受到石簰山和鹊山的阻挡,水势曲折转流,分为三泠(三泠为南泠、中泠、北泠),而泉水就在中间一个水曲之下,故名"中泠泉"。因位置在金山的西南面,故又称"南泠泉"。因长江水深流急,汲取不易。据传打泉水需在正午之时将带盖的铜瓶子用绳子放入泉中后,迅速拉开盖子,才能汲到真正的泉水。南宋爱国诗人陆游曾到此,留下了"铜瓶愁汲中濡水,不见茶山九十翁"的诗句。

中泠泉水宛如一条戏水白龙,自池底汹涌而出。"绿如翡翠,浓似琼浆",泉水甘洌醇厚,特宜煎茶。唐陆羽品评天下泉水时,中泠泉名列全国第七,稍陆羽之后的后唐名士刘伯刍把宜茶的水分为七等,扬子江的中泠泉依其水味和煮茶味佳名列第一。另外,中泠泉还传有"盈杯不溢"之说,贮泉水于杯中,水虽高出杯口 1～2 毫米都不溢,水面放上一枚硬币,不会沉底,从此中泠泉被誉为"天下第一泉"。在 1992 年 5 月出版的《中国茶经》中,中泠泉还被列为中国五大名泉之首。

3. 玉泉

玉泉位于北京西郊玉泉山南麓。

玉泉被称为天下第一泉,跟乾隆皇帝分不开。相传乾隆皇帝是有名的嗜茶皇帝,他每次巡视全国各地时,都让属下带一只银斗称量各地名泉水的比重,经过评比,玉泉的水比重最轻且极其甘洌,所以赐封玉泉为"天下第一泉"。他还特地撰写了《玉泉山天下第一泉记》,记中说:"水之德在养人,其味贵甘,其质贵轻。朕历品名泉,……则凡出於山下而有洌者,诚无过京师之玉泉,故定为天下第一泉。"

4. 趵突泉

趵突泉又名槛泉,位于济南市中心趵突泉公园。

济南素以泉水多而著称,有"济南泉水甲天下"的赞誉。趵突泉居济南"七十二名泉"之首,南倚千佛山,北靠大明湖。泉水昼夜喷涌,涌出时奔突跳跃,其水势如鼎沸,状如白雪三堆，冬夏如一，蔚为奇观。前人赞美趵突泉就有"倒喷三窟雪，散作一池珠"及"千年玉树波心立，万叠冰花浪里开"等佳句。趵突泉水清醇甘洌，烹茶甚为相宜，宋代曾巩说"润泽春茶味更真"。

趵突泉被誉为"第一泉"始见于明代晏璧的诗句"渴马崖前水满川，江水泉迸蕊珠圆。济南七十泉流乳，趵突洵称第一泉"。后来还传说乾隆皇帝下江南途经济南时品饮了趵突泉水，觉得这水竟比他赐封的"天下第一泉"玉泉水更加甘洌爽口，于是赐封趵突泉为"天下第一泉"，并写了一篇《游趵突泉记》，还为趵突泉题书了"激湍"两个大字。

此外，蒲松龄也把天下第一的桂冠给了趵突泉。他曾写道："尔其石中含窍，也下藏机，突三峰而直上，散碎锦而成绮垂……海内之名泉第一，齐门之胜地无双。"

乾隆末年，山东按察使石韫玉为趵突泉题写了一副对联——"画阁镜中 看幻作神仙福地 飞泉云外 听写成山水清音"。我国名泉虽多，但像趵突泉这样"石中含窍，地下藏机"，能幻作神仙福地、听出山水清音的奇泉灵水也应该是绝无仅有了。

据此看来，趵突泉被誉为"天下第一泉"就要比前面三个更有说服力了，因为它不仅因诗词名闻天下，同时也是上至皇帝大臣下至平民百姓所"公认"的。

4.3.2 天下第二泉——无锡惠山泉

惠山泉位于江苏无锡惠山寺附近，原名漪澜泉，相传为唐朝无锡县令敬澄派人开凿的，共两池，上池圆，下池方，故又称二泉。由于惠山泉水源于若冰洞，细流透过岩层裂缝，呈伏流汇集，遂成为泉。因此，泉水质轻而味甘，深受茶人赞许。唐代天宝进士皇甫冉称此水来自太空仙境；唐元和进士李绅说此泉是"人间灵液，清鉴肌骨，漱开神虑，茶得此水，尽皆芳味"。

惠山泉盛名，始于中唐，其时，饮茶之风大兴，品茗艺术化，对水有更高的要求。据张又新的《煎茶水记》载，最早评点惠山泉水品的是唐代刑部侍郎刘伯刍和"茶神"陆羽，他们品评的宜茶范围不一，但都将惠山泉列为"天下第二泉"。自此以后，历代名人学士都以惠山泉沏茗为快。据唐代无名士《玉泉子》载，唐武宗时，宰相李德裕为汲取惠山泉水，设立"水递"（类似驿站的专门输水机构），把惠山泉水送往千里之外的长安；宋代大文学家欧阳修用惠山泉作"润笔费"礼赠大书法家蔡襄；宋徽宗赵佶更把惠山泉水列为贡品，由两淮两浙路发运使赵霆按月进贡；南宋高宗赵构被金人逼得走投无路，仓皇南逃时，还去无锡品茗二泉；元代翰林学士、大书法家赵孟頫专为惠山泉书写了"天下第二泉"五个大字，至今仍完好地保存在泉亭后壁上；明代诗人李梦阳在其《谢友送惠山泉》诗中写道："故人何方来？来自锡山谷。暑行四千里，致我泉一斛。"近代，这种汲惠山泉水沏茶之举，大有人在。每日提壶携桶，排队汲水，为的是试泉品茗。

其实，惠山泉是地下水的天然露头，免受环境污染。加之泉水经过砂石过滤，汇集成流，水质自然清澈晶莹。另外，还由于水流通过山岩，富含矿物质营养。用这等上好泉水品茗，自然为人钟情，大有"茶不醉人人自醉"之意。

4.3.3 天下第三泉——苏州虎丘寺石泉水

石泉水位于苏州阊门外虎丘寺旁，其地不仅以天下名泉佳水著称于世，而且以风景秀丽闻名遐迩。

据《苏州府志》记载，唐德宗贞元中，陆羽寓居苏州虎丘，发现虎丘山泉甘醇可口，遂在虎丘山挖筑一井，在天下宜茶二十水品中，陆羽称"苏州虎丘寺石泉水，第五"。后人称其为"陆羽井"，又称"陆羽泉"。在虎丘期间，陆羽还用虎丘泉水栽培茶树。由于陆羽的提倡，苏州人饮茶成习俗，百姓营生，种茶亦为一业。差不多与陆羽同时代的刘伯刍又评它为"天下第三泉"。从此，虎丘寺石泉水又有了"天下第三泉"之美称。

其实，虎丘寺石泉水，人们能见到的是一口古石井。井口大约有一丈见方，四壁垒以石块。井泉终年不涸，清冽甘醇，用来试茗，能保持茶的清香醇厚本色，又有甘甜鲜爽之美。另外，在石泉水井南面的"千人石"左侧的"冷香阁"内开有茶室，乃是游客休闲品茗的佳处。

4.3.4　天下第四泉——扇子山蛤蟆石泉水

蛤蟆石，在长江西陵峡东段。距湖北宜昌市西北 25 公里处，灯影峡之东，长江南岸扇子山山麓，有一呈椭圆形的巨石，傲然挺出，从江中望去好似一只张口伸舌、鼓起大眼的蛤蟆，人们称之为蛤蟆石，又叫蛤蟆碚。

蛤蟆石地处滩险流急的扇子峡边，舟人过此视之为畏途。郭相业在《蛤蟆碚》中写道："白狗峡，黄牛滩，千古人嗟蜀道难，江边蹲踞蛤蟆石，逆水牵舟难更难，贾客闻之心胆寒。"然而比这千万年蹲在长江边上的蛤蟆石更有名气的，则是隐匿在背后的那眼清泉。在蛤蟆尾部山腹有一石穴，中有清泉，泠泠倾泻于"蛤蟆"的背脊和口鼻之间（因蛤蟆头朝北），漱玉喷珠，状如水帘，垂注入长江之中，名曰"蛤蟆泉"。泉洞石色绿润，岩穴幽深，其内积泉水成池，水色清碧，其味甘美。

蛤蟆泉，水清、味甘，是烹茶、酿酒的上好水源。陆羽曾多次来此品尝，他在《茶经》中写道："峡州扇子山有石突然，泄水独清冷，状如龟形，俗云蛤蟆泉水第四。"蛤蟆泉传说是月宫中的蛤蟆吐的琼浆玉液，清人杨毓秀在《东湖物产图赞》中所说的"太阴之精，广寒是宅，窃饮天汉，逃距峡侧，罡风踔厉，吹化为石，远导汉潢，潜疏坤脉，口吐琼浆，泽我下国"，给我们演绎了一个传奇的神话故事。月宫中的一只小蛤蟆，因偷饮了天池中的圣水，被月宫之子吴刚一斧打昏，从半天云里掉到了灯影峡的江边，被一位善良的老樵夫搭救，小蛤蟆为报救命之恩，风化成石，蹲在江边长年喷吐甘液。小蛤蟆吞食天地灵气，汲取日月精华，它所喷吐的也是琼浆玉液，石牌当地流传着一首民谣："明月水，明月水，小蛤蟆吐的活宝贝，泡茶茶碗凤凰叫，煮酒酒杯白鹤飞，十里闻香人也醉。"

这蛤蟆泉水自从陆羽评其为"天下第四泉"以来，引起了嗜茶品泉者的浓厚兴趣，特别是北宋年间，许多著名品泉高手、茶道大师，都不避艰险，纷纷登临扇子山，以一品蛤蟆泉水为快，并留下了赞美泉水的诗篇。如北宋文学家、史学家欧阳修（1007—1072）有诗赞曰："蛤蟆喷水帘，甘液胜饮耐。"北宋诗人、书法家黄庭坚（1045—1105）在诗中赞道："巴人漫说蛤蟆碚，试裹春芽来就煎。"北宋文学家、书法家和散文家苏轼（1037—1101）和苏辙（1039—1112）兄弟都曾登临蛤蟆碚品泉赋诗，赞赏寒碧清醇的蛤蟆泉水"岂惟煮茗好，酿酒更无敌"。

4.3.5　天下第五泉——扬州大明寺泉水

大明寺，在江苏扬州市西北约 4 公里的蜀冈中峰上，东临观音山。建于南朝宋大明年间

（457—464）而得名。隋代仁寿元年（601）曾在寺内建栖灵塔，又称栖灵寺。这里曾是唐代高僧鉴真大师居住和讲学的地方。现寺为清同治年间重建。在大明寺山门两边的墙上对称地镶嵌着："淮东第一观"和"天下第五泉"十个大字，每字约一米见方，笔力遒劲。

著名的"天下第五泉"即在寺内的西花园里。西花园原名"芳圃"。相传为清乾隆十六年（1751），乾隆皇帝下江南，到扬州欣赏风景的一个御花园，向以山林野趣著称。唐代茶人陆羽在沿长江南北访茶品泉期间，实地品鉴过大明寺泉，其泉水被列为天下第十二佳水。唐代另一位品泉家刘伯刍却将扬州大明寺泉水，评为"天下第五泉"，于是，扬州大明寺泉水，就以"天下第五泉"扬名于世。大明寺泉，水味醇厚，最宜烹茶，凡是品尝过的人都公认宋代欧阳修在《大明寺泉水记》所说"此水为水之美者也"是深识水性之论。

为适应改革开放的形势，20世纪80年代初，扬州园林部门又在西花园建了五泉茶社，这是一座仿古的柏木建筑，分上下两厅，两厅之间以假山连接，上厅好像置身于蜀冈之上，下厅背临湖水，犹似悬架在湖水之中。游人至此，在饱览蜀冈胜景之后，入座茶厅内小憩，细细地品饮着用五泉水冲泡的江南香茗，既可举目东望观看山色，又可俯视清雅秀丽的瘦西湖风光，那才真可谓是赏心悦目，烦襟顿开，不虚此行。如若能再悉心领略方梦圆所题《扬州第五泉联》的优美意境，那就更令人流连于扬州的江山胜迹与梅月风情。

4.3.6 浙江杭州虎跑泉

虎跑泉，在浙江杭州市西南大慈山白鹤峰下慧禅寺（俗称虎跑寺）侧院内，距市区约5公里。虎跑泉石壁上刻着"虎跑泉"三个大字，功力深厚，笔锋苍劲，出自西蜀书法家谭道一的手迹。这虎跑泉的来历，还有一个饶有兴味的神话传说呢。相传，唐元和十四年（819）高僧性空来此，喜欢这里风景灵秀，便住了下来。后来，因为附近没有水源，他准备迁往别处。一夜忽然梦见神人告诉他说："南岳有一童子泉，当遣二虎将其搬到这里来。"第二天，他果然看见二虎跑（刨）地作地穴，清澈的泉水随即涌出，故名为虎跑泉。"虎移泉眼至南岳童子，历百千万劫留此真源。"——这副虎跑寺楹联也是写的这个神话故事，只是更具有佛教寓意。

其实，虎跑泉是从大慈山后断层陡壁砂岩、石英砂中渗出，据测定每天流量为43.2～86.4立方米。泉水晶莹甘洌，居西湖诸泉之首。

"龙井茶叶虎跑水"，被誉为西湖双绝。古往今来，凡是来杭州游历的人们，无不以能身临其境品尝一下以虎跑甘泉之水冲泡的西湖龙井之茶为快事。历代的诗人们留下了许多赞美虎跑泉水的诗篇。如苏东坡有："道人不惜阶前水，借与匏樽自在尝。"清代诗人黄景仁（1749—1783）在《虎跑泉》一诗中有云："问水何方来？南岳几千里。龙象一帖然，天人共欢喜。"诗人是根据传说，说虎跑泉水是从南岳衡山由仙童化虎搬运而来，缺水的大慈山忽有清泉涌出，天上人间都为之欢呼赞叹。亦赞扬高僧开山引泉，造福苍生功德。著名文学家郭沫若于1959年2月游虎跑泉时，在品茗之际，曾作诗一首："虎去泉犹在，客来茶甚甘。名传天下二，影对水成三。饱览湖山美，豪游意兴酣。春风吹送我，岭外又江南。"

4.3.7 浙江杭州龙井泉

龙井泉地处杭州西湖西南，位于南高峰与天马山间的龙泓涧上游的风篁岭上，又名龙泓泉、龙湫泉，为一圆形泉池，环以精工雕刻的云状石栏。泉池后壁砌以垒石，泉水从垒石下的石隙涓涓流出，汇集于龙井泉池，而后通过泉下方通道注入玉泓池，再跌宕下泻，成为凤凰岭下的淙淙溪流。

据明代田汝成《西湖游览志》载，龙井泉发现于三国东吴赤乌年间（238—251），东晋学者葛洪在此炼过丹。民间传说龙井泉与江海相通，龙居其中，故名龙井。

其实，龙井泉属岩溶裂隙泉，四周多为石灰岩层构成，并由西向东南方倾斜，而龙井正处在倾斜面的东北端，有利于地下水顺岩层向龙井方向汇集。同时，龙井泉又处在一条有利于补给地下水的断层破碎带上，从而构成了终年不涸的龙井清泉。且水味甘醇，清明如镜。

清代陆次云《再游龙井作》中写道："清跸重听龙井泉，明将归辔户华游；问山得路宜晴后，汲水煎茶正雨前。"名泉伴佳茗，好茶配好水，实在是件美事。如今，"龙井问茶"已刻成碑，立于龙井泉和龙井寺的入口处，龙井茶室已成了游客的绝妙去处。

■ 本章小结

本章内容主要涉及水的分类，古人、现代人泡茶用水的要求以及泡茶四要素，同时还列举了中国的名泉佳水。学习本章知识后，学生可以知道水对于茶性的发挥是相当重要的。

■ 思考与练习

一、判断题

1. 用含铁离子较多的水泡茶，茶汤表面易起"锈油"。（　　）
2. 综合历代茶人泡茶的经验，用雨水泡茶，一年之中以秋雨为好。（　　）
3. 在自然界中，泉水、江水等在石间土中流动，溶入了多种矿物质，属于"永久硬水"。（　　）
4. 每千克水中钙、镁离子的含量大于8毫克时称为硬水。（　　）
5. 泡茶用水按其来源可以分为天然水和再加工水。（　　）

二、选择题

1. 陆羽《茶经》指出：其水，（　　）。
A. 江水上，山水中，河水下　　　　　　B. 山水上，河水中，江水下
C. 山水上，江水中，井水下　　　　　　D. 泉水上，溪水中，河水下

2. "茶性必发于水，八分之茶，遇十分之水，茶亦十分矣；八分之水，试十分之茶，茶只有八分耳。"上面这句话出自（　　）。
A. 许次纾《茶疏》　　　　　　　　　　B. 张源《茶录》
C. 张大复《梅花草堂笔谈》　　　　　　D. 张又新《煎茶水记》

3. 下列哪一项不属于泡茶要素？（　　）
A. 茶叶用量　　　B. 泡茶水温　　　C. 茶叶种类　　　D. 冲泡时间

4. 宋徽宗赵佶在《大观茶论》中写道："水以清、轻、甘、（　　）为美。"
A. 冽　　　　　　B. 活　　　　　　C. 甜　　　　　　D. 苦

5. 下列哪一项不属于泡茶用水的处理方法？（　　）
A. 过滤法　　　B. 消毒法　　　C. 澄清法　　　D. 煮沸法

三、填空题

1. 冲泡绿茶时，通常一只容量为 100～150 毫升的玻璃杯，投茶量为_____克。

2. 冲泡绿茶一般用_____℃左右的水为宜，名优绿茶用_____℃左右的水冲泡即可。

3. 影响茶叶质变的主要因素有_____、_____、_____和_____。

四、简答题

1. 古人泡茶用水的要求是什么？

2. 现代人泡茶用水的要求是什么？

3. 泡茶有几要素？分别是什么？

4. 好水的主要指标有哪几项？

5. 请列举出至少四个中国名泉。

■ 实践活动

题目：如何沏泡出一杯好喝的茶。

目的要求：能够根据不同茶类，选择相应茶具，比较不同泡茶用水、水温、投茶量及沏泡时间对茶汤的影响，掌握泡茶要素。

方法和步骤：以组为单位首先选择一款茶；选用与所沏泡的茶类适宜的茶具；分别用自来水和其他经处理过的水（瓶装或桶装水），按照泡茶过程中所要注意的要素，对比不同水质对茶汤的影响，体会泡好一杯茶的要素。

作业：结合泡茶过程，写出具体的泡茶体验。

第5章

茶 与 健 康

学习目标

- 了解人类对茶的作用的认识过程；
- 了解生活中各种茶及茶类产品的科学利用；
- 掌握茶的生化特性及功能；
- 通过饮茶，使人保持平和乐观豁达的良好心态，达到精神上的享受。

茶最早是作为药物被人类发现利用的。在长期生产生活实践中，人们逐渐认识到茶是一种十分有益于健康的饮品与食品。

茶叶中的化学成分主要含有水、多酚类化合物、蛋白质、氨基酸、酶、生物碱、糖类、维生素等。这些有机物和无机物被机体吸收在体内相互补充、相互协调，对人体在补充水及营养，防病治病、调整心态等方面均有十分重要的作用。

5.1 人类对茶效的认识过程

人类最早对茶的认识是源于其药用效果，许多古代文献记载了茶叶的功用。

5.1.1 中国古代对茶效的认识

1. 中国历代医药专著论茶

早在公元前2世纪，司马相如在《凡将篇》述及了20多种草药，其中就提到了茶。

东汉医学家华佗的《食论》中提到"苦茶久食，益意思"，是茶药理功能的最早记述。

张仲景所著《伤寒论》认为"茶治便脓血甚效"。

唐代出版的《唐本草》记有"茶主瘘疮，利小便，去痰热渴""主下气，消宿食"；《食疗本草》载有"茗叶利大肠，去热解痰""主下气，除好睡，消宿食"；《本草拾遗》提及茶"破热气，除瘴气""久食令人瘦，去人脂"。

宋代出版的《本草图经》称"茶醒神、释滞消壅……"；《山家清供》亦称"茶即药品也，去滞化食"。

元代出版的《汤液本草》认为"茶可治中风昏聩、多睡不醒"；《饮膳正要》认为"凡诸茶，……去痰热、止渴、利小便，消食下气、清神少睡"。

明代出版的《食物本草》《救荒本草》《野菜博览》《本草纲目》《本草经疏》，以及清朝出版的《食物本草会纂》《本草纲目拾遗》《本草求真》等著名的本草书记述了茶的功效。特别是 1578 年我国著名药学家李时珍编著的《本草纲目》，是一部介绍饮食、药用品最全面的集大成之作，同时它也记述了茶的药理功能："茶苦而寒，……最能降火，火为百病，火降则上清矣。……温饮则火因寒气而下降，热饮则茶借火气而升散，又兼解酒食之毒，使人神思闿爽，不昏不睡。"

2. 中国历代古医书中记载的茶疗方

从唐代开始，就有了临床医疗使用药茶方的记载，举例如下。

（1）《千金方》记有以"煮茶单饮"治头痛。

（2）《赤水玄珠》记有"茶稠散"方，即以茶、川芎、薄荷等治风热上攻、头上昏痛症。

（3）《万氏家抄方》记有"茶柏散"方，即以茶、黄檗、薄荷等治喉症类疾病。

（4）《圣济总录》记有"姜茶散"方，以茶、生姜等治霍乱后烦躁不安；"海金沙"方以海金沙、茶等治小便不通，脐下满闷。

（5）《韩氏医通》记有以豆、芝麻、茶等作为抗衰老的补益方剂。

另外，在历代中医文献中用茶的方剂也特别多，如《银海精微》《医宗金鉴·眼科心法》《审视瑶函》等名著中约有百余张眼科名方中都用茶叶，而且大多至今沿用。

3. 中国历代经史子集类及茶叶专著论茶效

我国古代出版的一些经史子集类著作，如三国·魏《广雅》、晋《博物志》、梁《述异记》、唐《唐国史补》、宋《东坡杂记》《格物粗谈》《古今合璧事类备要外集》《岭外代答》、元《敬斋古今黈》、明《三才图会》以及清《黎岐纪闻》等约 20 种史类资料论及茶的药理作用。

历代出版的茶叶专著也都详细介绍了茶的功效。如唐代陆羽所著的我国第一部茶叶专著《茶经》记载"茶之为用，味至寒，为饮最宜，精行俭德之人，若热渴、凝闷、脑痛、止涩、四肢烦、百节不舒，聊四五啜，与醍醐甘露抗衡也"。唐代顾况《茶赋》认为茶能"攻肉食之膻腻，发当暑之清吟，涤通宵之昏寐"。明代《茶谱》则将茶的功效归纳为："人饮真茶，能止渴消食，除痰少睡，利水道，明目益思，除烦去腻，固不可一日无茶。"

5.1.2 现代国内外茶与健康研究进展

随着科学技术进步及研究水平的提高，国内外医学家、药学家、营养学家及茶叶专家在茶与健康方面做了大量研究，应用现代医学理论如自由基学说、免疫学说、抗氧化学说等，从分子—细胞—组织水平逐步验证了史书上所记载的茶叶功效，同时茶叶中各有效成分对人体的保健作用正在不断地被挖掘及发现。

目前已探明茶叶中具有保健作用的活性成分，主要是茶多酚、咖啡因、茶氨酸、茶多糖、维生素类和各种矿物质元素等。国内外许多科学工作者对茶的保健功能的论证和开发投入了很大的热情，取得了多项成绩。

在 1953 年 WHO 主持的第一届国际口腔卫生齿科专题讨论会上，日本专家就提出了茶是高氟类植物，可用饮茶来代替在自来水中添加氟元素来防龋齿的做法。此后对茶叶防龋进行了近 30 年的努力和探索，证明了茶叶防龋齿的有效性及可行性，并在一定地区得到了实施。北京口腔医院等单位对饮茶防治儿童的龋齿做了大量的试验和调查，取得了较为显著的效果。

茶多酚的生理活性作用及其应用是目前研究最多、影响最大、成果最显著的方面。从国外到国内，从茶叶界到医学、药学界，许多学者对此进行了广泛的研究及高度的注意。日本科学家富田勋在 1987 年最早报道了茶多酚具有抑制人体癌细胞的活性。

日本的奥田拓男、原征彦等对茶叶的多酚类的生理活性及清除自由基的探索做了大量的研究。我国学者研究了茶色素对防治心血管病的作用，研究了茶多酚等对抑制肿瘤的作用，对茶多酚的提取、分离、生物学活性及茶多酚的应用方面做了大量深入的研究。对茶多酚进行了一系列毒理学研究，通过安全性评价，从分子—细胞—组织—临床水平研究证明茶多酚是一种高效低毒的自由基清除剂及天然抗氧化剂。此外，对茶多酚的生物学活性方面也做了大量的研究，如茶多酚抗肿瘤、抗衰老、抗辐射、抗心脑血管疾病及降血脂等功效。

20 世纪 80 年代以来，国内不断改进提取茶多酚的技术，使得提取率从约 1% 提升到 8%～12%，催生了生产茶多酚的产业，开始了国内茶多酚的工厂化大生产。近几年，采用膜技术、柱分离等先进技术来提取高纯度茶多酚及儿茶素单体，并已将水溶性茶多酚改性成脂溶性茶多酚。

1990 年，以茶多酚为功效成分的首个终端产品，"准"字号药物"亿福林"，心脑健胶囊列入国家中药保护品种，同时开发出具有抗辐射、延缓衰老、减肥、去黄褐斑、调节免疫功能、降血脂、醒酒等作用的多种功能性食品。此外，南京中山肿瘤研究所和中国上海细胞研究所的研究证明绿茶提取物可提高小鼠的免疫功能。

近年来有更多实验结果证实茶叶及其提取物具有抗癌作用。中国预防医学院营养与食品卫生研究所进行的一项实验结果表明，茶多酚、茶色素及儿茶素有较明显的抗突变作用，对于癌症发生的启动阶段有明显的阻断作用。

日本亦调查发现，静冈县产茶和饮茶比例较高，而胃肠癌发生率显著低于其他地区。在日本北部九州地区居民每天饮 10 杯绿茶，可降低胃癌的发病率，每天饮 10 杯量的癌症患者要比每天饮 3 杯绿茶者多活 4.5 年（男性）、6.5 年（女性）。1993—1994 年上海调查结果显示，饮用绿茶降低了食管癌的危害。上海市肿瘤医院研究所在上海市进行饮茶与女性肺癌关系的流行病学研究，发现非吸烟者肺癌的危险性随茶叶年消费量的增加而显著下降。1994年上海及 1995 年沈阳开展的病例对照研究发现饮茶对女性肺癌的显著保护作用，Zatonski 等对波兰人群胰腺癌调查发现，饮茶量多可明显降低胰腺癌的危险程度。据报道，江苏启东市肝癌高发区肝癌死亡率为 141/10 万，低发区肝癌死亡率 98/10 万，高发区饮茶率为 7.58%，低发区为 11.86%，差异极显著。

据有关报道，黑茶类在抗癌、减肥、降血糖、抑制动脉硬化、抑菌、补充维生素 B_{12} 及氟等有明显的效果。自始至今，四川雅安生产的金尖、康砖等藏茶，是保障藏区人民在缺氧、高寒、强辐射、高油脂食物的雪域高原上，有效地调节生理代谢功能，健康生活的重要物质。最近美国科学家又研究证明了我国特种茶之一的白茶，是具有比绿茶更强杀菌、抗癌效果的食品，也引起了各方的关注。

综上所述，国内外研究结果表明，饮茶对健康的作用主要包括 3 个方面：增进补充营养，健康益寿；预防治疗疾病；调整心理心态，促进精神健康。

5.2　茶的生化特性及功能

茶的生化特性，特别是化学成分，是规定其各项特性的基础物质。目前，已经鉴定出茶叶所含化学成分有 1 400 多种，它们对茶叶的色、香、味，以及营养和保健起着重要作用。

茶叶从茶树上采摘之后经测试，一般含有 75%～78% 的水分和 22%～25% 的干物质。

5.2.1 茶叶的主要化学成分

元素周期表中所列的一百多种元素中，自然界存在的为 92 种，已知只有 25 种左右是构成生命物质的主要成分。茶树各器官含有 33 种，除有一般植物具备的碳、氢、氧、氮元素外，茶树中还有含量较高的钾、锌、氟、硒等元素（见表 5-1）。与其他植物相比，茶树中含量较高的成分有咖啡因和矿物质中的钾、氟、铝等，以及维生素中的维生素 C 和维生素 E 等。茶叶中的氨基酸最具有特点，即包含一种其他生物中没有的茶氨酸。这些成分形成了茶叶的色、香、味，并且还具有营养和保健作用。此外，是否同时含有茶多酚、茶氨酸、咖啡因这 3 种成分是鉴别茶叶真假的重要化学指标。

表 5-1　茶叶中化学成分及干物质中的含量

成分	含量/%	组成
蛋白质	20～30	谷蛋白、球蛋白、精蛋白、白蛋白
氨基酸	1～5	茶氨酸、天冬氨酸、精氨酸、谷氨酸、丙氨酸、苯丙氨酸等
生物碱	3～5	咖啡因、茶碱、可可碱等
茶多酚	20～35	儿茶素、黄酮、黄酮醇、酚酸等
碳水化合物	35～40	葡萄糖、果糖、蔗糖、麦芽糖、淀粉、纤维素、果胶等
脂类化合物	4～7	磷脂、硫脂、糖脂等
有机酸	≤3	琥珀酸、苹果酸、柠檬酸、亚油酸、棕榈酸等
矿物质	4～7	钾、磷、钙、镁、铁、锰、硒、铝、铜、硫、氟等
色素	≤1	叶绿素、类胡萝卜素、叶黄素等
维生素	0.6～1.0	维生素 A、B_1、B_2、C、P 及叶酸等

茶叶中的蛋白质含量虽高，但冲泡时能溶于水的仅 2% 左右。蛋白质由谷蛋白、球蛋白、精蛋白和白蛋白组成，其中谷蛋白为茶叶蛋白质的主要组成成分，占蛋白质总量的80% 左右，但谷蛋白难溶于水。较易溶于水的为白蛋白，约有 40% 的白蛋白能溶于茶汤中，能增进茶汤滋味品质。茶鲜叶的蛋白质中还包括多种酶，如多酚氧化酶，在茶叶加工中对形成各类茶，尤其是红茶、乌龙茶等发酵茶的独特品质起重要作用。

茶多酚（又称茶单宁）是茶叶中 30 多种酚类化合物的总称，主要有黄烷醇类、花色甙类、黄酮类、酚酸类等。其主体物质为儿茶素，占总量的 70% 左右，有多种生理作用，同时还是茶叶的滋味和色泽的主要成分，是构成茶叶品质的关键性物质。

茶叶中的生物碱类，主要是嘌呤碱。嘌呤碱包括咖啡因、茶碱、可可碱、黄嘌呤、腺嘌呤等。这些物质广泛地分布在植物中。茶叶中咖啡因含量最高，占 2.5%～5.5%，含量超过咖啡豆（咖啡因含量 1%～2%）、可可豆（咖啡因含量约 0.3%）及可乐豆（咖啡因含量1%～2%）。而泡茶时有 80% 的咖啡因可溶于水中，其兴奋作用是茶叶成为嗜好品的主要原因。

氨基酸在茶叶中有 30 多种，主要有茶氨酸、半胱氨酸、脯氨酸、赖氨酸、精氨酸、甘氨酸、天冬氨酸、丙氨酸、谷氨酸等，包括多种人体必需的氨基酸。在茶叶氨基酸中，茶氨酸的含量最高，占氨基酸总量的一半以上，其次为精氨酸、天冬氨酸、谷氨酸。氨基酸有鲜味、甜味，是主要的鲜爽滋味成分，还对茶叶的香气形成及汤色形成起重要作用。茶树的嫩叶中氨基酸的含量高于老叶中的含量，因此高级绿茶中氨基酸含量较高。

虽然茶叶中碳水化合物的含量很高，占干重的 25%～35%，但能溶于水的部分不多，只有 1%～4%，包括单糖，如葡萄糖、果糖、核糖等。大部分为不溶于水的多糖，如纤维素、木质素等，还有杂多糖的果胶等。粗老叶中糖类含量较高。碳水化合物中的可溶性糖类是茶汤中主要的甜味成分和丰厚味感的因素，同时碳水化合物还在茶叶加工中与氨基酸、茶多酚等相互作用，对茶叶的颜色、香气的形成有重要影响。

茶叶中约有 30 种矿物质。主要成分是钾，约占矿物质总量的 50%，磷约占 15%，其次是钙、镁、铁、锰、氯、铝，还有微量成分，如锌、铜、氟、钠、镍等。在嫩叶中，钾、磷的含量较高，老叶中钙、锰、铝、铁、氟的含量较高。与其他植物相比，茶树中钾、氟、铝等含量较高。

茶叶中含多种人体必需的维生素。绿茶中含有较多维生素 C，茶叶中维生素 E 的含量也比其他植物要高，其余还有维生素 A、B_1、B_2、K、P 等。维生素 B_1、B_2、C、P 等为水溶性维生素，可通过饮茶补充人体需要。

茶叶中的脂肪类包括磷脂、硫脂、糖脂、甘油三酯等，茶叶中的脂肪酸主要是油酸、亚油酸和亚麻油酸，都是人体必需的脂肪酸，是脑磷脂、卵磷脂的重要组成部分。

此外，茶中还有香气成分。鲜叶中香气成分较少，只有 60 多种挥发性物质，大部分香气前体以糖苷的形式存在。在茶叶加工中，香气前体与糖苷分离，成为挥发性物质，即生成香气。成品茶中已被确认的香气成分多达 700 种，有碳氢化合物、醇类、醛类、酮类、酸类、脂类、酚类、含硫化合物，含氮化合物等。不同的茶类，其香气成分的种类和含量也不同。这些特有的成分以及它们不同的组成比形成了绿茶、红茶、乌龙茶等各类茶的独特的风味。

鲜叶中的色素有叶绿素、叶黄素、类胡萝卜素等，其中叶绿素为主要色素。而加工时，各种色素的氧化分解、茶多酚的氧化聚合、糖与氨基酸的反应等生成多种有色生成物，从而形成茶叶外观、叶底和茶汤的颜色，这也是决定茶叶品质的重要因素。

5.2.2 茶叶主要功效成分及其保健作用

1. 茶多酚

茶叶中富含多酚类化合物，主要成分为儿茶素、黄酮及黄酮醇、花色素、酚酸及缩酚酸四类化合物。以儿茶素为主的黄烷醇类化合物占茶多酚总量的 60%～80%。茶多酚呈苦涩味和收敛性，是茶叶滋味品质的主要成分之一。茶叶的鲜叶中所含的儿茶素发生氧化聚合，产生多种从黄色到褐色的茶多酚的氧化聚合物，如茶黄素、茶红素、茶褐素，这些是形成干茶和茶汤色泽的主要成分，红茶、乌龙茶等发酵茶类中有较多的茶多酚氧化聚合物。而且，红茶的茶黄素和茶红素的含量及两者的比例是决定红茶品质的重要指标。因此，茶多酚在茶叶品质形成中起着重要作用。同时，茶多酚又有多种生理活性，为茶叶保健功能做出巨大贡献。茶多酚的主要作用包括以下几个方面。

1）抗氧化作用

茶多酚可从多种途径来阻止机体受氧化：① 清除自由基；② 络合金属离子；③ 抑制氧

化酶的活性；④ 提高抗氧化酶活性；⑤ 与其他抗氧化剂有协同增效作用；⑥ 维持体内抗氧化剂浓度。

2）抗癌、抗突变作用

茶多酚的抗癌机制有：① 抑制基因突变；② 抑制癌细胞增殖；③ 诱导癌细胞的凋亡；④ 阻止癌细胞转移。动物试验确认茶多酚对皮肤癌、食道癌、胃癌、肠癌、肺癌、肝癌、乳腺癌、胰腺癌等有抑制作用。

3）抗菌、抗病毒作用

① 抗病原菌、抗病毒；② 预防蛀牙、牙周炎。

4）除臭作用

茶多酚能与引发口臭的多种化合物起中和反应、加成反应，酶化反应，消除口臭。

除此以外还有以下作用：① 抑制动脉硬化作用；② 降血糖作用；③ 降血压作用；④ 抗过敏及消炎作用；⑤ 抗辐射作用。

2. 咖啡因

咖啡因最早（1820 年）在咖啡中被发现，并因此命名。咖啡因无色、无臭，有苦味，阈值为 0.07%，易溶于 80 ℃以上的热水中。现在已知有 60 多种植物含有咖啡因，其中茶、咖啡、可可等植物中含量较高。茶树的不同部位其含量不同，芽和嫩叶中咖啡因含量较高；相反，老叶和茎、梗中含量较低，根、种子不含咖啡因。

咖啡因的兴奋作用及其爽口的苦味可以满足人们的生理及口感的需求，使得一些含咖啡因的食物（见表 5-2），如茶、咖啡、可可、巧克力、可乐容易盛行。咖啡因有多种生理作用，可作为药品使用，很多止痛药、感冒药、强心剂、抗过敏药中含有咖啡因。但过量摄取咖啡因，如摄取量在每千克体重 15～30 毫克，就会出现副作用。

表 5-2 各类食品中咖啡因含量 　　　　　　　　　　　　　　　　　　毫克

食 品	咖啡因含量
绿茶（100 毫升）	30～70
乌龙茶（100 毫升）	30～60
红茶（100 毫升）	50～60
普洱茶（100 毫升）	60
咖啡（150 毫升）	75～100
可可（150 毫升）	10～40
巧克力（30 克）	20
可乐（180 毫升）	15～23

咖啡因的主要作用有：① 兴奋作用；② 强心作用；③ 利尿作用；④ 促进消化液的分泌；⑤ 抗过敏、炎症作用；⑥ 抗肥胖作用。

咖啡因的不良反应如下。

一般咖啡因的摄取量在每千克体重 4～6 毫克时，不会有不良反应，而且还有上述的生理作用。摄取量在每千克体重 15～30 毫克，会出现恶心、呕吐、头痛、心跳加快等急性中毒的症状。不过，这些症状在 6 小时过后会逐渐消失。剂量继续加大，可引起头疼、烦躁不安、过度兴奋、抽搐。咖啡因的致死量大约为 200 毫克/千克，这相当于喝茶 200～300 杯，或喝咖啡 100～150 杯。孕妇大量摄入咖啡因可引起流产、早产以及新生儿的体重下降，故应慎用。但茶叶中的咖啡因由于有茶多酚、茶氨酸等成分的协调作用，因此喝茶时的不良反应发生的可能性较轻、较缓和。喝茶与喝咖啡有明显的区别。

3. 茶氨酸

茶氨酸是氨基酸的一种，也是茶树中特有的化学成分之一，化学名为谷氨酰乙胺。至今为止，除了茶树之外，只发现茶氨酸还存在于一种蘑菇中，在其他生物中尚未发现。茶氨酸是茶叶中含量最高的氨基酸，约占游离氨基酸总量的 50% 以上，占茶叶干重的 1%～2%。茶氨酸为白色针状体，易溶于水。具有甜味和鲜爽味，阈值 0.06%，是茶叶滋味的主要成分。茶氨酸的主要作用为：调节脑内神经传达物质的变化；提高学习能力和记忆力；镇静作用；改善经期综合征；保护神经细胞；降低血压的作用；增强抗癌药物的疗效；减肥作用。此外，还发现茶氨酸有护肝、抗氧化等作用。在茶氨酸的安全性实验中，在 5 克/千克的高剂量的情况下也未发现急性毒性。茶氨酸的安全性也得到了证明。现在，茶氨酸的保健品及茶氨酸添加食品已开始进入市场。

4. γ-氨基丁酸

γ-氨基丁酸也是氨基酸的一种，和茶氨酸不同的是其分布非常广，在植物和动物体内都有分布。除了茶以外，大米、大豆、南瓜、黄瓜、大蒜等食物中 γ-氨基丁酸的含量也很高。在人和动物体内，γ-氨基丁酸是一种非常重要的神经传达物质，参与其生理活动，具有多种生理活性。γ-氨基丁酸作用包括：安神作用、降血压作用。

5. 茶多糖

中国和日本民间均有用粗老茶治疗糖尿病的传统。近年来研究表明，茶多糖为茶叶治疗糖尿病时的主要药理成分。茶多糖主要由葡萄糖、木糖、岩藻糖、核糖、半乳糖等组成。茶树品种不同及老嫩程度不同，茶多糖的主要成分及含量也就不同，药理作用也不尽相同。一般来讲，原料越粗老，茶多糖含量越高，因此等级低的茶叶中茶多糖含量反而高，这也说明了为何在治疗糖尿病方面粗老茶比嫩茶效果更好。茶多糖主要有降血糖、降血脂、抗辐射作用。此外，茶多糖还有增强免疫功能、抗凝血、抗血栓、降血压等功能。

6. 茶皂素

皂苷化合物是广泛地分布于植物和一些海洋生物中的一类结构非常复杂的化合物。皂苷的水溶液会产生肥皂泡似的泡沫，因此得名，很多药用植物都含有皂苷化合物，如人参、柴胡、桔梗等。这些植物中的皂苷化合物已被证明具有多种保健功能，包括提高免疫功能、抗癌、降血糖、抗氧化、抗菌、消炎等。茶皂素又名茶皂苷，分布在茶的叶、根、种子等各个部位，不同部位的茶皂素其化学结构也有差异。茶皂素是一种性能良好的天然表面活性剂，已被用于轻工、化工、纺织及建材等行业，制造乳化剂、洗洁剂、发泡剂等，同时茶皂素也和许多药用植物的皂苷化合物一样，有许多生理活性，包括溶血性、抗菌、抗病毒、抗炎症、抗过敏、抑制酒精吸收、减肥。

7. 香气成分

植物的香气成分有许多效果，如镇静、镇痛、安眠、放松、抗菌、杀菌、消炎、除臭等。茶叶中已发现约有 700 种香气化合物，各类茶的香气成分及含量各不相同，这些成分的绝妙组合形成了不同茶类的独特的品质风味。在喝茶时，香气成分经口、鼻进入体内，使人有爽快的感觉。饮茶爱好者一定都有这种体会。茶叶作为一种嗜好饮料，其香气成分所起的作用是有目共睹的。

人体试验发现，茶叶的香气成分被吸入体内后，会引起脑电波的变化，神经传达物质与其受体的亲和性的变化，以及血压的变化等。不同成分会引起大脑不同的反应，有的为兴奋作用，有的为镇静作用等。

8. 色素

1）叶绿素

叶绿素是植物体内光合作用赖以进行的物质基础，广泛存在于绿色植物中。茶叶鲜叶中叶绿素含量为干物质的 0.5%～0.8%。一般新芽色浅，叶绿素含量较少；老叶色深，含量较多。遮阴茶园的茶叶叶色深，叶绿素含量较多；相反，露天茶园的茶叶叶绿素含量较少。各类茶的加工方法不同，加工时叶绿素也发生不同的变化。因此，不同茶类的叶绿素含量也有较大区别。其中，绿茶中含量较高，绿茶中的遮阴绿茶的叶绿素含量更高。

叶绿素能刺激组织中纤维细胞的生长，促进组织再生，能加速伤口愈合。在第二次世界大战中，美军曾将叶绿素与消炎药同时使用，效果非常理想。现代医学发现，叶绿素还可治疗溃疡，对消化道炎症有良好的辅助疗效。叶绿素还有抗菌作用，能抑制金黄色葡萄球菌、化脓链球菌的生长。最近，叶绿素被发现能促进体内二噁英的排泄。

2）类胡萝卜素

类胡萝卜素是一类从黄色到橙色的脂溶性色素，这种物质在茶叶加工过程中会发生氧化分解，生成多种香气化合物，如芳樟醇、紫罗酮等，因此类胡萝卜素对茶叶的色、香都有重要意义。茶叶中类胡萝卜素含量为 16～30 毫克/100 克，其中黄茶、绿茶中含量较高。

类胡萝卜素中的 α-胡萝卜素、β-胡萝卜素是原维生素 A，在体内可分解为维生素 A。如今，类胡萝卜素的抗氧化作用受到瞩目，有强氧化能力的自由基会引发多种疾病，并使机体衰老，而抗氧化剂能清除自由基，有预防疾病，延缓衰老的效果。类胡萝卜素的抗氧化能力被证明与维生素 E 不相上下，而且类胡萝卜素已被发现对多种癌细胞，如皮肤癌、乳腺癌、肺癌、白血病等的癌细胞的增殖有抑制作用。人体的皮肤、肝脏、肾脏、睾丸、卵巢、血液等许多组织中含有类胡萝卜素。据调查，体内类胡萝卜素水平与一些癌症的发病率有逆向相关关系，如 β-胡萝卜素的含量低，肺癌的发病率高。因此，为了预防癌症，应积极地从食物中摄取类胡萝卜素。现在许多国家已开发了类胡萝卜素强化食品。

9. 维生素

1）维生素 A

茶叶中含有原维生素 A，如绿茶中有 16～25 毫克/100 克的胡萝卜素，红茶中有 7～9 毫克/100 克，其中的 20%～30% 为 α-胡萝卜素的 2 倍。维生素 A 是维持正常视力所不能缺少的物质，它能预防虹膜退化，增强视网膜的感光性，有"明目"的作用。缺乏维生素 A，视力会下降，并会得夜盲症。维生素 A 能维持人体正常发育，维持上皮细胞正常机能，防止角化。

2）维生素 C

绿茶中维生素 C 含量较高，有 100～250 毫克/100 克。维生素 C 易溶于水，可通过饮茶来补充体内每日所需量（50 毫克）。茶叶曾在海战及航海中被用来作为维生素 C 源，以预防维生素 C 缺乏病。维生素 C 的功效还有增强免疫能力、预防感冒、促进铁的吸收，而且它是强抗氧化剂，能捕捉各种自由基，抑制脂质过氧化，从而有防癌、抗衰老等功效。维生素

C 还能抑制肌肤上的色素沉积，因此有预防色斑生成等美容的效果。

3）维生素 E

茶叶中维生素 E 的含量也高于其他植物，是菠菜含量的 32 倍，葵花子油的 2 倍。维生素 E 也是很强的抗氧化剂，有抗衰老、美容的作用。此外，有预防动脉硬化、防治不育症效果。但维生素 E 为脂溶性维生素，不易溶到茶汤中。因此，可通过食茶（将茶粉加入糕点中食用）方式较好地摄取茶中的维生素 E。

4）维生素 F

亚油酸、亚麻油酸等不饱和脂肪酸被归类于维生素中，统称维生素 F，"F"即英文的"脂肪酸"的第一个字母。其作用有：防止动脉中胆固醇的沉积；促进皮肤和头发健康生长；促进钙的利用，从而促进成长；转化饱和脂肪酸，可帮助减肥。维生素 F 在植物种子中含量较高。茶籽中有 30%～35% 的油脂，其中含有大量的亚油酸和亚麻油酸，含量为 65%～85%。

5）维生素 K

维生素 K 的"K"为德语"凝固"的第一个字母，因为维生素 K 最初是作为与血液凝固有关的维生素被发现的。缺乏维生素 K 时，容易骨折，现在它已被用作骨质疏松症的治疗药。维生素 K 主要存在于绿色植物中。茶叶中含量为 1～4 毫克/100 克。

6）维生素 P

黄酮、黄烷醇等被统称为维生素 P。这些是与儿茶素结构相近、呈黄色或橙色的化合物。P 是英文"通透性"的第一个字母。因为维生素 P 是维持毛细血管通透性的要素，主要功能是增强毛细血管壁，调整其吸收能力。维生素 P 和维生素 C 有协同的作用，并促进维生素 C 的消化、吸收。荷兰、美国、芬兰等国家调查统计表明，黄酮类化合物摄取量与心血管病的死亡率呈负相关。茶叶中维生素 P 对心血管病有一定的预防作用。茶叶中维生素 P 含量很高，尤其秋茶中含量可高达每千克为 500 毫克以上，是很好的维生素 P 供给源。茶叶中的主要维生素及其功效见表 5-3。

表 5-3　茶叶中的主要维生素及其功效

维生素名称	干茶中的含量	主要效用	缺乏症	每日所需量
维生素 A	原维生素 A 含量 8～25 毫克/100 克	维持视觉、听觉的正常功能，维持皮肤和黏膜的健康，促进生长	夜盲症，眼干燥症，皮肤干燥，儿童发育生长不良	1 800～2 000 国际单位，妊娠哺乳期 2 200～3 000 国际单位
维生素 B_1	0.1～0.5 毫克/100 克	促进生长，维持神经组织、肌肉、心脏的正常活动	脚气病、神经炎	0.8～1.2 毫克，妊娠哺乳期 1.5～1.6 毫克
维生素 B_2	0.8～1.4 毫克/100 克	维持皮肤、指甲、毛发的正常生长	口角炎，口腔炎，角膜炎	1.0～1.2 毫克
烟酸	1～7 毫克/100 克	维持消化系统健康，维持皮肤健康	糙皮症，消化系统功能障碍	13～19 毫克，妊娠、哺乳期 100～140 毫克
维生素 C	10～250 毫克/100 克	抗氧化作用，增强免疫功能，防治坏血病，促进伤口愈合，减少色斑沉积，防癌	维生素 C 缺乏病，牙龈出血	50～100 毫克

维生素名称	干茶中的含量	主要效用	缺乏症	每日所需量
维生素 E	25~80 毫克/100 克	抗氧化作用，延缓细胞衰老，防治不育症，预防动脉硬化	幼儿贫血症，生殖功能障碍	7~10 毫克
维生素 F（亚油酸、亚麻油酸等）	茶叶茶籽油含量 65%~85%	预防动脉硬化，有助于皮肤、毛发健康生长	发育不良，皮肤干燥，脱发	未定
维生素 K	1~4 毫克/100 克	促进凝血素的合成，防治内出血，促进骨中钙的沉积	血液凝固能力下降，骨质疏松症	50~65 微克
维生素 P	200~500 毫克/100 克	增强毛细血管壁，预防心血管病，防治瘀伤	毛细血管透性增大，出现紫斑	未定
维生素 U	1~10 毫克/100 克	预防胃溃疡	胃溃疡	未定
叶酸	0.5~1.0 毫克/100 克	参与核苷酸和氨基酸代谢，是细胞增殖时不可缺少的，预防贫血，促进乳汁分泌	贫血，口腔炎	80~200 微克，妊娠、哺乳期 260 微克
泛酸	3~4 毫克/100 克	有助于伤口愈合，增强抵抗能力，防止疲劳，缓解多种抗生素的毒副作用	低血糖症，十二指肠溃疡，皮肤异常症状	10 毫克

10. 矿物质

茶还提供人体组织正常运转所不可缺少的矿物质元素。维持人体的正常功能需要多种矿物质。根据人体所需量，每日所需量在 100 毫克以上的矿物质被称为常量元素，每日所需量在 100 毫克以下的为微量元素。到目前为止，已被确认与人体健康和生命有关的必需常量元素有钠、钾、氯、钙、磷和镁；微量元素有铁、锌、铜、碘、硒、铬、钴、锰、镍、氟、钼、钒、锡、硅、锶、硼、铷、砷等 18 种。矿物质元素都有其特殊的生理功能，与人体健康有密切关系。一旦缺少了这些必需元素，人体就会出现疾病，甚至危及生命。这些元素必须不断地从饮食中得到供给，才能维持人体正常生理功能的需要。茶叶中有近 30 种矿物质元素，与一般食物相比，饮茶对钾、镁、锰、锌、氟等元素的摄入最有意义。

1）钾

人体所含的矿物质中，钾的含量仅次于钙、磷，居第三位。钾是调节体液平衡、调节肌肉活动，尤其是调节心肌活动的重要元素。缺钾会造成肌肉无力、精神萎靡、心跳加快、心律不齐，甚至可引起低血钾，严重者可导致心脏停止跳动。当人体出汗时，钾也和钠一样会随汗水排出。所以在炎炎夏日出汗多时，除了补充钠外，也要补充钾，否则易出现浑身无力、精神不振等中暑现象。茶叶中，钾的含量居矿物质元素含量之首，是蔬菜、水果、谷类中钾含量的 10~20 倍，并且其在茶汤中的溶出率高达 100%。每 100 毫升浓度中等的茶水中钾的平均含量为 10 毫克，红茶水中钾含量为 24 毫克，所以夏日更应该选茶作为饮料。

2）锌

锌是体内含量仅次于铁的微量元素，是很多酶的组成成分，人体内有 100 多种酶含锌。此外，锌与蛋白质的合成、DNA 和 RNA 的代谢有关。骨骼的正常钙化，生殖器官的发育和正常功能、创伤及烧伤的愈合、胰岛素的正常功能与敏锐的味觉也都离不开锌。锌缺乏时会出现味觉障碍、食欲不振、精神忧郁、生育功能下降等症状，并易发高血压症。儿童缺锌会发育不良。锌在水果、蔬菜、谷类、豆类中的含量相当低。动物性食品是人体锌的主要来源。而茶叶中锌的含量高于鸡蛋和猪肉中的含量，在茶汤中的浸出率较高，为 35%～50%，易被人体吸收，因而茶叶被列为锌的优质营养源。

3）氟

氟是人体必需的微量元素，在骨骼与牙齿的形成中有重要作用。缺氟会使钙、磷的利用受影响，导致骨质疏松。牙齿的釉质不能形成抗酸性强的氟磷灰石保护层，易被微生物产酸侵蚀而发生龋齿。使用含氟牙膏、含氟漱口水，或在饮用水中加氟都能降低龋齿及缺氟的患病率和发病率。氟在食品中含量较低（见表 5-4）。由于氟的重要性，许多国家和地区，如美国、澳大利亚、爱尔兰、日本等在自来水中加氟，以增加氟的摄取源。但吸收过量的氟可导致氟中毒，如发生氟斑牙、骨质脆弱而易折。成人安全而适宜的氟含量为每天 1.5～4.0 毫克。

表 5-4　各种食用植物的干物质中的氟含量

食用植物品种	氟含量/（毫克/千克）
茶	20～1 000
谷类	
精白米	0～17
小麦	4
玉米	7
豆类	
大豆	6
赤豆	3
水果	
橘子	7～10
苹果	7
西瓜	55
香蕉	11
蔬菜	
菠菜	15
白菜	21
葱	14
萝卜	12～30
马铃薯	11

　　茶树富含氟，其氟含量比一般植物高十倍至几百倍。而且粗老叶氟含量比嫩叶更高。一般茶中氟含量约为100毫克/千克，用嫩芽制成的高级绿茶含氟可低至约20毫克/千克；用较成熟枝叶加工成的黑茶氟含量较高，达300～1 000毫克/千克。而且茶中的氟很易浸出，热水冲泡时浸出率为60%～80%，因此喝茶也是摄取氟的有效方法之一。

　　在有些茶鲜叶研究中发现了氟含量与茶多酚、氨基酸含量有显著的相关性，即氟含量越高，茶多酚、氨基酸的含量越低，而且大叶类含氟量较低，云南、广东地区的茶含氟量较低；研究结果还表明，绿茶、红茶、白茶的氟含量较低，乌龙茶及花茶居中，除云南普洱茶及广西六堡茶之外，一般黑茶类的含氟量都较高。研究结果为不同保健需求及保健茶开发的原料选择提供了科学依据。

　　4）硒

　　硒在生命活动中的重要作用被认识得较晚，1973年联合国卫生组织正式宣布硒是人和动物生命必需的微量元素。

　　硒是人体内最重要的抗过氧化酶——谷胱甘肽过氧化酶的主要组成成分，具有很强的抗氧化能力，能保护细胞膜的结构和功能免受活性氧和自由基的伤害。因此它具有抗癌、防衰老和维持人体免疫功能的效果。研究表明，在低硒地区生活的人，癌症的发病率高；相反，含硒量较高的地区，胃癌、肺癌、膀胱癌、直肠癌的发病率都很低。并且缺硒是患心血管病的重要因素。在硒含量较低的地区，克山病（一种致死性心肌病）发病率也高，通过提高膳食中硒的含量可降低发病率。

　　硒不仅有抗癌、防癌、防治心血管疾病和延缓衰老的功能，而且对人体还有很多的药理作用，如硒具有和胰岛素同样的作用，它可以调节人体内的糖分，有助于改进糖尿病患者的饮食疗法；有保护视神经、预防白内障、增强视力的功能；能防止铅、镉、汞等有害重金属对肌体的毒害，起到解毒作用；能保护肝脏，抑制酒精对肝脏的损害。

　　不同地区的土壤、水源及动植物中的硒含量很不均匀。世界上有40多个国家和地区的部分或大部分地带缺硒。我国有22个省（自治区、直辖市）的一些县缺硒或低硒。要解决缺硒地区人群的补硒问题，一是用含硒药物补充，二是从饮食中补充。

　　茶叶是我国传统的大众化饮料。茶叶中的硒主要为有机硒，易被人体吸收。茶叶中均含有硒元素，含量的高低主要取决于各茶区土壤的含硒量的高低。非高硒区的茶叶中硒含量为0.05～2.0毫克/千克，硒含量较高的为湖北、陕西及贵州、四川的部分茶区的茶叶，含量可达5～6毫克/千克。就茶树的各部位而言，老叶、老枝的硒含量较高，嫩叶、嫩枝的含硒量较低。硒在茶汤中的浸出率为10%～25%。在缺硒地区普及饮用富硒茶是解决硒营养问题的最佳办法之一。

　　5）锰

　　茶叶中含量较高的锰也对人体健康有重要的作用。锰参与骨骼形成和其他结缔组织的生长、凝血过程，并作为多种酶的激活剂参与人体细胞代谢。缺锰会使人体骨骼弯曲，并容易患心血管病，茶叶是一种高锰植物，一般低含量也在30毫克/100克左右，比水果、蔬菜约高50倍，老叶含量更高，可达400毫克/100克。茶汤中锰的浸出率为35%左右。

　　此外，饮茶还是人体中必需的常量元素磷、镁，以及必需的微量元素铜、镍、铬、钼、锡、钒的补充来源。茶叶中钙的含量是水果、蔬菜的10～20倍，铁的含量是水果、蔬菜的30～50倍。但由于钙、铁在茶汤中的浸出率很低，远不能满足人体日需量，因此，饮茶不能作为人体补充钙、铁的依赖途径，但可通过食茶来补充。茶叶中的主要矿物质及其功效见表 5-5。

表 5-5　茶叶中的主要矿物质及其功效

矿物质种类	干茶中的含量	茶汤中的溶出率/%	主要功效	每日所需量
钾	1 400～3 000 毫克/100 克	≈100	调节细胞渗透压，参与肌肉的收缩过程，维持神经组织的正常功能	2 000 毫克
磷	160～500 毫克/100 克	25～35	骨与牙的组成成分，细胞膜的组成成分，参与糖代谢	800 毫克
钙	200～700 毫克/100 克	5～7	骨和牙的组成成分，参与凝血过程、肌肉的收缩过程及镇静神经	800 毫克
镁	170～300 毫克/100 克	33～45	体内 300 多种酶的辅助因子，维持细胞的正常结构，缺乏时会出现心律不正常	250～300 毫克
锰	30～90 毫克/100 克	≈35	多种酶的激活剂，参与骨骼的形成和凝血过程	3～4 毫克
铁	10～40 毫克/100 克	≥10	体内多种酶的组成成分，促进造血，缺乏时会造成缺铁性贫血	10～15 毫克
钠	1～50 毫克/100 克	10～20	调节体液平衡，防止身体脱水，维持肌肉的正常功能	4～9 克
锌	2～6 毫克/100 克	35～50	体内多种酶的组成成分，维持生殖器官的正常功能，维持敏锐的味觉，促进生长，增强抵抗力	10 毫克
铜	1.5～3 毫克/100 克	70～80	分布于肌肉、骨骼中，参与造血，增强抗病能力	1.5 毫克
氟	100～1 000 毫克/千克	60～80	骨和牙的组成成分，防止蛀牙	1.5～4.0 毫克
镍	0.3～2 毫克/100 克	≈50	参与核酸代谢	0.3～0.5 毫克
硒	0.02～2.0 毫克/千克	10～25	抗氧化作用，延缓衰老，预防癌症	0.05～0.2 毫克
碘	0.05～0.1 毫克/100 克	50～60	预防甲状腺增生、肥大	0.1～0.3 毫克

11. 纤维素

茶叶的组织主要由纤维素构成，茶叶中纤维素含量很高，可达 35%～40%。尤其是粗老叶中含量较高，并且秋茶中的含量高于春茶。所以等级越低的茶中纤维素含量越高。

以前，纤维素由于不易被人体所消化吸收，其生理作用没有受到重视。现在发现，纤维素是人类健康必不可缺的营养要素，具有其他任何物质不可替代的生理作用，因此被称为继蛋白质、脂肪、碳水化合物、矿物质、维生素和水之后的第七营养素。每人每天需摄取25～35 克的纤维素。纤维素的作用包括以下几个方面。

1）通便

随着生活水平的不断提高，每天的食物变得以高蛋白、高脂肪等精细食物为主，食物纤维素的摄取量越来越少，这是便秘的主要原因。便秘使排泄物中有害物质在肠道停留时间延长，对人体造成危害，很可能诱发肠癌。食物纤维素能使大便软化、增量，促进肠蠕动，利于肠道排空，保持大便畅通，清洁肠道，有预防肠癌的效果。长期便秘会使肛门周围血液阻滞，从而引发痔疮。纤维素的通便作用，可降低肛门周围的压力，使血液通畅，因而还有防治痔疮的作用。

2）解毒

纤维素的通便作用还能促进体内毒素的排泄。例如，现在引起广泛警惕的二噁英也可通过纤维素排出体外。进入体内的二噁英首先被小肠吸收，经过血液散布积存在体内各内脏和组织中。肝脏中的二噁英会随着胆汁而排出到十二指肠，被小肠重新吸收后再次进入体内各部位，形成所谓"肠肝循环"，使二噁英始终难以排出体外。积存的二噁英与新从体外摄入的二噁英汇聚，对人体造成严重危害。纤维素解毒，是指在二噁英由肝脏排出而被小肠吸收之前，纤维素将毒素吸附，并随粪便排出体外，减少了肠道的再吸收。动物试验证明，老鼠的饲料中添加纤维素，能使粪便中二噁英的排泄量增加，并减少肝脏中二噁英的积存量。饲料中纤维素的量越多，效果越好。

除了二噁英，纤维素对其他毒素的排泄同样有促进作用。现在环境污染及日常生活中化学合成品的增多使人体每天吸入的有害物质有增无减，更需要增加纤维素的摄取量。

3）减肥

纤维素本身几乎没有热量，大量摄取纤维素不会增加体重。提高膳食中的纤维素摄取量，能增加嘴的咀嚼次数，会在摄入热量较少的情况下产生饱腹感，因此能减少热量的吸收。同时，大量纤维素能使食物在肠道内停留缩短，减少肠道的再吸收，而在一定程度上起到减肥作用。此外，纤维素还会降低胰脏的消化酶的活性，减少糖、脂肪等的吸收，所以高纤维素食品常被作为理想的减肥食品。

4）美容

如果肠内排泄物滞留，肠壁的再吸收作用会导致血液中带有有害的物质。当血液中存有废物时，这些废物会从皮肤排出，于是面部就会出现暗疮、粉刺、黑斑等。因此排便不畅会影响皮肤的健美。纤维素能使胃肠蠕动加快，使排泄物迅速排出体外，减少肠壁对代谢废物或毒物吸收，保持血液清洁，从而起到美容的效果。

此外，纤维素可减少胆汁酸的再吸收量，改变食物消化速度和消化分泌物的分泌量，可预防胆结石、十二指肠溃疡、溃疡性结肠炎等疾病。值得注意的是，茶叶中的纤维素因不溶于水，不能通过喝茶摄入体内，而食茶或吃茶粉能有效地利用茶叶中的纤维素。

综上所述，茶叶如同一个聚宝盆，包含了各种有用的成分，而这些成分都以一种"天生我材必有用"的姿态，发挥着各自的作用，它们的共同作用创造了茶叶的神奇能力。因为茶叶具有如此多的健康功能，自古以来茶就成为人们生活中不可缺少的物资之一，尤其是在中国占国土面积2/3的高原地带和广大牧区一直认为"宁可三日无粮，不可一日无茶"。

5.3　饮茶与健康

5.3.1　各种茶类的保健作用

如上所述，随着化学和医学科学的进步，茶叶中的多种成分被发现（见表5-6），茶叶的生化作用被剖析，茶叶的功效之谜正在逐步被解开。现代科学的发展使人们对茶叶的保健作用的机理有了一定的认识。但是，茶叶与功效特异的中草药一样，其成分种类繁多，并且各成分间存在着相互促进、协调、牵制等复杂的关系，按目前的科学研究方法还无法解释其全部的生理作用。

表 5-6　茶叶的保健作用及有效成分

主要生理作用	预防的疾病及保健作用	主要有效成分
抗氧化	抗衰老，美容，预防癌症等	茶多酚、维生素 C、维生素 E、类胡萝卜素、硒
抗癌、抗突变	预防癌症	茶多酚、咖啡因、茶氨酸、维生素 C、类胡萝卜素
降血压	预防高血压	茶多酚、γ-氨基丁酸、茶氨酸
降血糖	预防糖尿病	茶多酚、茶多糖
降血脂	预防动脉硬化	茶多酚、茶多糖
抗过敏、抗炎症	预防过敏引发的哮喘、皮肤瘙痒	茶多酚、咖啡因、茶皂素
抗菌、抗病毒	预防蛀牙，预防流感，预防食物中毒，预防真菌性皮肤病	茶多酚、茶皂素
抑制脂肪吸收	预防肥胖	茶多酚、咖啡因、茶氨酸、茶皂素、纤维素
镇静作用	安神，治疗失眠症，改善经期综合征	茶氨酸、γ-氨基丁酸
兴奋作用	提神	咖啡因
利尿作用	防治浮肿，解毒	咖啡因
提高免疫功能	预防感冒，抵抗疾病	维生素 C
促进肠道蠕动	预防便秘，预防肠癌，预防痔疮，解毒，美容	纤维素
形成氟磷灰质	使骨质坚硬，维持骨骼健康，防止蛀牙	氟
维持各组织、器官的健康	预防视觉、听觉的疾病，维持皮肤、指甲、毛发的正常生长，维持肌肉、神经的正常活动	各种维生素
机体的组成成分	维持人体的正常功能	各种矿物质
营养成分		蛋白质、脂肪

目前的研究成果主要集中在茶鲜叶，以及虽经过加工但内含成分及其存在状态变化不大的绿茶类，而对于经过加工后内含组分变化较大的发酵茶类、久藏陈茶的保健功能的机理的研究还有许多空白，这是今后需要继续探索的重大课题。

1. 绿茶

绿茶，属不发酵茶，是指将采下的茶鲜叶经摊放、杀青、做形、干燥等工序后加工而成的。杀青是绿茶加工养分的工序，通过杀青，钝化了酶的活性，从而抑制了许多酶促反应，因此绿茶中茶鲜叶的成分保存得较好，茶多酚、氨基酸、咖啡因、维生素 C 等主要功效成分含量较高。如上所述，绿茶已得到强有力的科学证明，证实其有抗氧化、抗辐射、抗癌、降血糖、降血压、降血脂、抗菌、抗病毒、消臭等多种保健作用。日本的统计调查表明，绿茶生产地的癌症发病率明显低于日本其他地区，如将日本全国的胃癌发病死亡率设为100%，著名的绿茶产地静冈县中川根町的胃癌发病死亡率还不到30%。由于绿茶的保健作用已日益为人所认识，绿茶已在中国、日本以及欧美的许多国家受到青睐，世界上的绿茶消费量也逐年递增；同时，绿茶茶粉、绿茶抽提物，以及含有绿茶成分的保健食品、化妆品等也相继问世。

2. 黑茶

黑茶是指经过渥堆、陈化加工而成的后发酵茶。在渥堆中茶鲜叶中的许多成分被氧化、分解，因此在康砖、金尖、青砖、茯砖等黑茶类中，茶多酚、茶氨酸及维生素等已被认定的茶叶中的主要功效成分的含量很低（见表5-7），但这些茶恰恰是占中国国土面积2/3的高原地带和广大特区人民必不可少的生活品。尤其是康砖、金尖中这些功效成分的含量更低，为绿茶的1/10以下。康砖、金尖是生活在缺氧、干燥、昼夜气温变化大、冬季长而寒冷的高海拔地区的藏族人民的生活必需品，那里蔬菜、水果少，食品以粗粮、牛羊肉、乳制品为主，藏民古谚道："茶是血，茶是肉，茶是生命。"其他不同类别的砖茶也一样，都是不同区域少数民族各自认定的专用茶，经验证认为它们适合于以食肉类、粗粮为主的高原牧区的人们维持健康的要求。这些砖茶消费区域的专一性、消费量的稳定性及其不可替代性也是茶类中绝无仅有的。现在的有关黑茶的研究有限，只有普洱茶类的降血脂、降胆固醇、抑制动脉硬化、减肥健美的功效已得到试验证明，但对于其有效成分的探索还处于研究之中。

表 5-7　黑茶的各种成分的含量　　　　　　　　　　　　　　　%

黑茶品种	儿茶素	茶多酚	咖啡因	氨基酸	水浸出物
金尖	0.40	1.52	1.34	0.10	25.0
康砖	0.90	4.10	1.50	0.41	27.0
茯砖	1.00	3.90	1.25	0.42	22.0
青砖	0.40	1.80	1.26	0.30	21.0
黑砖	2.01	7.90	1.80	0.60	21.5
花砖	2.20	8.40	1.99	0.63	22.9

3. 白茶

白茶是轻发酵茶，大多为自然萎凋及风干而成。白茶具有防暑、解毒、治牙痛等作用，尤其是陈年银针白毫可用作患麻疹的幼儿的退烧药，其退烧效果比抗生素更好。最近美国的研究发现，白茶有防癌、抗癌的作用。

4. 乌龙茶

乌龙茶为半发酵茶。乌龙茶特殊的加工工艺，使其品质特征介于红茶与绿茶之间。传统经验为隔年的陈乌龙茶具有治感冒、消化不良的作用；其中的佛手还有治痢疾、预防高血压的作用。现代医学证明乌龙茶有降血脂、减肥、抗过敏、防蛀牙、防癌、延缓衰老等作用。并且最近研究发现，除去儿茶素的乌龙茶依然有很强的抗炎症、抗过敏效果，这是乌龙茶中的前花色素的作用。现在日本已将乌龙茶提取物开发成预防花粉症的保健食品。

5. 红茶

红茶为全发酵茶。红茶中的儿茶素在发酵过程中大多变成氧化聚合物，如茶黄素、茶红素及分子量更大的聚合物。这些氧化聚合物有很强的抗氧化性，这使红茶具有抗癌、抗心血管病等作用。民间还将红茶作为暖胃、助消化的良药，陈年红茶用于治疗、缓解哮喘病。

6. 花茶

茉莉花茶可治疗偏头痛，减轻分娩时的阵痛；玫瑰花茶可治疗月经不调。

鉴于茶叶的多种保健作用，许多部门将其作为职业性保健饮品如接触化学物品、辐射较多的工作人员的保健饮品，以及防暑降温的办公用茶等。

5.3.2 茶对水质的改善作用

水是人类生存必不可少的物质。人体中含有50%～70%的水分，水分在体内发挥多种作用，如搬运养分，维持细胞正常功能，维持体温，以汗、尿的形式排泄废物等。体内的水分减少2%～3%时，就会疲倦、头晕、四肢无力、食欲不振等；水分减少5%左右时，会喉咙干燥、血压降低；水分减少10%时，会丧失知觉、昏迷，更严重时就会死亡。而人体每天通过出汗、排泄等要排出大量的水分，因此每天要注意补充水分，成人一天应饮水2 000毫升以上。由于我们国家地域辽阔，幅员广大，不同的地理位置形成不同的水源，水质差异很大。很多地区的地表水或地下水均不符合规定的饮用水卫生标准。特别是长江以北的大部分地区和西北地区，由于气候干燥，降水少，年蒸发量大，使水中盐分不断浓缩，矿化度逐步增高，水源大多变为pH较高、硬度较大的苦咸水。水质较差地方的老百姓都有食醋和饮茶的习惯。经验认为，喝生水会损坏肠胃；喝多了肚子发胀，食欲下降，而喝茶无此现象，因为茶汤是很好的缓冲剂，可缓和水的碱性，从而减少对胃的刺激和损害。

5.3.3 茶对疾病的预防与治疗

人们通过研究了解到，茶叶所含各种有机及无机成分对机体有着十分重要的作用。长期饮茶及服用茶类食品，可达到强身健体、防病治病的目的。

1. 维持正常酸碱平衡

茶水被迅速吸收，为机体提供大量的水及咖啡因、茶碱黄嘌呤等生物碱物质，及时中和血液中的代谢产物，同时起到抗衰老、减轻理化毒性物质侵害、防癌防辐射危害的作用。

2. 降低血脂，预防高血脂、动脉硬化及冠心病等

茶叶中的茶多酚有溶解脂肪的作用。叶绿素、维生素E等综合作用，可抑制动脉平滑肌增生，抗凝血，促进纤溶、抗血栓形成，可有效预防血管硬化类疾病。

3. 降糖（又称降血糖）

茶的降血糖有效成分，目前据报道有3种：复合多糖、儿茶素类化合物、二苯胺。此外，茶叶中的维生素C、维生素B_1，能促进动物体内糖分的代谢作用。茶多酚和维生素C能保持人体血管的正常弹性；茶多酚与丰富的维生素C、维生素B_1等对人体的糖代谢障碍有调节作用，特别是儿茶素类化合物，对淀粉酶和蔗糖酶有明显的抑制作用。绿茶的冷浸出液降血糖的效果最为明显。所以，经常饮茶可以作为糖尿病的辅助疗法之一。

4. 兴奋中枢神经

茶叶的兴奋神经作用与中医功效中"少睡"有关。茶叶中含有大量的咖啡因与儿茶素，具有加强中枢神经兴奋性的作用，因此具有醒脑、提神等作用。小鼠迷宫实验等研究证明，茶有一定的健脑、益智功效，可增强学习、记忆的能力。

5. 防龋

茶叶防龋功能与茶叶中所含的微量元素氟有关,尤其是老茶叶含氟量更高。氟有防龋坚骨的作用。食物中含氟量过低,则易生龋齿。此外,茶多酚类化合物还可杀死口腔内多种细菌,对牙周炎有一定效果。因此,常饮茶或以茶漱口,可以防止龋齿发生。

6. 助消化、止痢和预防便秘

茶助消化作用与中医功效中"消食"有关。主要是茶叶中的咖啡因和儿茶素可以增加消化道蠕动,因而也就有促进食物的消化作用,可以预防消化器官疾病的发生。因此在饭后,尤其是摄入较多量的油腻食品后,饮茶是很有助于消化的。

茶的止痢作用,与中医功效中的"治痢"有关。其疗效的产生,一方面主要是茶叶的儿茶素类化合物对病原菌有明显的抑制作用;另一方面,由于茶叶中茶多酚的作用,可以使肠管蠕动能力增强,故又有治疗便秘的效果。

7. 抑菌消炎

茶叶中的儿茶素类化合物对伤寒杆菌、副伤寒杆菌、白喉杆菌、绿脓杆菌、金黄色溶血性葡萄球菌、溶血性链球菌和痢疾杆菌等多种病原细菌具有明显的抑制作用。茶叶中黄烷醇类具有直接的消炎效果,还能促进肾上腺的活动,使肾上腺素增加,从而降低毛细血管的通透性,血液渗出减少,同时对发炎因子组胺有良好的拮抗作用,属于激素类消炎作用。

8. 利尿

现代研究表明,这主要是由于茶叶中所含的咖啡因和茶碱通过扩张肾脏的微血管,增加肾血流量以及抑制肾小管水的再吸收等机制,从而起到明显的利尿作用。

9. 解酒

茶的解酒与中医功效中"醒酒"有关。一方面,因为肝脏在酒精水解过程中需要维生素作催化剂。饮茶可以补充维生素 C,有利于酒精在肝脏内解毒;另一方面,茶叶中咖啡因的利尿作用,使酒精迅速排出体外,而且又能刺激因酒精而处于抑制状态的大脑中枢,因而起到解酒作用。

10. 其他

除了上述方面外,饮茶还可以预防胆囊、肾脏、膀胱等结石的形成;防止各种维生素缺乏症;预防黏膜与牙龈的出血肿胀,以及眼底出血;咀嚼干茶叶,可减轻怀孕妇女的妊娠期反应及晕车、晕船所引起的恶心。

5.3.4 饮茶与精神健康

精神健康是人们正常生存的必要保证。随着社会发展的加速,各种平衡被打破,竞争越来越激烈。尤其是人口密度大、变动因素多的地方和部门,人们的竞争意识越来越强烈,这使人们的心理负担、思想压力也日益加强。这种竞争存在于各个阶层和各个年龄段,它使许多人脱离了人类本能所必须维持的正常运行规律,使大脑整日处于高度紧张的状态,从而产生精神疾患、心理障碍等精神类疾病。这将导致社会正常构架体系被削弱,许多家庭发生不幸。这一严重的社会问题已引起了社会学家、教育界及医学界的极大关注和担忧,如何解决这一现代社会发展所带来的副产物及其负面效应是一个重大的社会问题。

从医学心理学的角度来说,采用转移注意力和放松精神是解决心理问题的有效措施。它的方式有多种多样。从饮茶开始渐入品茶的意境,从"得味"到"得趣"以至于"得道"

的过程中，能使人们从紧张的社会活动中得以休息，这种随时随地都可进行的修身养性对人们的健康有很大益处。

饮茶对精神的作用，古人就早已体会到了。如唐代诗人"玉川子"卢仝在《走笔谢孟谏议寄新茶》一诗中，有脍炙人口的"七碗茶诗"：

> 一碗喉吻润，两碗破孤闷。
>
> 三碗搜枯肠，唯有文字五千卷。
>
> 四碗发轻汗，平生不平事，尽向毛孔散。
>
> 五碗肌骨清，六碗通仙灵。
>
> 七碗吃不得也，唯觉两腋习习清风生。

这一段被称为是全诗精华。诗人饮茶的感受是：茶不只是解渴润喉之物，从第二碗开始会对精神发生作用；三碗使诗人思维敏捷；四碗之时，生活中的不平，心中的郁闷，都发散出去；五碗后，浑身爽快；六碗喝下去，有得道通神之感；七碗时更是飘飘欲仙。饮茶时的忘却烦恼、放松精神的作用被淋漓尽致地表达出来。

唐代的刘贞亮认为茶有"十德"，即"以茶驱郁气，以茶驱睡气，以茶养生气，以茶除病气，以茶利礼仁，以茶表敬意，以茶尝滋味，以茶养身体，以茶可雅志，以茶可行道"。饮茶不但可养身健体，它还将道德、文化融于一体，可修身养性、陶冶情操、参禅悟道，达到精神上的享受和思想境界的提高。

人们越来越深刻地认识到，饮茶可以提升人的精神境界和生活品位；同时，饮茶可以缓解紧张焦虑，使人经常保持平和、乐观、豁达的良好心理。

5.3.5　饮茶卫生

1. 喝茶与睡眠的关系

饮茶影响睡眠的主要原因有兴奋和利尿两种情况。

饮茶会让人兴奋又有两种情形：一种是对所有茶都敏感，只要是茶的刺激性高，达到一定量就会有影响；另一种是对于某个茶类的茶敏感。如果对所有茶都一样敏感的人，可以考虑发酵度高的茶，这样的茶对睡眠影响较小。发酵度高，苦涩的程度就会降低。

2. 关于冷茶与隔夜茶

现实生活中有一种说法，因为隔夜茶中含有二级胺，可以转变成致癌物亚硝胺，喝了容易得癌症，因此认为"隔夜茶喝不得"。其实，这种说法是没有科学根据的。因为二级胺本身是一种不稳定的化合物，它广泛存在于许多食物中，尤其是腌腊制品中含量最多。从最普通的食用面包来说，通常也含有 2 毫克/千克的二级胺，如以面包为主食，每天从中摄取的二级胺达 1～1.5 毫克。而人们通过饮茶，从茶叶中吸入的二级胺只有主食面包的 1/40，微不足道，而且二级胺本身并不致癌，而是必须在有硝酸盐的条件下，才能形成亚硝胺，并且只有达到一定数量才有致癌作用。饮茶可从茶叶中获得较多的茶多酚和维生素 C，试验证明，这两种物质都能有效地阻止人体中亚硝胺的合成，成为天然的亚硝胺抑制剂，所以饮隔夜茶不会致癌。但是从营养和卫生角度来看，茶叶冲泡后，时间长了，茶汤中的维生素 C 和其他营养成分会因其逐渐氧化而降低。另外，茶叶中的蛋白质、糖类等是细菌、霉菌的培养基，茶汤没有严格的灭菌，极易滋生霉菌和细菌，导致茶汤变质腐败，这种变质的茶汤当然不宜饮用。

许多人都有饮冷茶的习惯，事实上，冷茶如果没有变质，是可以饮用的。但千万要小心，不能把饮过一部分的茶汤放置长时间后再饮用，这是很不卫生的。经过严格灭菌措施生产的冷茶饮料，也是可以饮用的。目前国内外市场上出现的罐装茶水，大多属于这类冷茶，其中添加抗氧化剂，并经严格灭菌处理，保质期都在半年到一年，是一种理想的旅游和餐桌饮料。

3. 孕妇、儿童宜喝清淡茶水

现代医学研究表明，孕妇和儿童可以适量饮茶，但不宜饮浓茶。因为过浓的茶水中，过量的咖啡因会使孕妇心动过速，对胎儿会带来过分的刺激。儿童也是如此。因此，一般主张孕妇、儿童饮一些淡茶。专家建议孕妇和儿童饮茶宜饮绿茶，通过饮茶，可以补充一些人体必要的维生素和钾、锌等矿物质营养成分。儿童适量饮茶，可以加强胃肠蠕动，帮助消化；饮茶有清热、降火的功效。茶叶的氟含量较高，饮茶或用茶水漱口还可以预防龋齿。儿童年幼喜动，注意力难以集中，若适量饮茶可以调节神经系统。茶叶还有利尿、杀菌、消炎等多种作用，因此儿童可以饮茶，只是不宜饮浓茶。

5.4 生活中茶的其他利用方法

5.4.1 茶类食品

饮茶的不足之处是无法摄取不溶于水的成分。茶叶中有许多不溶性成分，其含量高于可溶性成分，其中包括纤维素、蛋白质、脂类、脂溶性维生素等（见表5-8）。而且即使是可溶性成分，冲泡时也不是100%被浸出。这些没有被利用的部分包含了很多对身体有益的成分。因此，有时改变一下茶叶的加工方法，用食茶代替饮茶，就能高效地利用茶的有效成分，减少茶渣，达到保护环境的目的。

表 5-8 茶叶中可溶成分、不溶成分含量 　%

可溶成分（干物重）	不溶成分（干物重）
茶多酚　20～35	纤维素　30～35
咖啡因　2～4	蛋白质　20～30
氨基酸　1～5	脂肪　4～7
可溶性糖　3～5	色素　≥1
维生素 B、C、P 等 可溶性矿物质（钾、锰、锌、氟、硒等）	维生素 E、F 等不溶性矿物质（钙、铁等）
总量　35～47	总量　53～65

食茶虽不如饮茶盛行，但其历史却比饮茶悠久。人类利用茶叶就是从食茶开始。最早的方法是生嚼茶鲜叶，此后为烹煮做菜或茶粥。在《晏子春秋》中就有"茗菜"的记载，在《晋书》中有"茗粥"的记载。唐、宋时代，将茶鲜叶蒸软加工成团茶、饼茶，有龙团凤饼之称。饮用时将茶磨成粉末状冲饮。宋徽宗的《大观茶论》中就具体地讲到泡茶时需怎样碾成粉，如何用筅搅拌茶水。这种饮用法其实也是将茶与水搅拌均匀后全部服下，确切地说就应属食茶法的一种。

如今，由于茶叶的保健成分的发现，食茶又开始受人瞩目了。加工技术的进步，如低温粉碎技术的出现，使茶粉的加工工业化。市场上的茶叶食品纷纷上市，品种逐渐增多（见表5-9）。

表 5-9　茶叶食品的种类

糖果类	茶叶奶糖、茶叶酥糖、茶叶口香糖、茶叶润喉糖、茶叶巧克力、茶叶果冻、茶叶羊羹、茶叶蛋卷
糕点类	茶叶面包、茶叶三明治、茶叶蛋糕、茶叶饼干、茶叶米糕
面类	茶叶面条、茶叶荞麦面、茶叶馒头、茶叶汤团
豆制品类	茶叶豆腐
奶制品类	茶叶酸奶、茶叶冰激凌、茶叶布丁
鱼、肉制品	茶叶香肠、茶叶肉丸、茶叶鱼丸
调味品	茶盐、茶叶酱、茶叶蛋黄酱、茶叶果酱、茶叶汤料
酒类	茶叶啤酒、茶叶汽酒
茶粉	食用茶粉、超微茶粉、抹茶粉

在食品加工中添加茶叶有以下几个作用：① 增添茶叶的清香，还可去除鱼、肉的腥气；② 食品的颜色也变得丰富，添加不同的茶类，如绿茶、乌龙茶、红茶等，颜色各不相同，能达到天然色素的效果；③ 食品中有茶叶的清香味，增进食欲；④ 除了改进色香味以外，更好地吸收茶叶中的营养成分、保健成分；⑤ 茶叶的抗氧化、杀菌作用使食品容易保存，如同天然食物保鲜剂；⑥ 茶叶食品从糕点、糖果到面食、菜肴等，种类繁多，即使不爱喝茶的人也可选择自己喜欢的形式以摄取茶叶。

自己动手做一些茶叶食品也是其乐无穷的。大多数茶叶食品的加工程序并不复杂，如只需在炒菜时加几片茶叶，或揉面时加一些茶粉而已，这些举手之劳可使食物的色、香、味不同一般。原料可用茶粉或茶叶。用叶子时可用茶鲜叶，或将成品茶冲泡，使其张开恢复自然开后挤干水分使用。有的茶味道苦涩，须冲泡二三次后再食用，茶汤自然可以饮用，因此这是饮茶食茶两不误。茶粉可用现成的，也可用磨或食品粉碎机将茶叶磨成粉。

1. 凉拌茶

这是一种云南基诺族的传统食茶法。做法为将鲜嫩茶叶揉碎，加入切碎的黄果叶、辣椒、大蒜及适量的盐，再加少许泉水，拌匀后当菜吃。也可有其他的做法，如将绿茶泡后挤干水，与菜油、酱油炒熟后磨碎的芝麻一起凉拌；也可在凉拌豆腐时加少许茶粉。

2. 竹筒酸茶

云南布朗族的传统食茶法。在雨季，将茶鲜叶蒸熟后，先在阴暗处放 10 多日，使其发霉；然后将茶填入竹筒中，将竹筒密封后埋入土中，一个月后取出食用。味道如腌菜一样有酸味。在泰国、缅甸、日本的一些地区也有腌制茶叶的做法。如在日本的德岛县，将茶叶煮后放入桶中，上面压重物，一周后取出晒干食用。

3. 擂茶

在湖南、湖北、四川等地的土家族的擂茶也是非常有特色的食茶法。将茶鲜叶，以及炒熟的花生、芝麻、米等，还有生姜、盐、胡椒等放在擂钵中，用木棒压碎成糊状。然后将压碎的食物倒进碗中，冲水食用。

4. 茶叶炒菜

茶叶的菜肴已不是鲜为人知的了。有些茶膳已经成为名菜，如龙井虾仁、碧螺虾仁、祁门鸡丁、香茗脆皮鱼等。将茶叶冲泡后，捞起挤去水，像用一般的蔬菜或姜蒜似的，与虾、鱼、肉炒在一起。同时将茶汁倒入锅中煮。这样做成的菜不但没有腥味，而且茶香宜人，味道爽口。同样，做炒饭时，也可加入茶叶一起炒。还可将切碎的茶叶与碎肉拌在一起做肉丸，或做包子、烧卖、饺子的馅。

5. 茶叶汤、羹

即在菜汤、肉汤中加几片嫩茶叶，或在汤中加入一些茶粉。在做羹时，可将茶粉拌入淀粉中。

6. 抹茶法

这是日本茶道的做法。抹茶是用绿茶（一种遮阴栽培的嫩叶绿茶）磨成非常细微的茶粉，大小为 1～20 微米，大部分为 3 微米以下。抹茶中氨基酸含量较高，滋味鲜爽，苦涩味少。泡饮法为：在拌好的抹茶中加入热水，用茶筅快速搅拌将茶与水拌匀直到起泡，便可饮用。这也是有效的食茶法。

5.4.2 茶与美容

茶叶中的许多成分有美容效果（见表 5-10）。因此，每天饮茶、食茶是非常有效的美容法。

表 5-10　茶叶中成分的美容效果

茶叶成分	作用与效果
茶多酚	抗氧化作用，防止色素沉积，除色斑，美白，延缓衰老 抑制脂肪吸收，减肥作用 抑制体癣、湿疹、痱子等皮肤病 抗菌作用，抑制粉刺 消除体臭 紧肤作用
咖啡因	利尿作用，促进体内毒素排泄，消除浮肿 收敛皮肤、紧肤作用，预防皱纹 抑制脂肪吸收，抗肥胖作用
茶皂素	预防粉刺等皮肤病 表面活性剂作用，清洁皮肤作用
类胡萝卜素	抗氧化作用，延缓衰老
纤维素	通便，促进体内毒素排泄，防止便秘引起的粉刺 抑制脂肪吸收，抗肥胖作用
维生素 C 维生素 E	抗氧化作用，防止色素沉积，除色斑，美白，延缓衰老（许多有美白效果的化妆品中添加有维生素 C、E）
维生素 B 族	维持皮肤、毛发、指甲的健康生长（维生素 B 族也被作为润发因子，添加到洗发水、护发素中）
维生素 F 族	维持皮肤、毛发的健康生长
锌	维持指甲、毛发的健康生长

茶叶也可用于化妆品中，已上市的茶叶美容品有茶叶化妆水、茶叶面膜、茶叶增白霜、茶叶防晒露、茶叶洗发剂、茶叶护发素、茶叶沐浴剂、茶叶入浴剂等，这类产品利用了茶叶中的天然成分的美容效果，有安全、刺激性小的优点。

当然，也可利用手头的茶叶进行美容，具体见如下操作。

1. 茶水洗脸

晚上洗脸后，泡一杯茶，将茶水涂到脸上并用手轻轻拍脸，或将蘸了茶水的脱脂棉附在脸上 2～3 分钟，然后用清水洗净。有时脸上茶水的颜色不能马上洗掉，但过一个晚上会自然消除。有除色斑、美白的效果。

2. 茶水泡浴、泡足

泡浴时，将茶叶 20～30 克装入小布袋中，放在浴缸内，进行泡浴。泡足时，将泡好的茶水倒入脚盆中即可。能治疗多种皮肤病，还可以去除老化的角质皮肤并且清除油脂，使皮肤光滑细腻。此外，还能驱除体臭，使肌肤带上清新的茶香。

3. 茶叶美目

将茶叶冲泡后，略微挤干，放入纱布袋中。闭上双眼，将茶袋放在眼睑皮肤上，放 10～15 分钟。有消除眼睛的疲劳、改善黑眼圈的作用。

4. 茶叶洗发、护发

中国古代有用茶籽饼洗发的做法。茶籽饼中含有约 10% 的茶皂素，茶皂素是天然的表面活性剂，起泡性好，洗涤效果好，并且它还有很好的湿润性。现在已有以茶皂素为原料的洗发香波，此香波有去头屑、止痒的功能，并对皮肤无刺激性、无致敏性，洗后头发柔顺飘逸，清新亮丽。

茶叶也可用来护发。如洗头后，将微量茶粉涂在头皮上，并进行按摩，每日 1 次。或将茶水涂到头上，按摩约 1 分钟后洗去。有防治脱发、去头屑作用。

5. 茶叶减肥

用浴盐按摩时，将茶叶加到浴盐混匀后，进行全身按摩。一方面能除去角质化的皮肤，洗净皮肤表面的油脂，使皮肤变得柔软光滑；另一方面也能促进排汗，有减肥效果。另外，食茶对减肥有效。例如，每日吃 1～2 匙茶粉（方法多样，可与酸奶一起吃，也可冲牛奶喝，或拌饭吃等，各种形式均可），不但能减轻体重，还可治疗便秘、高血压等。

5.4.3　茶疗

"茶疗"一词，是林乾良先生于 1983 年 10 月在全国"茶叶与健康、文化学术研讨会"上首次提出的，是将茶作为单方或偏方而入药，用于很多疾病预防和临床治疗的疗法。

在中医，茶有 20 种如下功效：令人少寐、安神除烦、明目、益思、下气、消食、醒酒、去油腻、减肥、清热解毒、止渴生津、去痰、治痢、疗疮、利尿、通便、祛风解表、益气力、坚齿、疗饥等。有研究又证明茶还有降血脂、降血压、强心、升白细胞、抗癌、抗衰老、抗肿瘤等功效。

经过长期的临床实践，我国民间已逐步积累了许多对人体健康有益的实用茶疗方。茶疗方，又称茶方，狭义上仅指单用茶作为疾病预防和治疗的方剂；广义上指在茶以外再添加中草药的单方，如山楂、杜仲、金银花、罗汉果、菊花等。在我国许多中草药单方或复方中，有许多所谓的"茶"，实际上其中并非含茶，在中药方剂中仍然称为茶方，可称之为"茶的代用品"，在近代应用得很广，但在古代亦早有记载：唐《外台秘要》中，即有"代茶新饮方"的记载；宋代，在茶店中出售益脾饮之类；至清代宫廷秘方中，亦屡见不鲜。著名的有菊花、决明子、桑寄生、藿香、夏枯草、胖大海、金银花、番泻叶等20余种。

■ 本章小结

本章讲述了茶叶的主要成分和茶与健康的关系，学生学习后在生活中可具备对各种茶及茶类产品科学利用的能力，做到科学饮茶，知晓茶叶的主要功效成分及其保健作用，以及茶对疾病的预防与治疗作用。

■ 思考与练习

一、判断题

1. 茶叶表面会沾有灰尘等杂物，所以冲泡时要洗茶，一定将头泡茶汤倒掉。（　　）
2. 茶叶中含有100多种化学成分。（　　）
3. 茶叶中主要功效成分有咖啡因、茶多酚、氨基酸、维生素、矿物质等。（　　）
4. 茶叶中的茶多酚具有降血脂、降血糖、降血压的药理作用。（　　）
5. 茶叶中的维生素A、E、K属于脂溶性维生素。（　　）

二、选择题

1. 最早记载茶为药用的书籍是（　　）。
A.《神农本草经》　　B.《大观茶论》　　C.《茶经》　　D.《茶录》
2. 茶叶中具有保健作用的活性成分中，（　　）的生理活性作用及其应用是目前研究最多、影响最大、成果最显著的方面。
A. 茶多酚　　　　B. 生物碱　　　　C. 氨基酸　　　　D. 蛋白质
3. 绿茶中（　　）含量较高，它可以预防维生素C缺乏症，具有增强免疫力、预防感冒、促进铁的吸收，它还是强抗氧化剂，有防癌、抗衰老等功效。
A. 维生素A　　　　B. 维生素B　　　　C. 维生素C　　　　D. 维生素E
4. 目前，茶叶提取物（　　）已广泛应用于食品业和精细化工业，作为抗氧化剂。
A. 咖啡因　　　　B. 矿物质　　　　C. 氨基酸　　　　D. 茶多酚
5. （　　）"性寒"，不适合手足易凉、体寒的人饮用。
A. 绿茶　　　　B. 红茶　　　　C. 黑茶　　　　D. 重发酵乌龙茶

三、填空题

1. 氨基酸、咖啡因和茶多酚的滋味特征分别是＿＿＿＿、＿＿＿＿和＿＿＿＿。
2. 茶叶具有降血压功能，表明长期饮茶能够增强血管的＿＿＿＿、＿＿＿＿和＿＿＿＿功能，还能扩张冠状动脉和末梢血管。
3. 茶叶中茶氨酸的含量占总氨基酸的＿＿＿＿以上。
4. 茶叶中的多酚类物质主要是＿＿＿＿、黄酮及黄酮醇、花色素、酚酸及缩酚酸四类化合物。
5. 人们常说的"祝您年逾茶寿"是指＿＿＿＿岁。

四、简答题

1. 茶叶含有哪些营养成分？
2. 茶叶有哪些保健和防治疾病的功能？

实践活动

题目：茶叶保健品、茶叶食品的市场调查。

目的要求：了解本地市场上茶叶保健品、茶叶食品的生产销售和消费情况。

方法和步骤：采用各种形式对学校所在地或本人家庭所在地的茶叶保健品和茶叶食品进行调查，了解其种类、数量、价格及市场销售、消费情况；对调查的种类进行分类比较，明确各自的保健功能。

作业：认真记录调查结果，写出调查报告。

第 6 章

精行修德论茶道

学习目标

- 熟悉茶道的形成，茶道与儒、道、佛的紧密联系；
- 了解日本茶道及韩国茶礼；
- 理解中国茶道的基本内涵，感受中国茶文化的博大、厚重及独特的魅力。

茶道是茶文化的最高境界，是人生观、世界观在茶茗品饮中的体现。在中国，茶道的内涵与传统的儒、道、佛相融合，显示了中国茶文化的风貌。儒家以茶修德，道家以茶修心，佛家以茶修性，三家皆通过茶净化思想，纯洁心灵。中国茶道深沉、隽永，如果说源自中国的日本茶道、韩国茶礼是一种严格尊崇、极其讲究的终极宗教，那么，中国茶道应是一门包罗万象、顺乎自然的美丽哲学。

6.1　茶道的形成

茶的利用可追溯到中国上古神农氏时代，中国茶文化自此绵延而下，沿着历史的长河，流淌了数千年，最终形成东方文化中积淀厚重、天下独绝的中国茶道。茶道是一种文化，一门艺术，一种美学。喝茶有益，喝茶有礼，喝茶有道。茶的根在中国，茶文化的源在中国，最艳丽的茶道之花开在中国。

6.1.1　茶道溯源

1. 茶道源自远古的茶图腾信仰

"神农尝茶"的传说，虽然是有关茶的传说的一种，但历代都是作为茶的源头载入史册的。神农相传为上古时代的部落首领、农业始祖、中华药祖。史书还将他列为三皇之一，也有说即"炎帝"。至今，中华民族自称为"炎黄子孙"，正是奉神农为民族始祖的传统信仰的遗韵。

据说，神农当年是在鄂西神农架中尝百草的。神农架是一片古老的山林，充满着神奇的气息，远古时代多种原始文化曾在这里交汇融合。在这一片物产富饶、人文深蕴的土地上，至今还保留着一些原始宗教茶图腾的文化遗迹。其中最突出的如德昂族，这个以茶叶为祖先的古老民族，原称"崩龙"，他们在古歌中唱道："茶叶是崩龙的命脉，有崩龙的地方就有茶山；神奇的传说流传到现在，崩龙人的身上还飘着茶叶的芳香。"

以茶为图腾祖先的不仅有古崩龙人，许多古老民族都曾信奉过茶图腾。由于最早的"茶"是初民们赖以存活、维系生命的充饥食物，所以以不懂生育奥秘、充满着原始思维的图腾意识和感恩之情的初民们便产生了将"茶"视作是"给予生命的母亲"，从而形成茶图腾崇拜。其后代也因而将"茶"视为"祖先"，形成崇拜"茶"的原始宗教。远古的茶图腾信仰至今仍遗存在众多有关茶的神话和茶祭仪式（如"生、冠、婚、丧"的礼仪）之中。在南方许多地区都有这样的风俗：当有婴儿出生时，第一个来看望产妇的外人，俗称"踩生人"，进屋后，主人必须用双手端上一碗米花糖茶敬客；"踩生人"也须用双手接过茶喝下，民间认为这样能辟邪祈福。这种原始风俗意味着人一出生就得到茶图腾祖神的保护。在新生儿诞生第三日，俗称"三朝"，国内许多地区的习俗都要举办"吃原始煮茶"仪式，称之为"三朝茶礼"。这是原始茶部落合族庆贺部落新生命到来的庆典遗韵。又如，丧事茶礼有陕西出殡前夕所举行的"三献礼"仪式：初献礼，进茶、进膳、进饼、读祝文、孝子伏地大哭等；稍事休息后行亚献礼，仪式同前，毕，奏曲唱戏；最后行终献礼，仪式同前。在这里，三献之首礼均为茶，充分体现了以茶为最高礼遇的茶图腾意识。

远古的茶图腾崇拜，由于它是一种原始宗教，所以在人们表现出虔诚的狂热状态和执着追求生命"正道"的同时，必然还伴有某种深入持久而厚重的信仰、法度与礼仪，这些成为茶道的源泉。有着茶图腾的烙印及民族品格折射的茶道，是随着历史和文化的变迁，渐渐改变，慢慢形成的。

2. 茶道成熟于唐代并发展至今

中国人不轻易言道，在饮食、玩乐诸多活动中，能升华为"道"的只有茶道。"茶道"一词最早出现于唐代封演所著《封氏闻见记》。书中写道："楚人陆鸿渐为茶论，说茶之功效，并煎茶、炙茶之法。造茶具二十四事，以都统笼贮之，远近倾慕，好事者家藏一副。有常伯熊者，又因鸿渐之论广润色之，于是茶道大行。王公朝士无不饮者。"唐代名宦刘贞亮在总结饮茶十德时也曾讲："以茶可雅志，以茶可行道。"由此可见茶道始于唐代，至今已有一千二百多年的历史，"茶道"的创始者是陆羽。陆羽创立了中国茶道之后，中国茶道经历了晚唐的补充、宋代的兴盛、明朝的隽思、近代的坎坷及当代的复兴。

陆羽是中国茶道的鼻祖。陆羽在茶论、说茶之功效、煎茶炙茶的方法和茶具等方面作了全面系统的论述。唐代封演的《封氏闻见记》中所说的"茶道"，是指陆羽倡导的饮茶之道，它包括鉴茶、悬水、赏器、祛火、炙茶、碾磨、烧水、煎茶、品饮等一系列程序、礼法和规则。陆羽茶道强调的是"精行俭德"的人文精神，注重烹瀹（音 yuè，意为煮）条件和方法，追求怡静舒适的雅趣。陆羽著的《茶经》是世界上第一部茶学专著，他首开为茶著书的先河，首创了法度周全的茶道。

唐代茶道以文人为主要群体，许多文人以茶修道并有建树。陆羽的挚友诗僧皎然在其《饮茶歌·诮崔石使君》诗中写道："一饮涤昏寐，情思朗爽满天地。再饮清我神，忽如飞雨洒轻尘。三饮便得道，何须苦心破烦恼……孰知茶道全尔真，唯有丹丘得如此。"皎然认为，饮茶能清神、得道、全真，神仙丹丘子深谙其中之道。皎然诗中的"茶道"是关于"茶道"的最早阐述。诗人卢全的《走笔谢孟谏议寄新茶》一诗脍炙人口，"七碗茶"流传千古，卢全也因此与陆羽齐名。"七碗茶"诗和钱起《与赵莒茶宴》、温庭筠《西陵道士茶歌》等诗，都是说饮茶能让人"通仙灵""通杳冥""尘心洗尽"，羽化登仙，胜于炼丹服药。唐末刘贞亮《茶十德》认为饮茶使人恭敬、有礼、仁爱、志雅，可行大道。

与唐代茶道相比，宋代茶道则走向多极。文人茶道有炙茶、碾茶、罗茶、候汤、温盏、点茶过程，追求借茶励志的操守，淡泊清尚的气度。许多文人对饮茶之道和饮茶悟道有细致入微的描述，如陆游《北岩采新茶用忘怀录中法煎饮欣然忘病之未去也》一诗，"细啜襟灵爽，微吟齿颊香，归时更清绝，竹影踏斜阳"，4句20字把饮新茶的口腔感觉和心理感觉表现得贴切入微。黄庭坚《阮郎归》一词中的"消滞思，解尘烦，金瓯雪浪翻。只愁啜罢水流天，余清搅夜眼"，十分精美地表达了饮茶后怡情悦志的感受。宫廷茶道则突出茶叶精美、茶艺精湛、礼仪繁缛、等级鲜明、以教化民风为目的，致清导和为宗旨。宋徽宗赵佶《大观茶论》说茶"祛襟涤滞，致清导和""冲淡简洁，韵高致静""天下之士历志清白，竟为闲暇修索之玩"，就是宫廷茶道有代表性的思想和精神追求。佛家则以"禅茶一味"悟茶道。唐德宗兴元年（784）怀海百丈禅师创立的首部禅林法典《百丈清规》，以名目繁多的茶礼来规范寺院的茶事活动。径山茶宴是个典型例子：一群和尚办"茶宴"待客，僧徒围坐，边品茗边论佛，边议事边叙景，意畅心清，清静无为，茶佛一味，别有一番情趣。在宋代，民间还盛行以斗香斗味为特色的斗茶活动。

宋明时期是中国茶道发展的鼎盛时期。明代朱权改革传统茶道，"取烹茶之法，末茶之具，崇新改易，自成一家"（《茶谱》）。他晚年崇尚道家思想，认为茶发"自然之性"，饮者要"清心神""参造化""通仙灵"，追求秉于性灵、回归自然的境界。明末冯可宾在《岕茶笺》一书中讲"茶宜"13个条件："无事、佳客、幽坐、吟咏、挥翰、徜徉、睡起、宿醒、清供、精舍、会心、赏鉴、文僮"。"茶忌"7条："不如法、恶具、主客不韵、冠裳苟礼、荤肴杂陈、忙冗、璧间案头多恶趣"，反映了中国茶道是以中国古代哲学为指导思想，以中国道德观念为追求目标。中国古代哲学主张"天人合一"，使生命行动和自然妙理一致，使生命的节律与自然的运作合拍，使人融入大自然，这样就能感应大自然。茶人之间也要和谐，"主客不韵"便会扫兴。冯可宾的茶道比赵佶的茶道又深入一层。赵佶关心的是把茶煮好，冯可宾关心的是在煮好茶的前提下把茶品好。

明清时代，明太祖朱元璋改砖饼茶为散茶，紫砂茶壶逐渐兴起，茶由烹煮向冲泡发展，茶道程序由复杂转为简单。但茶道仍强调水质、茶具、茶叶俱佳，并要"造时精，藏时燥，泡时洁。精、燥、洁，茶道尽矣"，还要重视饮茶环境，"饮茶以客少为贵，客众则喧，喧则雅趣乏矣"（明代张源《茶录》）。

现代古茶道虽然衰微，却未失传。据《金陵野史》载：抗战之前，中国茶道专家夏自怡曾在金陵举行茶道集会，所用为四川蒙山野茶、野明前、狮峰明前等3种名茶，烹茶之水汲自雨花台第二泉，茶道过程有献茗、受茗、闻香、观色、尝味、反盏6项礼序。20世纪80年代以来，中国传统茶道又得到复兴和弘扬，出现了众多的流派，涌现出一批有影响的茶艺（道）队。

茶和茶道的故乡都在中国。"茶道"不是外来的，而是随着中国文化对周边国家的影响向国外输出的。中国茶道在走向海外的历程中，对于日本茶道的形成与发展影响最大。正是由于长期和多方面地学习与借鉴中国的茶道精神、程式及技巧，并与日本民族的特色和文化相融合，才创造出了具有日本民族特色的日本茶道。

6.1.2　茶道的内涵

茶道属于东方文化。东方文化与西方文化不同，它往往没有一个科学的、准确的定义，而要靠个人凭借自己的悟性用心去贴近它、理解它。

1. 茶道的基本含义

茶道之"道"，有多种含义：一指宇宙万物的本体，二指事物的规律和准则，三指技艺与技术。与茶结合的"茶道"是指以一定的环境气氛为基调，以品茗、置茶、烹茶、点茶为核心，以语言、动作、器具、装饰为体现，以饮茶过程中的思想和精神追求为内涵的，是品茶约会的整套礼仪和个人修养的全面体现，是有关修身养性、学习礼仪和进行交际的综合文化活动与特有风俗，具有一定的时代性和民族性。茶道涉及艺术、道德、哲学、宗教等各个方面。

茶道是中国特定时代产生的综合性文化，带有东方农业民族的生活气息和艺术情调，追求清雅、和谐，基于儒家的治世机缘，倚于佛家的淡泊节操，洋溢道家的浪漫理想，借品茗贯彻和普及清和、俭约、廉洁、求真、求美的高雅精神。

"道可道，非常道。名可名，非常名。"近年来许多专家对"茶道"的解释丰富多彩、见仁见智，其中具有代表性的有以下几种观点。

当代茶圣吴觉农在《茶经评述》一书中提出，茶道是"把茶视为珍贵、高尚的饮料，饮茶是一种精神上的享受，是一种艺术，或是一种修身养性的手段"。他把茶道作为一种精神境界上的追求，一种具有教化功能的艺术审美享受。

庄晚芳先生在《中国茶史散论》中写道："茶道就是一种通过饮茶的方式，对人们进行礼法教育、道德修养的一种仪式。"他还归纳出中国茶道的基本精神为："廉、美、和、敬"，其基本内容是："廉俭育德、美真康乐、和诚处世、敬爱为人。"

陈香白先生在其《中国茶文化纲要》中认为："中国茶道包含茶艺、茶德、茶礼、茶理、茶情、茶学说、茶导引七种义理，中国茶道精神的核心是和。""中国茶道就是通过茶事过程，引导个体在美的享受中走向完成品德修养以实现全人类和谐安乐之道。"陈香白先生的茶道理论可简称为"七义一心"论。

作家周作人先生在《恬适人生·吃茶》中说得比较随意，他认为："茶道的意思，用平凡的话来说，可以称为忙里偷闲，苦中作乐，在不完全现实中享受一点美与和谐，在刹那间体会永久。"

台湾的学者也不甘寂寞。如刘汉介先生在《中国茶艺》一书中提出："所谓茶道，是指品茗的方法与意境。"

林治先生编著的《中国茶道》中提出茶道的"四谛"，即"和、静、怡、真"，从更深层次上涵盖了茶道的精神内涵。

在博大精深的中国茶文化中，茶道是核心。茶道是一种以茶为媒的生活礼仪，是一种修身养性的方式。若想领会更多的茶道内涵，那么"吃茶去"！

2. 中国茶道的基本精神

中国人的民族特性是崇尚自然，朴实谦和，饮茶亦如此。但茶道不同于一般饮茶。在中国，饮茶分为两大类：一类是"混饮"，即在茶中加盐、加糖、加奶或加葱、橘皮、薄荷、桂圆、红枣，根据个人的口味嗜好，兴之所至爱怎么喝就怎么喝；另一类是"清饮"，即不在茶中加任何有损茶本味与真香的配料，单单用开水泡茶来喝。"清饮"又可分为4个层次。将茶当饮料解渴，大碗海饮，称之为"喝茶"。如果注重茶的色、香、味，讲究水质、茶具，喝的时候又能细细品味，可称之为"品茶"。如果再讲究环境、气氛、音乐、冲泡技巧及人际关系等则可称为"茶艺"。而在茶事活动中融入哲理、伦理、道德，通过品茗来修身养性、陶冶情操、品味人生、参禅悟道，达到精神上的享受和人格上的升华，这才是中国饮茶的最高境界——茶道。

茶道不仅讲究表现形式，更注重其精神内涵。日本学者把茶道的基本精神归为"和、敬、清、寂"。我国台湾中华茶艺协会第二届大会通过的茶艺基本精神是"清、敬、怡、真"。我国大陆学者茶叶界泰斗庄晚芳教授对茶道的基本精神理解为"廉、美、和、敬"。目前，茶文化界的专家林治先生认为"和、静、怡、真"是中国茶道的四谛。其中，"和"是中国茶道哲学思想的核心，是茶道的灵魂；"静"是中国茶道修习的必由途径；"怡"是中国茶道修习实践中的心灵感受；"真"是中国茶道的终极追求。这种提法具有鲜明的时代特点，备受推崇。现介绍如下。

1）和——中国茶道哲学思想的核心

茶道所追求的"和"源于《周易》中的"保合太和"。"保合太和"的意思是指世间万物皆由阴阳两要素构成，阴阳协调，保全太和之元气以普利万物才是人间正道。陆羽《茶经》中对此论述得很明白，指出风炉用铁铸从"金"；放置在地上从"土"；炉中烧的炭从"木"；木炭燃烧从"火"；风炉上煮着茶汤从"水"。煮茶的过程就是金、木、水、火、土五行相生相克并达到和谐平衡的过程。因此，陆羽在风炉的一足上刻有"体均五行去百疾"7个字。可见，保合太和、阴阳调和、五行调和等理念是茶道的哲学基础。

以哲学范畴的"和"为基础，儒、佛、道三家对茶道中的"和"，各有自己的理解与诠释。

（1）儒家从"太和"的哲学理念中推衍出"中庸之道"的中和思想。在儒家眼中，和是中，和是度，和是宜，和是当，和是一切恰到好处，无过亦无不及。总之，和是儒家思想的根本。在情与理上，和表现为理性的节制，而非情感的放纵，故陆羽提倡茶宜"精行俭德"之人。在举止言行上，和讲究适可而止，食无求饱，居无求安，"敏于事而慎于言"。在人与自然的关系上，和表现为亲和自然，保护自然，反对竭泽而渔，故孔子提倡"钓而不网，弋不射宿"。在人与社会及人与人的关系上，和表现为"礼之用，和为贵"。提倡和衷共济，敬爱为人，以德报怨。儒家对和的诠释在茶事活动的全过程都表现得淋漓尽致。一个"和"字是茶事活动的宗旨，泽庵在《茶亭之记》中写道："此所谓赏天地自然之和气，移山川石木于炉边，五行具备也，没有天地之流，品风味于口，可谓大矣，以天地之和气为乐，乃茶道之道也。"

（2）道家从"和"这一哲学范畴引申出"天人合一"的理念。老子认为天地万物都包含阴阳两个因素，生是阴阳之和，道是阴阳之变。老子说："道生一、一生二、二生三，三生万物。万物负阴而抱阳，冲气以为和。"道家认为人与自然界万物同是阴阳两气相和而生，人与自然万物本为一体，应具有亲和之感。知道了"和"的内涵，就知道"道"的根本。在处世方面道家提倡"和其光，同其尘"，即认为好坏均可相安相处，为人不露锋芒，处世与世无争。在茶道中，道家对"和"的理解表现在特别注重亲和自然，追求"天人合一，物我两忘"的境界及"致清导和"的养生理念。

（3）佛家提倡人们修习"中道妙理"。《杂阿含经·卷九》中引用佛陀说："汝当平等修习摄受，莫着，莫放逸。"这是中和的哲学理念。在《无量经》中佛陀说："父子兄弟夫妇，家室内外亲属，当相敬爱，无相憎嫉，有无相通，无得贪惜，言色常和，莫相违戾。"这是和诚处世的伦理。在茶道中，佛教的和最突出的表现是"禅茶一味"，这实际上是外来的佛教文化与中原本土文化的"和会"。

儒、佛、道三家之所以在茶道中都以"和"为哲学基础，就是因为三教都力图把深奥的哲理溶解在淡淡的一杯茶水之中，使人们在日常的平凡的生活琐事中去感悟人生大道。历代茶人也都以"和"作为一种襟怀，一种气度，一种境界，在品茗中去不断地修习，细细地体悟，不懈地追寻自我，超越自我，完善人格。

2）静——中国茶道修习的必由途径

中国茶道是修身养性，追求自我之道。静是中国茶道的必由途径。

道家的清静思想对中国传统文化和民族心理的影响极其深远，其"虚静观复法"在中国茶道中演化为"茶须静品"的理论与实践。"茶之为物……冲淡闲洁，韵高致静"（赵佶《大观茶论》）。中国茶道正是通过茶事创造一种宁静的氛围和一个空灵虚静的心境。当茶的清香静静地浸润你的心田和肺腑时，你的精神便在虚静中升华净化，你将在虚静中与大自然融涵玄会，达到天人合一的境界。

道家把"静"视为归根复命之学，天人合一之学，儒家、佛家也有相似的主张。宋代大儒程颢说得明白："万物静观皆自得，四时佳兴与人同。道通天地有形外，思入风云变态中。"（《秋日偶成》）中国古代许多士大夫们都有在茶中静品得趣的感悟和体验，"静试却如湖上雪，对尝兼忆剡中人"（林逋《尝茶次寄越僧灵皎》）一类的诗句不胜枚举。而佛教的"禅茶一味"中"禅"的梵语直译成汉语就是"静虚"之意，指专心一意，成思冥想，排除一切干扰，以静坐的方式去领悟佛法真谛。儒、道、佛三家不仅都认为体道悟道离不开静，而且还都认为艺术的创作和欣赏也离不开静。苏东坡"欲令诗语妙，无厌空且静，静故了群动，空故纳万境"这首充满哲理玄机的诗，合于诗道，也合于茶道。古往今来，无论是道士还是高僧或儒生，都殊途同归地把"静"作为茶道修习的必经之道。

3）怡——中国茶道修习实践中的心灵感受

"怡"者，和悦、愉快之意。在中国茶道中，"怡"是人们从事茶事过程中的身心享受。

中国茶道是雅俗共赏之道，它体现于日常生活之中，不讲形式，不拘一格，突出体现道家"自恣以适己"的随意性。不同地位、不同信仰、不同文化层次的人对茶道有不同的追求。历史上王公贵族讲茶道，重在"茶之珍"，意在炫耀权势，夸示富贵，附庸风雅；文人学士讲茶道重在"茶之韵"，意在托物寄怀，激扬文思，交朋结友；普通老百姓讲茶道侧重在"茶之味"，意在去腥除腻，涤烦解渴，享乐人生。无论什么人，都可以在茶事过程中取得生理上的快感和精神上的畅适。中国茶道的这种怡悦性，使得它有极广泛的群众基础。这种怡悦性也正是中国茶道区别于强调"清寂"的日本茶道的根本标志之一。

4）真——中国茶道的终极追求

中国人不轻易言"道"，而一旦论道，则必然执着于"道"，追求于"真"。这是中国茶道的起点，也是中国茶道的终极追求。

真，原是道家的哲学范畴。在老庄哲学中，真与"天""自然"等概念相近，真即本性、本质，所以道家追求"抱璞含真""返璞归真"，要求"守真""养真""全真"。中国茶道在从事茶事时所讲究的"真",不仅包括茶应是真茶、真香、真味;环境最好是真山真水;挂的字画最好是名家名人真迹;用的器具最好是真竹、真木、真陶、真瓷。另外,还包含了待人要真心,敬客要真情,说话要真诚,心境要真闲。总之,茶事活动的每一个环节都要求真。其所求的真有三重含义。

(1)追求道之真。通过茶事活动去寻求高远的意境,去追求对"道"的真切体悟,使自己的心能契合于大道,达到修身养性、品味人生的目的。

(2)追求情之真。通过品茗述怀,茶友之间的真情得以发展,达到茶人之间互见真心的境界。茶人间的真诚,有助于体会品茶的真趣。

(3)追求性之真。在品茗过程中,真正放松自己,在无我的境界中去放飞自己的心灵,让自己的身心更健康、更畅适。茶人如以淡泊的襟怀、旷达的心境、超逸的性情和闲适的心态去品茶,将自己的感情和生命融入大自然,就比较能从茶理中悟到"此中有真意",并通过修习,达到"守真""养真""全真"的追求。

精行修德论茶道,中国人有中国人的特质,而中国人的饮茶方式及内涵亦有传统的精神。有"酸甜苦涩调太和"的中庸之道,有"朴实古雅去虚华"的行俭之德,有"奉茶为礼尊长者"的明伦之礼,有"饮佳茗,方知深"的谦和之行。这些属于中华民族文化的行谊,自有其成为中国茶道的文化背景。

6.2　茶道与儒学、道家、佛教

中国茶道是以饮茶为契机的综合文化体系,融会了中国传统文化组成部分的儒、道、佛三家文化的思想精华。中国儒、道、佛各家都有自己的茶道流派,其形成与价值取向不尽相同。儒家以茶励志,沟通人际关系,积极入世;佛教在茶宴中伴以青灯孤寂,意在明心见性;道家茗饮寻求空灵虚静,避世超尘。

6.2.1　茶道与儒学

以孔、孟为代表的儒家思想,构成了儒家以中庸为核心的思想体系,并形成影响人类文化数千年的东方文化圈,当今包括全世界华人、华裔、日本、韩国及东南亚诸国都从儒学中寻找真理。而中国茶文化也多方面体现了儒家中庸之温、良、恭、俭、让的精神,并寓修身、齐家、治国、平天下的伟大哲理于品茗活动中。可以说,中国茶道思想的主体是儒家思想。

儒家学说是中华民族的主体文化,中国茶道与儒家学说有着千丝万缕的联系。儒生们把品茶看作品味人生。酸甜苦涩,各人有各人的感受,各人有各人的偏爱,各人有各人的追求。儒生与茶道的关系是道心文趣兼备,比佛家和道家要复杂得多,但其主体是倡导"以茶可雅志,以茶可行道",具有积极的人世观。

"以茶可雅志",贯穿着儒家的人格思想。儒家心目中的理想人格,概而言之,就是修身为本、修己爱人、自省慎独、自尊尊人、敬业乐群的君子人格,旨在建立一个有文化修养的高度文明的"优雅社会"。"以茶可雅志"中的"雅志"两字,"雅"指文明、教养、高尚、美好、正当,"志"指人格精神趋向于一个较恒定的、具有真正价值的目标。孟子认为不动心就是"持其志""不动心有道"。"志"既然是人之为人的价值所在,它就是对抗人性异化的精神柱石，若失志，人就变成非人，这是儒家的共识。"以茶可雅志"是从茶文化这种文化形态的视角来理解人生本身，这正是儒家思想的深刻反映。茶人的"雅志"固然有清高的意味，但更多的是表示它的高雅品格，这正是儒家的理想人格。儒家在茶性与人性契合点上的认识是深刻的。"洁性不可污，为饮涤尘烦"（韦应物《喜园中茶生》），视茶为高雅的象征。"岂知君子有常德……不改旧时香味色"（欧阳修《双井茶》），也是借茶表示人对雅志的追求。

儒家茶文化代表着中庸、和谐、积极入世的儒家精神。"以茶可行道"实质上就是指中庸之道。因为无论"以茶利礼仁""以茶表敬意"，还是"以茶可雅志"，都是为"以茶行道"开路。儒家的中庸思想在孔子和后代儒家那里，占有极其重要的位置。概而言之，"中"，也就是适度，什么时候该做什么就做什么，"庸"可视为合情合理，因此，中庸之道乃是修身之道，是处世做人的态度与方法。"喜怒哀乐之未发，谓之中；发而皆中节，谓之和。中也者，天下之大本也；和也者，天下之达道也。致中和，天地位焉，万物育焉"（孔子《中庸》第一章），此中的情与理，要求合情合理，不走极端，保持"中道"，以达至"和"的状态。"和"，不仅是中国传统文化的道德范畴，同时也是美学境界。自刘贞亮首先提出"以茶可行道"后，无论是宋徽宗赵佶的"致清导和"，还是斐汶的"其功致和"等，都是以儒家的"中和"与和谐精神作为中国茶道精神的。茶道以"和"为最高境界，也说明茶人对儒家和谐或中和哲学的深刻把握。

中国茶文化中，处处贯彻着和谐精神，无论煮茶法、点茶法、泡茶法，都讲究"精华均分"。好的东西，共同创造，也共同享受。在泡茶时表现为"酸甜苦涩调太和，掌握迟速量适中"中庸之美；在待客方面表现为"奉茶为礼尊长者，备茶浓意表浓情"的明礼之论；在饮茶过程中表现为"饮罢佳茗方知深，赞叹此乃草中英"的谦和之礼；在品茗的环境与心境方面为"普事故雅去虚华，宁静致远隐沉毅"的俭德之行。儒家思想要求我们不偏不倚地看待世界，把"中庸"和"仁礼"思想引入中国茶道，主张在饮茶中沟通思想，创造和谐气氛，增进彼此的友情。

6.2.2 茶道与道家

道学鼻祖老子是我国古代最伟大的哲学家、思想家。他的传世之作《道德经》第四十二章指出："道生一、一生二、二生三，三生万物。万物负阴而抱阳，冲气以为和。"这是老子的宇宙观本体论，是至今为止哲学家们表述宇宙的生化过程最简明、最深刻、最生动也最完满的公式。老子的这一千古奇文揭示了宇宙之道德根本规律，是中国古代哲学之精髓。陆羽著《茶经》创茶道时，吸收了老子思想之精华，把"天人合一"的理念融入了茶理之中，中国茶道吸收道家"天人合一"的哲学思想，树立起了茶道的灵魂，道家的思想理念对中国茶道产生了积极的影响。

"天人合一"的哲学命题包含了"人化自然"和"自然的人化"两个层面。"人化自然"在茶道中表现为人对自然的回归渴望，以及人对"道"的体认。具体地说，人化自然表现为品茶时乐于与自然亲近，在思想情感上能与自然交流，在人格上与自然相比拟并通过茶事实践去体悟自然的规律。"自然的人化"即自然界万物的人格化、人性化。中国茶道吸收了道家的思想，把自然界的万物都看成具有人的品格、人的情感，并能与人进行精神上相互沟通的生命体，所以在中国茶人的眼里，大自然的一山一水、一石一沙、一草一木都显得格外可爱，格外可亲。

道家对茶道的影响除了"天人合一"的哲学基础之外，其影响主要还表现在尊人、贵生、坐忘、无己、道法自然、返璞归真等方面。

1. 尊人

老子在《道德经》第二十五章说："故道大、天大、地大、人亦大。域中有四大，而人居其一焉。"在中国茶道中，尊人的思想在表现形式上常见于对茶具的命名及对茶的认识之中。茶人们习惯于把有托的盖杯称为"三才杯"。杯托为"地"，杯盖为"天"，杯身为"人"，意思是天大、地大、人更大。如果连杯身、杯托、杯盖一同端起来品茶，这种拿杯手法称为"三才合一"，如果仅用杯身喝茶而杯托、杯盖都放在茶桌上，这种手法称为"唯我独尊"。在对茶的认识上，古茶人认为茶是天涵之、地载之、人育之的灵芽。对于茶，天地有涵载之功而人有培育之功，人的功劳最大。道家"尊人"的思想对茶人的品格的影响表现为："四大之中，而人居其一，此人之所以可尊、可贵、可重，以至无可比量者在此。"所以茶人之为人，宜自尊其尊、自贵其贵、自重其重、自大其大，处处事事表现出自爱自信的精神。

2. 贵生

《列子天瑞》中讲："天生万物，唯人为贵。"庄子讲："来世不可待，往事不可追。"在道家贵生思想的影响下，中国茶道提倡茶人们不可迷惑于往世来生之说，往世是无法追回的，来世是没有指望的，只有把握今生今世，享受今生今世，才是最可靠的。在道家贵生、养生、乐生思想的影响下，中国茶道特别注重"茶之功"，即注重茶的保健养生的功效，以及怡情养性的功能。

3. 坐忘

"坐忘"是道家为了要在茶道达到"致虚极，守静笃"的境界而提倡的致静法门。老子在《道德经》中讲："致虚极，守静笃，万物并作，吾以观其复。夫物芸芸，各复归其根。归根曰静，静曰复命，复命曰常，知常曰明。不知常，妄作凶。"意思可解释为：致虚达到了极点，守静达到了纯笃，万物相并发，我从中可观察到它们的归宿。万物苗壮成长后，各自归于它们的根底。归根称之为"静"，"静"是复原生命，复原生命叫作规律，了解这规律叫明白。不了解这规律妄为乱作必有凶险。受老子思想的滋养，中国茶道把"静"视为"四谛"之一。而如何才能在品茗中使自己的心境达到一私不留、一尘不染、一妄不存、一相不着的空灵虚静境界呢？道家为茶道提供了入静的法门，这称之为"坐忘"。庄子对坐忘的解释是"堕肢体，黜聪明，离形去知，同于大通，此谓坐忘。"意思是：忘掉自己肉身躯体的存在，抛开自己的聪明，离形弃体，去掉世俗认为的聪明才智，始能与大道相通。

4. 无己

道家不拘名教，纯任自然，旷达逍遥的处世态度也是中国茶道的处世之道。要真正达到自由逍遥的境界，最根本的办法是"无己"。庄子说："至人无己，神人无功，圣人无名。"道家所说的"无己"即茶道中追求的"无我"。无我，并非要从肉体上消灭自我，而是从精神上泯灭物我的对立，达到契合自然，心纳万物。"无我"是中国茶道对心境的最高追求，国内外常有举办无我茶会就是茶人们对"无我"境界的尝试。

5. 道法自然，返璞归真

老子在《道德经》中说："人法地、地法天、天法道、道法自然。"即人类与天、地、道一样在宇宙"四大"中居一席之地，就必须顺应自然规律。人类首先要效法于地，而地效法于天，天效法于道，道要效法于自然，这四者层层递进，揭示了人类认识事物由近及远、由浅入深的规律，同时也突出强调"自然"才是道的最高准则，是道德最本质的特性。中国茶道强调"道法自然"，包含了物质、行为和精神 3 个层面。在物质方面，中国茶道认为：茶是"南方之嘉木"，是大自然恩赐的"珍木灵芽"，在种茶、采茶、制茶时必须顺应大自然的规律才能生产出好茶。在行为方面，中国茶道讲究在茶事活动中，一切都要以自然为美，以朴素为美，动则如行云流水，静则如山岳磐石，笑则如春花自开，言则如山泉吟诉，一举手、一投足、一颦一蹙都应发自自然，任由心性，毫不弄巧造作。在精神方面，道法自然，返璞归真，表现为使自己的心性得到完全的解放，使自己的心境清静、恬淡、寂寞、无为，使自己的心灵随着茶香弥散，仿佛与宇宙相融合，升华到"无我"的境界。

6.2.3 茶道与佛教

佛教于前 6—前 5 世纪间创立于古印度，约在两汉之际传入中国，经魏晋南北朝的传播与发展，到隋唐时达到鼎盛时期。而茶道则是兴于唐，盛于宋。创立中国茶道的茶圣陆羽的《自传》和《茶经》中都有对佛教的颂扬及对僧人嗜茶的记载。可以说，中国茶道从一开始萌芽，就与佛教有千丝万缕的联系，其中僧俗两方面都津津乐道，广为世人所知的便是茶禅一味。

相传，"茶禅一味"是宋代四川成都昭觉禅师佛果克勤的手书，他以此四字赠予留学日僧珠光。"日僧珠光访华，就学于著名的克勤禅师。珠光学成回国，克勤书'茶禅一味'相赠，今藏日本奈良大德寺中"（《佛学典故汇释·茶禅·赵州茶》）。尽管学术界对这一记载存有质疑，但"茶禅一味"把茶与禅等同，无疑是一种创造性的智慧境界。日本人正是看准这一点，经过一代代禅师们的继承发展，终将其发展成为极具规模、颇有影响力的茶道。

中国茶道几乎汲取了佛禅思想中的一切精华。茶道与禅宗几乎不可分。茶在禅门中的发展，由特殊功能到以茶敬客乃至形成一整套庄重严肃的茶礼仪式，最后成为禅事活动中不可分割的一部分，最深层的原因在于观念的一致性，即茶的性质与禅悟本身融为一体，以茶助禅，以禅助茶，"转相仿效，遂成风俗"。

作为自然界一种植物的茶，怎么同禅结合在一起的呢？茶与禅的碰撞点，最早发生于茶的药用功能中，僧侣打坐要瞌睡，饮茶可提神醒脑。在浓郁的崇茶风气中，又兼"茶"本身所具有的深厚文化底蕴，吃茶暗含禅机，禅即是茶，禅茶相混，茶禅一味，难分难解。茶禅一味的内在原因即为修炼身心，具体来说有 3 个原因。首先，茶是佛寺相沿已久的传统食品，茶崇拜意识早已成为僧人们内在的血液里的成分。其次，茶是佛寺日常生活中最普遍、最频繁使用的饮料，僧人们因而对茶有一种与生命相连的亲切感。最后，茶的清心醒脑作用，是佛僧坐禅的最佳依赖和帮助。茶本身的生命启示及清高静寂的品性特征无不暗含或揭示禅机，能表达"禅"的妙境。正因为如此，才有"茶禅一味"的表述。

 知识链接

"吃茶去来"碑

1999 年 7 月 15 日，一块"吃茶去来"石碑矗立在韩国釜山海印寺的最高点。1998 年

10 月 8 日，杭州西湖国际茶人村里树立了时年 90 岁的庄晚芳教授和 96 岁的崔圭用先生石刻画像碑。在碑石上有庄老自题"中国茶德廉美和敬"，崔老自题"吃茶来"石碑。

"吃茶去"一词，最早出自唐代僧人从谂禅师之口。

从谂（778—863），本姓郑，山东青州临淄（今淄博）人。因常住赵州观音院，故人称"赵州古佛"，又称"赵州活佛"，卒谥"真际禅师"。他一生崇茶、尚茶、爱茶，"唯茶是求"，每次说话时，总要说"吃茶去"。据《广群芳谱·茶谱》引《指月录》载，有僧到赵州，从谂禅师问："新到曾到此间么？"曰："曾到。"师曰："吃茶去。"又问僧，僧曰："不曾到。"师曰："吃茶去。"后院主问曰："为什么曾到也云吃茶去，不曾到也云吃茶去？"师召院主，主应喏，师曰："吃茶去。"

此后，"吃茶去"为禅林提倡，成为禅林法语。如今，"吃茶去"已成为中国人以茶待客中的惯用语。

"吃茶来"或者"请来喝一杯茶吧"，是韩国陆羽茶经研究会会长、茶坛泰斗、茶星崔圭用先生长期饮茶创造出来的词汇。1998 年 8 月 8 日，崔圭用参拜海印寺大藏经版库后，在知足庵同日陀和尚、三药子石鼎和尚三人共茶，对"吃茶来"一词得到了共识。一致认为平常讲的到家里来玩，还不如说："到家里喝一杯茶吧！""吃茶来。"这样主客比较明显，有利于促进茶在韩国的普及。

以后，崔圭用先生到国内外各地都写下不少"吃茶来"的条幅作赠礼，连写信和文稿上也都盖上红色的"吃茶来"印文。

吃茶去，一壶得真趣……

吃茶来，一瓯参禅始……

去也好，来也好。吃茶都可问禅（茶助禅思）、问道（茶利养生）、问儒（借茶修身）、问艺（茶入诗文）……

资料来源：杨力．走近茶道．太原：山西人民出版社，2001.

"吃茶去"三字，成为禅林法语，就是"直指人心，见心成佛"的悟道方式。茶禅一味，道就寓于吃茶的日常生活之中。道不用修，吃茶即修道。后世禅门中"吃茶去"广泛流传。当代佛学大师赵朴初也题有"空持百千偈，不如吃茶去"。

禅宗是中国士大夫的佛教，浸染中国思想文化最深。"饭后三碗茶"的"和尚家风"的实行，"把佛家清规、饮茶谈经与佛学哲理、人生观念都融为一体。正是在这种背景下，'茶禅一味'之说应运而生。意指禅味与茶味同是一种兴味，品茶成了参禅的前奏，参禅又成了品茶的目的，二位一体，水乳交融。"（余悦《禅悦之风》）而"茶禅一味"本身所展示的高超智慧也就成了文化人与文化创造的新天地，就连李白、刘禹锡、白居易、皎然、韦应物、黄庭坚等中国第一流的诗人都相继进入这一领域，以茶悟道，以茶修心。如唐代诗僧皎然《九日与陆处士饮茶》："九日山僧院，东篱菊地香。俗人多泛酒，谁能助茶香。"这一句"谁能助茶香"的发问，烘托出"茶禅一味"的幽雅。唐代诗人刘禹锡，颇通佛理，常进出佛教寺院，他曾参释锡山寺，僧人把他当贵宾看待，立即进行了一场从头至尾的完整的现场茶事活动：采摘、炒干、烹饮，并在一种佛教的格调中互致敬意。他的《西山兰若试茶歌》将品饮这次茶的过程写得十分优美："骤雨淞声入鼎来，白云满盏花徘徊。悠扬喷鼻宿醒散，清峭彻骨烦襟开。"

6.3　外国茶道

6.3.1　日本茶道

茶原本不是日本所固有的产物，茶传到日本的契机，是因为遣唐使与留学生从中国将茶带回日本而开始，在那时茶还是以药用为主，或是以宗教仪式为主。

日本的茶道源于中国，却具有日本民族特点。它有自己的形成、发展过程和特有的内涵。日本茶道是在"日常茶饭事"的基础上发展起来的，它将日常生活行为与宗教、哲学、伦理和美学熔为一炉，成为一门综合性的文化艺术活动。它不仅仅是物质享受，而且通过茶会，学习茶礼，陶冶性情，培养人的审美观和道德观念。

唐朝时，中国的茶传入日本。公元 805 年，最澄和尚从中国带回茶籽，并在日本寺院种植茶树，推广佛教茶会。同一时期的空海和尚和永忠和尚，也将中国饮茶的生活习惯带回日本。至公元 815 年，嵯峨天皇（809—823）游历江国滋贺韩崎时，经过位于京都西北的崇福寺和梵释寺，大僧永忠和尚亲自煎茶奉献给天皇品饮，给天皇留下深刻的印象。于是，在宫廷开辟了茶园，设立早茶所，开启了日本的古代饮茶文化。此期间是唐文化在日本盛行的时代，茶文化是其中最高雅的文化，也是日本饮茶文化的黄金时代。直到平安时代（794—1185）的末期，喝茶已是天皇、贵族和高级僧侣等上层社会模仿唐风的风雅之事，是一种超脱俗世的最高精神享受。这个时期的饮茶文化，无论从形式上或是精神境界上都与中国唐朝陆羽的《茶经》中叙述的类似，这是日本茶道史上的初创时期。

镰仓时代，日本从宋朝学习饮茶方法，并把茶当作一种救世灵药在寺院利用。到室町时代，饮茶成为一种娱乐活动，在新兴的武士阶层、官员、有钱人中流行。于是日本饮茶活动从上而下逐渐普及开来。

在室町幕府逐渐衰落时，日本饮茶文化已普及民间，此时，在日本的文化土壤上，日本茶道鼻祖村田珠光（1423—1502），将禅宗思想引入茶道，完成了茶与禅、民间茶与贵族茶的结合，提出"谨、敬、清、寂"的茶道精神，从而将日本茶文化上升到了"道"的层次。后来，日本茶道宗师武野绍鸥（1502—1555）承先启后，将日本的歌道理论中表现日本民族特有的素淡、纯净、典雅的思想导入茶道，对珠光的茶道进行了补充和完善，使日本茶道进一步民族化、正规化。

在日本历史上真正把喝茶提高到艺术水平上的则是千利休（1522—1592）。16 世纪末千利休继承吸取村田珠光等人的茶道精神提出的"和、敬、清、寂"，一直是日本茶道仪式的核心。"和"指的是和谐、和悦，表现为主客之间的和睦；"敬"指的是尊敬、诚实，表现为上下关系分明，主客间互敬互爱，有礼仪；"清"就是纯洁、清静，表现在茶室茶具的清洁、人心的清静；"寂"就是凝神、摒弃欲望，表现为茶室中的气氛恬静、茶人们表情庄重，凝神静气。"和、敬、清、寂"要求人们通过茶事中的饮茶进行自我思想反省，彼此思想沟通，于清寂之中去掉自己内心的尘垢和彼此的芥蒂，以达到和敬的目的。

日本的茶道有烦琐的规程，如茶叶要碾得精细，茶具要擦得干净，插花要根据季节和来宾的名望、地位、辈分、年龄和文化教养等来选择。主持人的动作要规范，既要有舞蹈般的节奏感和飘逸感，又要准确到位。凡此种种都表示对来宾的尊重，体现"和、敬"

的精神。

从以下介绍的日本饮茶程序，可以体会茶道精神之所在。

（1）宾客进入"茶室"之后，依序面对主人就座，宾主对拜称"见过礼"，主人致谢称"恳敬辞"。

（2）室内从此肃穆，宾主危坐，静看茶娘进退起跪调理茶具，并用小玉杵将碗里的茶饼研碎。

（3）茶声沸响，主人则须恭接茶壶，将沸水注入碗中，使茶末散开，浮起乳白色饽花，香气溢出。

（4）主人将第一碗茶用文漆茶案托着，慢慢走向第一位宾客，跪在面前，以齐眉架势呈献。

（5）宾客叩头谢茶、接茶，主人亦须叩头答拜、回礼。

（6）如上一碗一碗注，一碗一碗献；待主人最后亦自注一碗，始得各捧起茶碗，轻嗅、浅啜、闲谈。

6.3.2　韩国茶礼

韩国饮茶也有数千年的历史。公元 7 世纪时，饮茶之风已遍及全国，并流行于广大民间，因而韩国的茶文化也就成为韩国传统文化的一部分。

在历史上，韩国的茶文化也曾兴盛一时，源远流长。在我国的宋元时期，全面学习中国茶文化的韩国茶文化，以韩国"茶礼"为中心，普遍流传中国宋元时期的"点茶"。约在我国元代中叶后，中华茶文化进一步为韩国理解并接受，而众多"茶房""茶店"、茶食、茶席也更为时兴、普及。

20 世纪 80 年代，韩国的茶文化又再度复兴、发展，并为此还专门成立了"韩国茶道大学院"，教授茶文化。

源于中国的韩国茶礼，其宗旨是"和、敬、俭、真"。"和"，即善良之心地；"敬"，即彼此间敬重、礼遇；"俭"，即生活俭朴、清廉；"真"，即心意、心地真诚，人与人之间以诚相待。我国的近邻——韩国，历来通过"茶礼"的形成，向人们宣传、传播茶文化，并有机地引导社会大众消费茶叶。

韩国的茶礼种类繁多，各具特色。如按茗茶类型区分，即有"末茶法""饼茶法""钱茶法""叶茶法"4 种。下面介绍韩国茶礼叶茶法。

（1）迎宾。宾客光临，主人必先至大门口恭迎，并以"欢迎光临""请进""谢谢"等语句迎宾引路。而宾客必以年龄高低顺序随行。进茶室后，主人必立于东南，向来宾再次表示欢迎后，坐东面西，而客人则坐西面东。

（2）温茶具。沏茶前，先收拾、折叠茶巾，将茶巾置茶具左边，然后将烧水壶中的开水倒入茶壶，温壶预热，再将茶壶中的水分别平均注入茶杯，温杯后即弃之于退水器中。

（3）沏茶。主人打开壶盖，右手持茶匙，左手持分茶罐，用茶匙拨出茶叶置壶中。并根据不同的季节，采用不同的投茶法。一般春秋季用中投法，夏季用上投法，冬季则用下投法。投茶量为一杯茶投一匙茶叶。将茶壶中冲泡好的茶汤按自右至左的顺序，分三次缓缓注入杯中，茶汤量以斟至杯中的六七分满为宜。

（4）品茗。茶沏好后，主人以右手举杯托，左手把住手袖，恭敬地将茶捧至来宾前的茶桌上，再回到自己的茶桌前捧起自己的茶杯，对宾客行"注目礼"，口中说"请喝茶"，而来宾答"谢谢"后，宾主即可一起举杯品饮。在品茗的同时，可品尝各式糕饼、水果等清淡茶食，用以佐茶。

本章小结

本章主要介绍了茶道的形成与发展、中国茶道的基本内涵，以及中国茶道与儒学、佛教和道家的内在联系；同时介绍了茶道在日本和韩国的形式。学生学习本章后，可以感受中国茶文化的博大、厚重及独特的魅力。

思考与练习

一、判断题

1. 中国茶道融通儒、释、道的思想精华。（　　　）
2. "以茶可雅志，以茶可行道。"出自唐代陆羽的《茶经》。（　　　）
3. 在亚洲茶文化圈，许多国家和地区的茶俗浸润着中国茶道精神。（　　　）
4. 茶道是茶文化的最高境界，是人生观、世界观在茶茗品饮中的体现。（　　　）
5. 茶道具有一定的时代性和民族性，涉及艺术、道德、哲学、宗教以及文化的各个方面。（　　　）

二、选择题

1. 中国茶道是中国（　　　）产生的综合性文化，带有东方农业民族的生活气息和艺术追求。
A. 特定时代　　　　　B. 远古时代　　　　　C. 唐宋时代
2. 茶文化界的专家林治先生认为中国茶道"四谛"为（　　　）。
A. 精、行、俭、德　　B. 廉、美、和、敬　　C. 和、静、怡、真
3. 在茶诗中最早在诗中写"茶道"一词的是（　　　）。
A. 东晋杜育　　　　　B. 唐代卢仝　　　　　C. 唐代皎然
4. 茶道中的（　　　）思想，侧重于以茶敬客，协调人际关系。
A. 清　　　　　　　　B. 寂　　　　　　　　C. 和　　　　　　　　D. 静
5. 唐代刘贞亮概况饮茶好处为（　　　），即：以茶散郁气，以茶驱睡气，以茶养生气，以茶除病气，以茶利礼仁，以茶表敬意，以茶尝滋味，以茶养身体，以茶可行道，以茶可雅致。
A. "十利"　　　　　　B. "十德"　　　　　　C. "十益"　　　　　　D. "十功"

三、填空题

1. 当日本宾客到茶艺馆品茶时，茶艺师应注意不要使用带有_____图案的茶具。
2. 韩国茶道分为_____和_____；日本茶道分为_____和_____两种。
3. 台湾茶艺是属于中华茶文化的一个流派，它的精神是_____。

四、简答题

1. 中国茶道的基本含义是什么？
2. "禅茶一味"意指什么？

实践活动

题目：感恩之茶——为父母家人或师长敬奉一杯茶。

目的要求：通过实践茶事活动更好地理解"以茶利礼仁""以茶表敬意"乃至"以茶行道"的儒家茶文化思想。懂得感谢养育之恩、教育之恩。

方法和步骤：准备好茶叶、茶具，确定邀约的人物；为自己的父母（学校老师）"奉一杯香茶"，道一声辛苦！

作业：结合泡茶过程，写出泡茶心得。

第 7 章

缤纷茶文化

学习目标

- 品赏不同历史时期的茶诗，了解茶与诗歌的关系；
- 品赏丰富多彩的茶联，感受茶文化的古朴高雅；
- 欣赏不同历史时期的茶绘画与茶书法，感受中华茶文化的艺术魅力。

中华茶文化植根于源远流长的华夏文明，是中华传统优秀文化的组成部分，其内容十分丰富，涉及科技教育、文化艺术、医学保健、历史考古、经济贸易、餐饮旅游和新闻出版等学科与行业，包含茶叶专著、茶叶期刊、茶与诗词、茶与歌舞、茶与小说、茶与美术、茶与婚礼、茶与祭祀、茶与禅教、茶与楹联、茶与谚语、茶事掌故、茶与故事、饮茶习俗、茶艺表演、陶瓷茶具、茶馆茶楼、冲泡技艺、茶食茶疗、茶事博览和茶事旅游 21 个方面。茶文化是我国文化宝库中弥足珍贵的遗产，在历史的长廊中熠熠生辉。

7.1 茶 与 诗 歌

中国是诗的国度，又是茶的故乡。在中国诗歌史上，咏茶诗层出不穷。中国茶诗萌芽于晋，兴盛于唐宋，元明清余音缭绕，至今不绝如缕。据统计，中国以茶为题材和内容涉及茶的诗歌有数千首，盛唐以后的中国著名诗人几乎全都留下了咏茶诗篇。

7.1.1 两晋南北朝茶诗

两晋南北朝是中国茶文学的发轫期。

西晋文学家左思的《娇女诗》是中国最早提到饮茶的诗歌。这是一首五言叙事长诗，诗中描写两个小女孩天真可爱，她们在园中追逐奔跑，嬉笑玩耍，攀花摘果，娇憨可掬。玩得渴了，急于饮茶解渴，便用嘴对着炉灶吹火，以求将茶早点煮好。诗句简洁、清新，不落俗套，为茶诗开了一个好头。全诗 280 言，56 句，陆羽《茶经》选摘了其中 12 句：

> 吾家有娇女，皎皎颇白皙。
> ……
> 小字为纨素，口齿自清历。
> ……

> 其姊字惠芳，面目粲如画。
>
> ……
>
> 驰骛翔园林，果下皆生摘。
>
> ……
>
> 贪华风雨中，眴忽数百适。
>
> ……
>
> 止为荼荈据，吹嘘对鼎铴。
>
> ……

鼎铴是一种三足两耳的食器，这里用来煮茶。唐代以前还没有专门的茶器，往往与酒器、食器混用。

与此差不多年代的还有两首咏茶诗。一首是晋代孙楚（约218—293）的《出歌》："茱萸出芳树颠，鲤鱼出洛水泉。白盐出河东，美豉出鲁渊。姜桂茶荈出巴蜀，椒橘木兰出高山……""茶荈"即茶，诗人用"姜、桂、茶出巴蜀，椒、橘、木兰出高山"的诗句，点名了茶的原产地。一首是张载的《登成都白菟楼》，用"芳茶冠六清，溢味播九区"的诗句赞成都之茶。

7.1.2　唐五代茶诗

唐朝是中国诗歌的鼎盛时代，诗家辈出。同时，中国的茶叶在唐代有了突飞猛进的发展，饮茶风尚在全社会普及开来，品茶成为诗人生活中不可或缺的内容，诗人品茶咏茶，因而茶诗大量涌现。

1. 李白

李白（701—762），字太白，号青莲居士，被誉为"诗仙"。其作《答族侄僧中孚赠玉泉仙人掌茶》：

> 常闻玉泉山，山洞多乳窟。仙鼠如白鸦，倒悬清溪月。
> 茗生此中石，玉泉流不歇。根柯洒芳津，采服润肌骨。
> 丛老卷绿叶，枝枝相接连。曝成仙人掌，似拍洪崖肩。
> …………

这是中国历史上第一首以茶为主题的茶诗，也是名茶入诗第一首。在这首诗中，李白对仙人掌茶的生长环境、晒青加工方法、形状、功效、名称来历等都作了生动的描述。特别是"采服润肌骨"，后来卢仝的"五碗肌骨清"与之如出一辙。李白在其诗序中更写道："玉泉真公常采而饮之，年八十余岁，颜色如桃花。而此茗清香滑熟异于他者，所以能还童振枯，扶人寿也。"道教徒李白认为饮茶能使人返老还童、延年益寿，反映了道教的饮茶观念。

2. 释皎然

皎然（生卒年不详），俗姓谢，字清昼，是南朝宋时山水诗人谢灵运十世玄孙，唐代诗人和诗歌理论家。皎然曾撰《茶决》，作茶诗二十多首。他的《饮茶歌·诮崔石使君》一诗首咏"茶道"：

　　　　　越人遗我剡溪茗，采得金芽爨金鼎。
　　　　　素瓷雪色缥沫香，何似诸仙琼蕊浆。
　　　　　一饮涤昏寐，情思爽朗满天地。
　　　　　再饮清我神，忽如飞雨洒轻尘。
　　　　　三饮便得道，何须苦心破烦恼。
　　　　　此物清高世莫知，世人饮酒多自欺。
　　　　　愁看毕卓瓮间夜，笑向陶潜篱下时。
　　　　　崔侯啜之意不已，狂歌一曲惊人耳。
　　　　　孰知茶道全尔真，唯有丹丘得如此。

　　茶，可比仙家琼蕊浆；茶，三饮便可得道。谁人知晓修习茶道可以全真葆性，仙人丹丘子就是通过茶道而得道羽化的。皎然此诗认为通过饮茶可以涤昏寐、清心神、得道、全真，揭示了茶道的修行宗旨。

　　皎然是中华茶道的倡导者、开拓者之一，是茶圣陆羽的忘年至交，两人情谊深厚，《寻陆鸿渐不遇》是他们之间的诚挚友情的写真：

　　　　移家虽带郭，野径入桑麻。近种篱边菊，秋来未著花。
　　　　叩门无犬吠，欲去问西家。报道山中去，归来每日斜。

　　诗中写道，陆羽的新家虽然接近城郭，但要沿着野径经过一片桑田麻地。近屋篱笆边种上了菊花，虽然秋天到了但还没有开花。敲门却没听到狗的叫声，因而去西边邻居家打听。邻居回答说陆羽去了山中，归来时每每是太阳西斜。这首诗是陆羽迁居后，皎然造访不遇所作。全诗淳朴自然，清新流畅，充满诗情画意。联系到皇甫兄弟的诗，可知陆羽常常是深入山中采茶，每每归来很迟，甚至借宿山寺、山野人家，反映出陆羽倾身事茶的献身精神。

3. 白居易

　　白居易（772—846），字乐天，号"香山居士"，撰有茶诗 50 余首，数量为唐代之冠。唐宪宗元和十二年，好友忠州刺史李宣寄给他寒食禁火前采制的新蜀茶，病中的白居易感受到友情的温暖，欣喜异常，煮水煎茶，品茶别茶，深情地写下《谢李六郎中寄新蜀茶》一诗：

　　　　　故情周匝向交亲，新茗分张及病身。
　　　　　红纸一封书后信，绿芽十片火前春。
　　　　　汤添勺水煎鱼眼，末下刀圭搅曲尘。
　　　　　不寄他人先寄我，应缘我是别茶人。

　　白居易煎茶爱用泉水，"最爱一泉新引得，清泠屈曲绕阶流"；并撰有《山泉煎茶有怀》，"坐酌泠泠水，看煎瑟瑟尘。无由持一碗，寄与爱茶人。"偶尔也用雪水煎茶，"吟咏霜毛句，闲尝雪水茶"。有时也用河水煎茶，"蜀茶寄到但惊新，渭水煎来始觉珍"。对于茶，"渴尝一碗绿昌明"，"绿昌明"是四川的一种茶；而白居易也喜欢四川的"蒙顶茶"，

"茶中故旧是蒙山"。茶为白居易的生活增加了许多的情趣,"或饮茶一盏,或吟诗一章""或饮一瓯茗,或吟两句诗",茶与诗成为白居易生活中不可缺少的内容。

4. 卢仝

卢仝(约795—835),自号玉川子,年轻时隐居少室山,刻苦读书,不愿仕进。"甘露之变"时,因留宿宰相王涯家,与王涯同时遇害,死时才40岁左右。

茶诗中,最脍炙人口的,首推卢仝的《走笔谢孟谏议寄新茶》。该诗是他品尝友人谏议大夫孟简所赠新茶之后的即兴作品,直抒胸臆,一气呵成。

> 日高丈五睡正浓,军将打门惊周公。
> 口云谏议送书信,白绢斜封三道印。
> 开缄宛见谏议面,手阅月团三百片。
> 闻道新年入山里,蛰虫惊动春风起。
> 天子须尝阳羡茶,百草不敢先开花。
> 仁风暗结珠琲瓃,先春抽出黄金芽。
> 摘鲜焙芳旋封裹,至精至好且不奢。
> 至尊之余合王公,何事便到山人家。
> 柴门反关无俗客,纱帽笼头自煎吃。
> 碧云引风吹不断,白花浮光凝碗面。
> 一碗喉吻润,两碗破孤闷。
> 三碗搜枯肠,惟有文字五千卷。
> 四碗发轻汗,平生不平事,尽向毛孔散。
> 五碗肌骨清,六碗通仙灵。
> 七碗吃不得也,唯觉两腋习习清风生。
> 蓬莱山,在何处?玉川子乘此清风欲归去。
> 山上群仙司下土,地位清高隔风雨。
> 安得知百万亿苍生命,堕在颠崖受辛苦。
> 便为谏议问苍生,到头还得苏息否?

这首诗由3部分构成。开头写孟谏议派人送来至精至好的新茶,本该是天子、王公才有的享受,如何竟到了山野人家,大有受宠若惊之感。中间叙述诗人反关柴门、自煎自饮的情景和饮茶的感受。一连吃了七碗,吃到第七碗时,觉得两腋生清风,飘飘欲仙。最后,忽然笔锋一转,为苍生请命,希望养尊处优的居上位者,在享受这至精至好的茶叶时,要知道它是茶农冒着生命危险,攀悬山崖峭壁采摘而来。可知卢仝写这首诗的本意,并不仅仅在夸说茶的神功奇效,其背后蕴含了诗人对茶农们的深切同情。

卢仝的这首诗细致地描写了饮茶的身心感受和心灵境界,特别是五碗茶肌骨俱清,六碗茶通仙灵,七碗茶得道成仙、羽化飞升,提高了饮茶的精神境界。所以,此诗对饮茶风气的普及、茶文化的传播,起到了推波助澜的作用。

5. 元稹

元稹(约779—831),字微之,与白居易同为早期新乐府运动倡导者,诗亦与白居易齐名，世称"元白"，号为"元和体"。其有一首独特的宝塔体诗——《茶》：

茶，

香叶，嫩芽，

慕诗客，爱僧家。

碾雕白玉，罗织红纱。

铫煎黄蕊色，碗转曲尘花。

夜后邀陪明月，晨前命对朝霞。

洗尽古今人不倦，将至醉后岂堪夸。

　　全诗一开头，就点出了主题——茶。接着写了茶的本性，即味香和形美。第三句，显然是倒装句，说茶深受"诗客"和"僧家"的爱慕，茶与诗，总是相得益彰的。第四句写的是烹茶，因为古代泡饮的是饼茶，所以先要用白玉雕成的碾把茶叶碾碎，再用红纱制成的茶罗把茶筛分。第五句写烹茶先要在铫中煎成"黄蕊色"，然后盛在碗中浮饽沫。第六句谈到饮茶，不但夜晚要喝，而且早上也要饮。结尾时，指出茶的妙用，不论古人或今人，饮茶都会感到精神饱满，特别是酒后喝茶有助于醒酒。所以，元稹的这首宝塔体茶诗，先后表达了三层意思：一是从茶的本性说到了人们对茶的喜爱；二是从茶的煎煮说到了人们的饮茶习俗；三是就茶的功用说到了茶能提神醒酒。

　　唐朝是中国封建社会历史上一个鼎盛的时代，无论是经济还是文化都相当繁荣。茶文化在这一时期有很大的发展，诗歌也进入了一个历史发展的黄金时代。茶能引发诗人的才思，因而备受诗人青睐。茶、诗相互促进，珠联璧合，相得益彰。茶诗的大量创作，对茶文化的传播和发展，有明显的促进作用。

7.1.3　宋元茶诗

　　宋代茶诗题材丰富，形式多样，堪与唐代争雄。宋辽金元茶诗对当时流行的点茶、斗茶、分茶作了全面的反映；但在表现茶的境界方面，除苏轼等少数人外，其他人很难达到唐人的高度。

1. 范仲淹

　　范仲淹（约989—1052），字希文，北宋著名的政治家、文学家。他有一首堪与卢仝《走笔谢孟谏议寄新茶》相媲美的茶诗《和章岷从事斗茶歌》。"斗茶"又称为"茗战"，是一种品评、鉴别茶叶品质的活动。它起源于福建建安北苑贡茶选送的评比，后来民间和朝中上下皆效法比斗，成为宋代一时风尚。每到新茶上市时节，竞相比试，评优辨劣，争新斗奇。范仲淹的《和章岷从事斗茶歌》，对当时盛行的斗茶活动，做了精彩生动的描述。

年年春自东南来，建溪先暖冰微开。

溪边奇茗冠天下，武夷仙人从古栽。

新雷昨夜发何处，家家嬉笑穿云去。

露芽错落一番荣，缀玉含珠散嘉树。

终朝采掇未盈襜，唯求精粹不敢贪。

研膏焙乳有雅制，方中圭兮圆中蟾。

北苑将期献天子，林下雄豪先斗美。

鼎磨云外首山铜，瓶携江上中泠水。

黄金碾畔绿尘飞，碧玉瓯中翠涛起。

斗茶味兮轻醍醐，斗茶香兮薄兰芷。

其间品第胡能欺，十目视而十手指。

胜若登仙不可攀，输同降将无穷耻。

吁嗟天产石上英，论功不愧阶前蓂。

众人之浊我可清，千日之醉我可醒。

屈原试与招魂魄，刘伶却得闻雷霆。

卢仝敢不歌，陆羽须作经。

森然万象中，焉知无茶星。

商山丈人休茹芝，首阳先生休采薇。

长安酒价减百万，成都药市无光辉。

不如仙山一啜好，泠然便欲乘风飞。

君莫羡花间女郎只斗草，赢得珠玑满斗归。

全诗的内容分3部分。开头写茶的生长环境及采制过程，并指出建溪茶的悠久历史。中间部分描写热烈的斗茶场面，斗茶包括斗色、斗味和斗香。比斗是在众目睽睽之下进行，所以茶的品第高低，都有公正的评价。因此，胜者得意非常，败者觉得耻辱。结尾多用典故，烘托茶的神奇功效，把对茶的赞美推向了高潮。认为茶胜过任何酒、药，啜饮令人飘然登仙、乘风飞升。

2. 苏轼

苏轼（1037—1101），字子瞻，号东坡居士。苏轼对茶叶生产和茶事活动非常熟悉，精通茶道，具有广博的茶叶历史文化知识。他的茶诗不仅数量多，佳作名篇也多。如《试院煎茶》：

蟹眼已过鱼眼生，飕飕欲作松风鸣。

蒙茸出磨细珠落，眩转绕瓯飞雪轻。

银瓶泻汤夸第二，未识古人煎水意。

君不见昔时李生好客手自煎，贵从活火发新泉。

又不见今时潞公煎茶学西蜀，定州花瓷琢红玉。

我今贫病长苦饥，分无玉碗捧蛾眉。

且学公家作茗饮，砖炉石铫行相随。

不用撑肠拄腹文字五千卷，

但愿一瓯常及睡足日高时。

这首诗是描写在考试院煎茶（点茶）的情景。首写汤瓶里发出像松风一样的飕飕声，应是瓶里的水煮得气泡过了蟹眼成了鱼眼一般大小。宋代点茶用茶粉，不仅要碾，还要磨。

因此，磨出来的蒙茸茶粉像细珠一样飞落。宋代点茶，将茶粉置茶盏，用茶筅击拂搅拌，使盏面形成一层白色乳沫。因此，茶粉在茶筅的击拂下在盏中旋转，形成的乳沫像飞雪般轻盈。不知古人为何崇尚用金瓶煮水而视银瓶为第二。昔时唐代李约非常好客，亲自煎茶，强调要用有火焰的炭火来煮新鲜的泉水。今朝潞国公（文彦博）煎茶却学习西蜀的方法，取用河北定窑产的色如红玉且绘有花纹的瓷瓯。我如今是贫病交加，也没有侍女来为我端茶。姑且用砖炉石铫来煮水煎茶。不想有卢仝"三碗搜枯肠，唯有文字五千卷"那样的灵感，但愿每日有一瓯茶，能安稳地睡到日头高升才醒来。

再如他的《次韵曹辅寄壑源试焙新芽》：

> 仙山灵草湿行云，洗遍香肌粉末匀，
> 明月来投玉川子，清风吹破武林春。
> 要知玉雪心肠好，不是膏油首面新；
> 戏作小诗君勿笑，从来佳茗似佳人。

作为仙山灵草的壑源茶树，为云雾所滋润。壑源在北苑旁，北苑产贡茶归皇室，壑源茶堪与北苑茶媲美，因非作贡，士大夫可享用。其制法与北苑茶一样，茶芽采下要用清水淋洗，然后蒸，蒸过再用冷水淋洗，然后入榨去汁，再研磨成末，入模型拍压成团、饼，饰以花纹，涂以膏油饰面，烘干装箱。因加工中有淋洗和研末，所以称"洗遍香肌粉末匀"。"明月"是团饼茶的借代，"玉川子（卢仝）"是作者的自称，喻指曹辅寄来壑源试焙的像明月一样的圆形团饼新茶给作者。因杭州有武林山，武林也就成为杭州的别称，而此时苏轼正在杭州太守任上。作者饮了此茶后不觉清风生两腋，从而感到杭州的春意。研磨的茶芽如玉似雪，心肠则指茶叶的内在品质，颔联是说壑源茶内在品质很好，不是靠涂膏油而使茶表面上新鲜。香肌、粉匀、玉雪、心肠、膏油、首面，似写佳人。最后，作者画龙点睛，将佳茗比作佳人。两者共同之处在于都是天生丽质，不事表面装饰，内质优异。这句诗与诗人另一首诗中"欲把西湖比西子，淡妆浓抹总相宜"之句有异曲同工之妙。

3. 陆游

陆游（1125—1210），字务观，号放翁，有茶诗近 300 首，是咏茶诗写得最多的人。其《效蜀人煎茶戏作长句》：

> 午枕初回梦蝶床，红丝小硙破旗枪。
> 正须山石龙头鼎，一试风炉蟹眼汤。
> 岩电已能开倦眼，春雷不许殷枯肠。
> 饭囊酒瓮纷纷是，谁赏蒙山紫笋香？

该诗的前半部分，直书煎茶之事，即用红丝小硙（石磨）碾茶，用石鼎煎茶，煎至出现"蟹眼"大小气泡为度。诗的后半部分，"岩电"二句赞扬茶的功效；感叹像蒙山茶和顾渚紫笋那样品质优异的茶却无人欣赏。后两句是借茶抒怀，抨击南宋朝廷，只重用众多"饭囊酒瓮"的蠢材，而像"蒙山紫笋"那样的上品人才却得不到赏识。

其《北岩采新茶用忘怀录中法煎饮欣然忘病之未去也》诗：

槐火初钻燧，松风自候汤。携篮苔径远，落爪雪芽长。

细啜襟灵爽，微吟齿颊香。归时更清绝，竹影踏斜阳。

作者在野外自采茶，钻石取火，松风候汤，煎煮茶叶。方法虽然比较原始、简单，但仍然感到"襟灵爽""齿颊香""更清绝"，直到夕阳西下踏着竹影归家，连有病在身也忘掉了，可谓深得《忘怀录》之法。

4. 耶律楚材

耶律楚材（1190—1244），字晋卿，契丹族，辽皇族子弟，先为辽太宗定策立制，后为成吉思汗所用。著名诗人，喜弹琴饮茶，"一曲离骚一碗茶，个中真味更何家"（《夜座弹离骚》）。从军西域期间，茶难求，以致向友人讨茶。并写下《西域从王君玉乞茶，因其韵七首》，这里选前后两首。

之一：

积年不啜建溪茶，心窍黄尘塞五车。

碧玉瓯中思雪浪，黄金碾畔忆雷芽。

卢仝七碗诗难得，谂老三瓯梦亦赊。

敢乞君侯分数饼，暂教清兴绕烟霞。

之七：

啜罢江南一碗茶，枯肠历历走雷车。

黄金小碾飞琼屑，碧玉深瓯点雪芽。

笔阵陈兵诗思勇，睡魔卷甲梦魂赊。

精神爽逸无余事，卧看残阳补断霞。

第一首诗感叹说自己多年没喝到建溪茶了，心窍被黄尘塞满。时时忆念"黄金碾畔"的"雷芽"，"碧玉瓯中"的"雪浪"。既不能像卢仝诗中说的连饮七碗，也不能梦想像赵州和尚那样连吃三瓯，只期望王玉能分几块茶饼。

第七首诗则说只喝了一碗江南的茶，枯肠润泽能跑雷车。黄金茶碾磨茶时碾畔茶粉像玉屑一样纷飞，在碧玉深瓯中点江南雪芽茶。饮后觉得诗思泉涌，睡魔卷甲逃遁，精神爽逸，惬意地卧看落日、晚霞。

7.1.4 明清及现代茶诗

明清时期中国的茶叶生产与贸易都有很大发展，但就茶诗成就而论，无论是内容，还是形式体裁，比之唐宋却逊色不少。当然，这与中国文学本身的发展演变也有关。时至明清，诗词已失去了在唐宋时期的主导地位，让位于小说。因此，明清时期茶诗词的衰微也是可以想见的。现代，由于白话文学的兴起，古典诗词的作者越来越少，但也偶有一些名家的名作闪耀着光辉。

1. 徐渭

徐渭（1521—1593），字文长，号天池山人、青藤居士，明代文学家、书画家，曾著

《茶经》（已佚）。其作《某伯子惠虎丘茗谢之》：

虎丘春茗妙烘蒸，七碗何愁不上升。
青箬旧封题谷雨，紫砂新罐买宜兴。
却从梅月横三弄，细搅松风炧一灯。
合向吴侬彤管说，好将书上玉壶冰。

虎丘茶是产自苏州的明代名茶，与长兴的罗岕茶、休宁的松萝茶齐名。从“妙烘蒸”来看，似为蒸青绿散茶。为适应散茶的冲泡的需要，明代宜兴的紫砂壶异军突起，风靡天下，“紫砂新罐买宜兴”正是说明了这种情况。

2. 郑燮

郑燮（1693—1765），字克柔，号板桥，清代著名的“扬州八怪”之一，他能诗善画，尤工书法。其诗放达自然，自成一格。郑板桥有多首茶诗，其《题画诗》：

不风不雨正晴和，翠竹亭亭好节柯。
最爱晚凉佳客至，一壶新茗泡松萝。
几枝新叶萧萧竹，数笔横皴淡淡山。
正好清明连谷雨，一杯香茗坐其间。

3. 爱新觉罗・弘历

爱新觉罗・弘历（1711—1799）即清高宗，年号乾隆，故亦称其乾隆皇帝。乾隆皇帝是位爱茶人，作有近三百首茶诗。乾隆二十七年（1762）三月甲午朔日，他第三次南巡杭州，畅游龙井，并上龙井品茶，写下《坐龙井上烹茶偶成》：

龙井新茶龙井泉，一家风味称烹煎。
寸芽生自烂石上，时节焙成谷雨前。
何必凤团夸御茗，聊因雀舌润心莲。
呼之欲出辩才在，笑我依然文字禅。

4. 郭沫若

郭沫若（1892—1978），原名郭开贞，现代文学家、史学家、社会活动家。湖南长沙高桥茶叶试验场在 1959 年创制了新品高桥银峰茶，郭沫若到湖南考察工作，品饮之后倍加称赞，特作《初饮高桥银峰》：

芙蓉国里产新茶，九嶷香风阜万家。
肯让湖州夸紫笋，愿同双井斗红纱。
脑如冰雪心如火，舌不饾饤眼不花。
协力免教天下醉，三闾无用独醒嗟。

5. 赵朴初

赵朴初（1907—2000），佛教居士、诗人、书法家。他有一首《吃茶去》诗，化用唐代诗人卢仝的"七碗茶"诗意，引用唐代高僧从谂禅师"吃茶去"的禅林法语，诗写得空灵洒脱，饱含禅机，为世人所传诵，是体现茶禅一味的佳作：

> 七碗受至味，一壶得真趣。空持百千偈，不如吃茶去。

1990年8月，当中华茶人联谊会在北京成立时，他本来答应要参加会议，后因有一项重要外事活动不能参加，特向大会送来诗幅《题赠中华茶人联谊会》：

> 不羡荆卿夸酒人，饮中何物比茶清。
> 相酬七碗风生腋，共汲千江月照心。
> 梦断赵州禅杖举，诗留坡老乳花新。
> 茶经广涉天人学，端赖群贤仔细论。

他的《咏天华谷尖》，表达了对家乡的深情：

> 深情细味故乡茶，莫道云踪不忆家。
> 品遍锡兰和宇治，清芬独赏我天华。

对于这首诗，赵朴初还有个自注："友人赠我故乡安徽太湖茶，叶的形状像谷芽，产于天华峰一带，所以名叫'天华谷尖'。试饮一杯，色碧、香清而味永。今天，斯里兰卡的锡兰红茶、日本的宇治绿茶，都有盛名。我国是世界茶叶的发源地，名种甚多，'天华谷尖'也是其中之一，比起驰誉远近的茶叶来，是有它的特色的。"

7.2 茶　　联

在我国，各地的茶馆、茶楼、茶室、茶叶店、茶庄的门庭或石柱上，茶道、茶艺、茶礼表演的厅堂墙壁上，甚至在茶人的起居室内，常可见到悬挂有以茶事为内容的茶联。茶联常给人古朴高雅之美，也常给人以正气睿智之感，还可以给人带来联想，增加品茗情趣。茶联可使茶增香，茶也可使茶联生辉。

杭州的"茶人之家"在正门门柱上，悬有一副茶联：

> 一杯春露暂留客，两腋清风几欲仙。

联中既道明了以茶留客，又说出了用茶清心和飘飘欲仙之感。进得前厅入院，在会客室的门前木柱上，又挂有一联：

> 得与天下同其乐，不可一日无此君。

　　这副茶联，并无"茶"字。但一看便知，它道出了人们对茶叶的共同爱好，以及主人"以茶会友"的热切心情，使人读来，大有"此地无茶胜有茶"之感。在陈列室的门庭上，又有另一联道：

龙团雀舌香自幽谷，鼎彝玉盏灿若烟霞。

　　联中措辞含蓄，点出了名茶、名具，使人未曾观赏，已有如入宝山之感。

　　杭州西湖龙井处有一名叫"秀翠堂"的茶堂，门前挂有一副茶联：

泉从石出清宜冽，茶自峰生味更圆。

　　该联把龙井所特有的茶、泉、清、味点化其中，奇妙无比。

　　北京万和楼茶社有一副对联：

茶亦醉人何必酒，书能香我无须花。

　　上海一壶春茶楼的对联则是：

最宜茶梦同圆，海上壶天容小隐；
休得酒家借问，座中春色亦常留。

　　清代乾隆年间，广东梅县叶新莲曾为茶酒店写过这样一副对联：

为人忙，为己忙，忙里偷闲，吃杯茶去；
谋食苦，谋衣苦，苦中取乐，拿壶酒来。

　　此联对追名求利者不但未加褒贬，反而劝人要呵护身体，潇洒人生，让人颇多感悟，既奇特又贴切，雅俗共赏，人们交口相传。

　　旧时广东羊城著名的茶楼"陶陶居"，店主为了扩大影响，招揽生意，用"陶"字分别为上联和下联的开端，出重金征茶联一副，一人应征写了一联，联曰：

陶潜善饮，易牙善烹，饮烹有度；
陶侃惜分，夏禹惜寸，分寸无遗。

　　这里用了四个人名，即陶潜、易牙、陶侃和夏禹；又用了四个典故，即陶潜善饮、易牙善烹、陶侃惜分和夏禹惜寸，不但把"陶陶"二字分别嵌于每句之首，使人看起来自然、流畅，而且还巧妙地把茶楼饮茶技艺和经营特色，恰如其分地表露出来，理所当然地受到店主和茶人的欢迎和传诵。

　　上海天然居茶楼一联，匠心独具，顺念倒念都成联，为广大客人所喜爱。联云：

> 客上天然居，居然天上客；
>
> 人来交易所，所易交来人。

我国许多旅游胜地，也常常以茶联吸引游客。如五岳之一的衡山望岳门外有一茶联：

> 红透夕阳，好趁余晖停马足；
>
> 茶烹活水，须从前路汲龙泉。

清郑燮题焦山自然庵的茶联：

> 汲来江水烹新茗，买尽青山当画屏。

仅仅十四个字，就勾勒出焦山的自然风光，使人有吟一联而览焦山风光之感。

抗战时期重庆某茶馆有一副茶联，联文为：

> 空袭无常贵客茶资先付，
>
> 官方有令诸位国事莫谈。

寥寥数语，平淡无奇，感伤时局，却见真情，隐刺官家，令人啼笑不得，荡荡民心，尽在言外。

> 融通三教儒释道，汇聚一壶色味香。

这副对联是当代书画家王梓梧（中央统战部赠送澳门回归礼品画《九九归一图》的作者）书赠丁以寿的，对联中无"茶"字，但茶又无处不在，很好地表现了茶与儒释道不解之缘。

几十年前，在西安莲湖公园出现一个"奇园茶社"，门上贴着一副对联：

> 奇乎？不奇，不奇亦奇！
>
> 园耶？是园，是园非园！

上下联把"奇园"二字分别嵌入，别致有味，然而当时人们只知是一副趣联，却不了解其中的真意。直到后来，报纸披露该茶社原是西安地下党的一个秘密交通站，人们才明白"不奇亦奇，是园非园"的奥秘。

茶联发展到了今天，不断推出新意，寓以新的内容。比如：

> 喜报捷音一壶春暖，
>
> 畅谈国事两腋生风。
>
> 春满山中采得新芽供客饮，
>
> 茶销海外赢来蜚誉耀神州。

欣赏一副巧妙的茶联，就像喝一杯龙井香茶那样甘醇，耐人寻味，它使你的生活无形中多了几分诗意和文化的色彩，为你增添了无限的情趣。

7.3　茶与绘画、书法

7.3.1　茶与绘画

茶画是中华茶文化重要的表现形式，它反映了在一定时代社会上的人们饮茶的风尚，而且茶画本身在中华民族瑰丽多姿的艺术宝库中还占有着光辉的一席之地。从历代茶画这一历史的长卷中，可以感受中华茶文化发展史中的许多方面。

著名的有关茶的画《萧翼赚兰亭图》（见彩页），作者为阎立本（约 601—673），唐代画家。此画描绘的是唐太宗派遣监察御史萧翼到会稽骗取辩才和尚宝藏之王羲之书《兰亭序》真迹的故事。东晋大书法家王羲之于穆帝永和九年（353）三月三日同当时名士谢安等41 人会于会稽山阴（今浙江绍兴）之兰亭，修祓禊之礼（在水边举行的除去所谓不祥的祭祀）。当时王羲之用绢纸、鼠须笔作兰亭序，计 28 行，324 字，世称兰亭帖。王羲之死后，《兰亭序》由其子孙收藏，后传至其七世孙僧智永，智永圆寂后，又传与弟子辩才，辩才得序后在梁上凿暗槛藏之。唐贞观年间，太宗喜欢书法，酷爱王羲之的字，唯得不到《兰亭序》而遗憾，后听说辩才和尚藏有《兰亭序》，便召见辩才，可是辩才却说见过此序，但不知下落，太宗苦思冥想，不知如何才能得到，一天尚书右仆射房玄龄奏荐：监察御史萧翼，此人有才有谋，由他出面定能取回《兰亭序》，太宗立即召见萧翼，萧翼建议自己装扮成普通人，带上王羲之杂帖几幅，慢慢接近辩才，可望成功。太宗同意后，他便照此计划行事，骗得辩才好感和信任后，在谈论王羲之书法的过程中，辩才拿出了《兰亭序》，萧翼故意说此字不一定是真货，辩才不再将《兰亭序》藏在梁上，随便放在几上，一天趁辩才离家后，萧翼借故到辩才家取得《兰亭序》，后萧翼以御史身份召见辩才，辩才恍然大悟，知道受骗但已晚矣，萧翼得《兰亭序》后回到长安，太宗予以重赏。

画面有五位人物，中间坐着一位和尚即辩才，其对面为萧翼，左下有二人煮茶。画面上，机智而狡猾的萧翼和疑虑为难的辩才和尚，其神态惟妙惟肖。画面左下有一老仆人蹲在风炉旁，炉上置一锅，锅中水已煮沸，茶末刚刚放入，老仆人手持"茶夹子"欲搅动"茶汤"，另一旁，有一童子弯腰，手持茶托盘，小心翼翼地准备"分茶"。矮几上，放置着其他茶碗、茶罐等用具。这幅画不仅记载了古代僧人以茶待客的史实，而且再现了唐代烹茶、饮茶所用的茶器茶具，以及烹茶方法和过程，是茶文化史上不可多得的瑰宝。此画纵 27.4厘米，横 64.7 厘米，绢本，工笔着色，无款印，为辽宁省博物馆收藏。辽宁省博物馆收藏的是北宋摹本，台北故宫博物院收藏的是南宋摹本。

《斗茶图》（见彩页）是茶画中的传神之作，作者赵孟頫（1254—1322），元代画家。画面上四茶贩在树荫下作"茗战"（斗茶）。人人身边备有茶炉、茶壶、茶碗和茶盏等饮茶用具，轻便的挑担有圆有方，随时随地可烹茶比试。左前一人一手持茶杯、一手提茶桶，意态自若，其身后一人一手持一杯、一手提壶，作将壶中茶水倾入杯中之态，另两人站立在一旁注视。斗茶者把自制的茶叶拿出来比试，展现了宋代民间茶叶买卖和斗茶的情景。此图为台北故宫博物院收藏。

7.3.2　茶与书法

"酒壮英雄胆，茶助文人思"，茶能触发文人创作激情，提高创作效果。但是，茶与书法的联系，更本质的是在于两者有着共同的审美理想、审美趣味和艺术特性，两者以不同的形式，表现了共同的民族文化精神。也正是这种精神，将两者永远地联结了起来。

中国书法艺术，讲究的是在简单的线条中求得丰富的思想内涵，就像茶与水那样在简明的色调对比中求得五彩缤纷的效果。它不求外表的俏丽，而注重内在的生命感，从朴实中表现出韵味。对书家来说，要以静寂的心态进入创作，去除一切杂念，意守胸中之气。书法对人的品格要求也极为重要，如柳公权就以"心正则笔正"来进谏皇上。宋代苏东坡最爱茶与书法，司马光便问他："茶欲白墨欲黑，茶欲重墨欲轻，茶欲新墨从陈，君何同爱此二物？"东坡妙答曰："上茶妙墨俱香，是其德也；皆坚，是其操也。譬如贤人君子黔皙美恶之不同，其德操一也。"这里，苏东坡是将茶与书法两者上升到一种相同的哲理和道德高度来加以认识的。此外，如陆游的"矮纸斜行闲作草，晴窗细乳戏分茶"等诗句，都是对茶与书法关系的一种认识，也体现了茶与书法的共同美。

唐代是书法艺术盛行时期，也是茶叶生产的发展时期。书法中有关茶的记载也逐渐增多，其中比较有代表性的是唐代著名的狂草书家怀素和尚的《苦笋帖》。

宋代，在中国茶业和书法史上，都是一个极为重要的时代，可谓茶人迭出，书家群起。茶叶饮用由实用走向艺术化，书法从重法走向尚意。不少茶叶专家同时也是书法名家，比较有代表性的是"宋四家"。

唐宋以后，茶与书法的关系更为密切，有茶叶内容的作品也日益增多。流传至今的佳品有苏东坡的《一夜帖》、米芾的《道林帖》、郑燮的《溢江江口是奴家》、汪巢林的《幼孚斋中试泾县茶》等。其中，有的作品是在品茶之际创作出来的。至于近代的佳品则更多了。

蔡襄（1012—1067），字君谟，福建兴化仙游（今福建仙游）人，官至端明殿学士。擅长正楷、行书和草书，北宋著名书法家，为"宋四家"之一。蔡襄以督造小龙团茶和撰写《茶录》（见图7-1）一书而闻名于世。而《茶录》本身就是一件书法杰作。

《茶录》问世后，抄本、拓本很多。见诸记载的有：

宋蔡襄书《茶录》帖并序……小楷。在沪见孙伯渊藏本，后有吴荣光跋，宋拓本，摹勒甚精，拓墨稍淡。此拓本现或藏上海博物馆。（《善本碑帖录》）

宋蔡襄《茶录》一卷。素笺乌丝栏本，楷书，今上下篇，前后俱有自序，款识云：治平元年三司使给事中臣蔡襄谨记。引首有李东阳篆书"君谟茶录"四大字，……后附文征明隶书《龙茶录考》，有文彭、久震孟二跋。

徐渭（1521—1593），字文长（初字文清），号天池山人、青藤道士等，山阴（今浙江绍兴）人，是明代杰出的书画家和文学家。

徐渭对茶文化作出的贡献也是杰出的，他不仅写了很多茶诗，还依陆羽之范，撰有《茶经》一卷，《文选楼藏书记》载："《茶经》一卷，《酒史》六卷，明徐渭著，刊本，是二书考经典故及名人的事。"可惜的是，徐渭的《茶经》今天已经很难看到了。

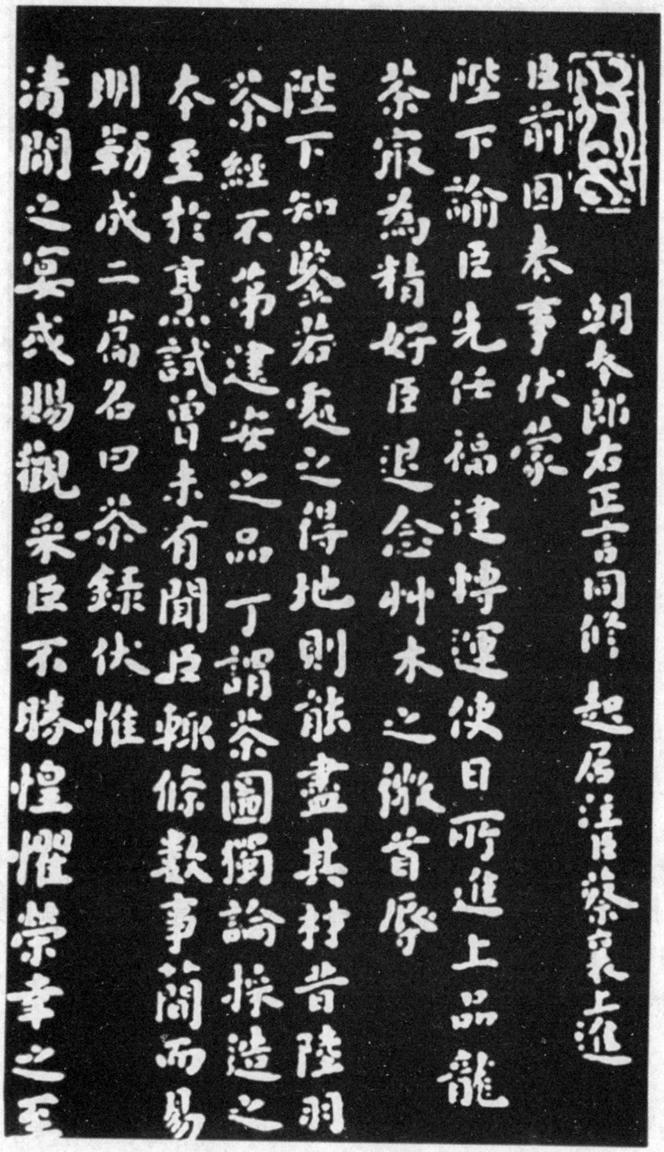
朝奉郎右正言同修起居注臣蔡襄上進
臣前因奏事伏蒙
陛下諭臣先任福建轉運使日所進上品龍
茶最為精好臣退念艸木之微首辱
陛下知鑒若處之得地則能盡其材昔陸羽
茶經不第建安之品丁謂茶圖獨論採造之
本至於烹試曾未有聞臣輒條數事簡而易
明勒成二篇名曰茶錄伏惟
清閒之宴或賜觀采臣不勝惶懼榮幸之至

图 7-1 《茶录》[北宋] 蔡襄

与《茶经》同列于茶书目录的尚有《煎茶七类》。徐渭曾以书法艺术的形式表现过该文的内容。

徐渭一生坎坷，晚年狂放不羁，孤傲淡泊。他的艺术创作也反映了这一性格特征。在他的书画作品中，有关茶的并不多，而行书《煎茶七类》（见图 7-2）则是艺文合璧，对茶文化和书法艺术研究均属一份宝贵的资料。

行书《煎茶七类》刻帖的原石，现藏于浙江上虞文化馆。此为《天香楼藏帖》的一部分，共分五帧，每帧 31 厘米×76 厘米，横式。前有隶书题额“天香楼藏帖”五字，其下有白文“王望霖印”和朱文“济苍”两印。书迹最后有王望霖小楷尾跋：

图7-2 《煎茶七类》[明] 徐渭

此文长先生真迹。

曾祖益公所藏书法，奇逸超迈，纵横流利，无一点沉浊气，非凡笔也。望霖敬跋。

《煎茶七类》带有较明显的米芾笔意，笔画挺劲而腴润，布局潇洒而不失严谨，与他的另外一些作品相对照此书多存雅致之气。

徐渭行书《煎茶七类》全文如下。

煎茶七类。

一、人品。煎茶虽微清小雅，然要领其人与茶品相得，故其法每传于高流大隐、云霞泉石之辈、鱼虾麋鹿之俦。

二、品泉。山水为上，江水次之，井水又次之。并贵汲多，又贵旋汲，汲多水活，味倍清新，汲久贮陈，味减鲜洌。

三、烹点。烹用活火，候汤眼鳞鳞起，沫浡鼓泛，投茗器中，初入汤少许，候汤茗相浃却复满注。顷间，云脚渐开，乳花浮面，味奏全功矣。盖古茶用碾屑团饼，味则易出，今叶茶是尚，骤则味亏，过熟则味昏底滞。

四、尝茶。先涤漱，既乃徐啜，甘津潮舌，孤清自萦，设杂以他果，香、味俱夺。

五、茶宜。凉台静室，明窗曲几，僧寮、道院，松风竹月，晏坐行吟，清谭把卷。

六、茶侣。翰卿墨客，缁流羽士，逸老散人或轩冕之徒，超然世味也。

七、茶勋。除烦雪滞，涤醒破睡，谭渴书倦，此际策勋，不减凌烟。

是七类乃卢仝作也，中伙甚疾，余忙书，稍改定之。时壬辰秋仲，青藤道士徐渭书于石帆山下朱氏三宜园。

郑板桥（1693—1765），名燮，字克柔，板桥是他的号。在"扬州八怪"中，郑板桥的影响力很大，与茶有关的诗书画及传闻轶事也多为人们所喜闻乐见。

板桥之画，以水墨兰竹居多，其书法，初学黄山谷，并合以隶书，自创一格，后又不时将篆隶行楷熔为一炉，自称"六分半书"，后人又以"乱石铺街"来形容他书法作品的章法特征。人评"郑板桥有三绝，曰画、曰诗、曰书。三绝中又有三真，曰真气、曰真意、曰真趣"。（马宗霍《书林藻鉴》引《松轩随笔》）

郑板桥喜将"茶饮"与书画并论，他在《题靳秋田索画》中如是说："三间茅屋，十里春风，窗里幽兰，窗外修竹，此是何等雅趣，而安享之人不知也；懵懵懂懂，没没墨墨，绝不知乐在何处。惟劳苦贫病之人，忽得十日五日这暇，闭柴扉，扫竹径，对芳兰，啜苦茗。时有微风细雨，润泽于疏篱仄径之间，俗客不来，良朋辄至，亦适适然自惊为此日之难得也。凡吾画兰、画竹、画石，用以慰天下之劳人，非以供天下之安享人也。"

郑板桥书作中有关茶的内容甚多，现引录一件于下（见图7-3）：

溢江江口是奴家，郎若闲时来吃茶。黄土筑墙茅盖屋，门前一树紫荆花。

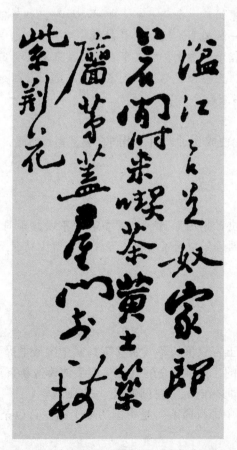

图 7-3　《溢江江口是奴家》［清］郑板桥

吴昌硕（1844—1927），浙江人，晚清著名画家、书法家、篆刻家，与虚谷、蒲华、任伯年齐名为"清末海派四杰"，他的作品备受追捧。

"角茶轩"（见图7-4），篆书横披，1905年书，大概是应友人之请所书的。这三字，是典型的吴氏风格，其笔法、气势源自于石鼓文。其落款很长，以行草书之，其中对"角茶"的典故、"茶"字的字形作了记述。

图 7-4 《角茶轩》[清] 吴昌硕

所谓"角茶趣事"，是指宋代金石学家赵明诚（字德父、德甫）和他的妻子——婉约派词人李清照以茶作酬，切磋学问，在艰苦的生活环境下，依然相濡以沫，精研学术的故事：

余建中辛巳始归赵氏……赵、李族寒素贫俭。后屏居乡里十年，仰取俯拾，衣食有余。连守两郡，竭其俸入，以事铅椠。每获一书，即同共校勘，整集签题，得书画、彝鼎，亦摩玩舒卷，指摘疵病，夜尽一烛为率。故能纸札精致，字画完整，冠诸收书家。余性偶强记，每饭罢，坐归来堂烹茶，指堆积书史，言某事在某书某卷第几页第几行，以中否角胜负，为饮茶先后。中即举杯大笑，至茶倾覆怀中，反不得饮而起。甘心老是乡矣，故虽处忧患困穷而志不屈。（李清照《金石录后序》）

后来，"角茶"典故，便成为了夫妇有相同志趣，相互激励，促进学术进步的佳话。

■ 本章小结

本章主要涉及不同历史时期的茶诗、丰富多彩的茶联，不同历史时期的茶绘画与茶书法。学生学习本章后，可领悟到中国茶文化内涵深邃、博大精深及独特的魅力。

■ 思考与练习

一、判断题

1. 西晋文学家孙楚的五言叙事长诗《娇女诗》是中国最早提到饮茶的诗歌。（　　）

2. 茶诗中最脍炙人口的，首推卢仝的《走笔谢孟谏议寄新茶》。该诗是他品尝友人谏议大夫孟简所赠新茶之后的即兴作品，直抒胸臆，一气呵成。（　　）

3. 李白的《谢李六郎中寄新蜀茶》是中国历史上第一首以茶为主题的茶诗，也是名茶入诗第一首。（　　）

4. 唐代著名画家阎立本的《萧翼赚兰亭图》，描绘了唐太宗派遣监察御史萧翼到会稽骗取辩才和尚宝藏之王羲之书《兰亭序》真迹的故事。（　　）

5. 茶联"一杯春露暂留客，两腋清风几欲仙"是以茶事为内容，增加品茗的情趣。
（　　）

二、选择题

1. 宝塔体诗——《茶》的作者是（　　）。

A. 李白　　　　　　　B. 白居易　　　　　　C. 元稹　　　　　　D. 杜甫

2. （　　）堪与卢仝《走笔谢孟谏议寄新茶》相媲美。

A. 李白《答族侄僧中孚赠玉泉仙人掌茶》　　B. 范仲淹《和章岷从事斗茶歌》

C. 释皎然《寻陆渐离不遇》　　　　　　　　D. 苏轼《试院煎茶》

3. 茶诗"戏作小诗君勿笑，从来佳茗似佳人"的作者是（　　）。

A. 欧阳修　　　　　　B. 苏轼　　　　　　　C. 陆游　　　　　　D. 范仲淹

4. 茶书法《煎茶七类》的作者是（　　）。

A.［明］徐渭　　　B.［清］蒲华　　　C.［北宋］蔡襄　　　D.［北宋］米芾

5. "角茶轩"，篆书横披，书写者是（　　）。其笔法、气势源自于石鼓文。其落款很长，以行草书之，其中对"角茶"的典故、"茶"字的字形作了记述。

A.［清］吴昌硕　　　B.［清］蒲华　　　C.［清］郑板桥　　　D.［明］徐渭

三、填空题

1. 我国古代和现代文学中，涉及茶的诗词、歌赋和散文很多，其中一首久负盛名的《七碗茶》歌广为传颂，其作者是_____。

2.《斗茶图》是茶画中的传神之作，作者_____是著名的_____代画家。

3. 清代乾隆年间，广东梅县叶新莲曾为茶酒店写过一副对联，上联是：为人忙，为己忙，忙里偷闲，_____；下联是：谋食苦，谋衣苦，苦中取乐，_____。

四、简答题

1. 默写卢仝的《走笔谢孟谏议寄新茶》。

2. 请列举 4 幅茶绘画或者茶书法（包括作者及其所处的年代）。

实践活动

题目： 在学校举办茶文化宣传周。

目的要求： 中国传统茶文化在不同历史时期有着别样的艺术魅力，通过宣传我国缤纷多彩的茶文化，加深对知识的掌握和理解，激发更多的大学生热爱茶文化。

方法和步骤： 学生分组（如茶诗组、茶联组、茶书组等）搜集资料进行整理，以图片、手抄报、音频、视频等形式布置展台进行展示。

作业： 每个学习小组把搜集到的资料分门别类，编辑目录，装入资料袋交上。

下 篇

茶艺实训

❖ 茶艺礼仪
❖ 行茶技艺
❖ 茶席设计
❖ 常见茶类行茶法

第 8 章

茶 艺 礼 仪

8.1 茶艺服务人员的姿态训练

【实训目标】

（1）了解举止的作用及培养途径；

（2）掌握站、坐、走、鞠躬基本要求及要领；

（3）提高茶艺服务人员个人形象。

【要点简述】

举止是人的行为动作和表情。日常生活中的站、坐、走的姿态，举手投足、一颦一笑都可概言为举止。优雅的举止不仅能体现人们良好的修养和高雅的气质，还能给交往对象留下美好的印象。如何培养优雅的举止？途径是：树立培养优雅举止的意识；了解优雅举止的要求及要领；克服不雅举止，坚持不懈地去做。

本节主要训练站、坐、走、鞠躬的基本要求及要领，通过学习打造出茶艺服务人员优美的体态、高雅的气质。

【实训器具】

形体训练室（或教室）、椅子。

【实训要求】

要注意肌肉张弛的协调性，呼吸要自然，避免僵硬。

【实训方法】

（1）教师示范讲解；

（2）学生分组练习。

【实训内容与操作标准】

8.1.1 基本站姿

1. 基本站姿要领

双脚并拢，身体挺直，大腿内侧肌肉夹紧，收腹、提臀、立腰、挺胸、双肩自然放松，头上顶、下颌微收，眼平视，面带微笑。

2. 站姿训练

（1）两人一组背靠背站立，两人背部中间夹一张纸。要求两人脚跟、臀部、双肩、背部、后脑勺贴紧，纸不能掉下来。每次训练 10～15 分钟。

（2）单人靠墙站立，要求脚跟、臀部、双肩、背部、后脑勺贴紧墙面，同时将右手放到腰与墙面之间，用收腹的力量夹住右手。每次训练 10～15 分钟。

（3）用顶书本的方法来练习。头上顶一本书，为使书本不掉下来，就会自然地头上顶、下颌微收，眼平视，身体挺直。

基本站姿如图 8-1 所示。

（a）站姿正面观　　　　　　　　　　（b）站姿侧面观

图 8-1　基本站姿

8.1.2　基本坐姿

1. 基本坐姿要领

入座要轻而稳，坐在椅子或凳子的 1/2 或 2/3 处，使身体重心居中。女士着裙装要先轻拢裙摆，而后入座。入座后，双目平视，微收下颌，面带微笑；挺胸直腰、两肩放松。双膝、双脚、脚跟并拢，双手自然地放在双膝上或椅子的扶手上。全身放松，姿态自然、安详舒适，端正稳重。

2. 坐姿训练

（1）练习入座要从左侧轻轻走到座位前，转身后右脚向后撤半步，从容不迫地慢慢坐下，然后把右脚与左脚并齐。离座时右脚向后收半步，而后起立。

（2）坐姿可在教室或居室随时练习，坚持每次 10～20 分钟。

（3）女士坐姿切忌两膝盖分开，两脚呈"八"字形；不可两脚尖朝内，脚跟朝外，两脚呈内八字形；坐下要保持安静，忌东张西望；双手可相交放在大腿上，或轻搭在扶手上，但手心应向下。

基本坐姿如图 8-2 所示。

8.1.3　基本行姿（走姿）

1. 行姿要领

双目向前平视，微收下颌，面带微笑；双肩平稳，双臂自然摆动，摆幅以 30°～35° 为宜；上身挺直，头正扩胸，收腹、立腰、重心稍前倾；行走时移动双腿，跨步脚印为一条直

（a）坐姿正面观　　　　　　　　（b）坐姿侧面观

图 8-2　基本坐姿

线，脚尖应向着正前方，脚跟先落地，脚掌紧跟着落地；步幅适当，一般应该是前脚脚跟与后脚脚尖相距一脚之长；上身不可扭动摇摆，保持平稳。

良好的步态应该是轻盈自如、矫健协调，敏捷而富有节奏感。

2. 行姿训练

（1）双肩双臂摆动训练。身体直立，以身体为柱，以肩关节为轴向前摆 30°，向后摆至不能摆动为止。纠正肩部过于僵硬和双臂横摆。

（2）走直线训练。找条直线，行走时两脚内侧落在该线上，证明走路时两只脚的步位基本正确。纠正内外八字脚和步幅过大或过小。

（3）步幅与呼吸应配合成规律的节奏。穿礼服、裙子或旗袍时，步幅不可过大，应轻盈优美。若穿长裤步幅可稍大些，会显得生动些，但最大步幅也不可超过脚长的 1.6 倍。

基本行姿如图 8-3 所示。

（a）行姿正面观　　　　　　　　（b）行姿侧面观

图 8-3　基本行姿

8.1.4 鞠躬

鞠躬礼源自中国，指弯曲身体向尊贵者表示敬重之意，代表行礼者的谦恭态度。礼由心生，外表的身体弯曲，表示了内心的谦逊与恭敬。目前在许多亚洲国家，鞠躬礼已成为常用的人际交往礼节。

鞠躬礼是茶艺活动中常用的礼节，茶道表演开始和结束，主客均要行鞠躬礼。鞠躬礼有站式、坐式和跪式三种。根据鞠躬的弯腰程度可分为真、行、草三种。"真礼"用于主客之间，"行礼"用于客人之间，"草礼"用于说话前后。

1. 站式鞠躬礼动作要领

以站姿为预备，左脚先向前，右脚靠上，左手在里，右手在外，四指合拢相握于腹前。然后将相搭的两手渐渐分开，平贴着两大腿徐徐下滑，手指尖触至膝盖上沿为止，同时上半身平直弯腰，弯腰下倾时吐气，身直起时吸气。弯腰到位后略停顿，表示对对方真诚的敬意，再慢慢直起上身，表示对对方持续的敬意，同时手沿腿上提，恢复原来的站姿。行礼时的速度要尽量与别人保持一致，以免出现不协调感。"真礼"要求头、背与腿呈90°的弓形（切忌只低头不弯腰，或只弯腰不低头），"行礼"要领与"真礼"同，双手至大腿中部即可，头、背与腿约呈120°的弓形。"草礼"只需将身体向前稍作倾斜，两手搭在大腿根部即可，头、背与腿约呈150°的弓形。

站式鞠躬如图8-4～图8-6所示。

（a）站式鞠躬真礼正面观　　　　　　（b）站式鞠躬真礼侧面观

图8-4　站式鞠躬（真礼）

2. 坐式鞠躬礼动作要领

若主人是站立式，而客人是坐在椅（凳）上的，则客人用坐式答礼。"真礼"以坐姿为准备，行礼时，头和身前倾约45°，双臂自然弯曲，手指自然并拢，双手掌心向下，自然平放于双膝上，弯腰到位后稍作停顿，慢慢将上身直起，恢复坐姿。"行礼"时头身前倾小于45°，将两手移至大腿中部，余同"真礼"。行"草礼"时双手轻放于大腿根部，略欠身即可。

坐式鞠躬如图8-7所示。

　　（a）站式鞠躬行礼正面观　　　　　　　　（b）站式鞠躬行礼侧面观

图 8-5　站式鞠躬（行礼）

　　（a）站式鞠躬草礼正面观　　　　　　　　（b）站式鞠躬草礼侧面观

图 8-6　站式鞠躬（草礼）

　（a）坐式鞠躬（真礼）　　　　（b）坐式鞠躬（行礼）　　　　（c）坐式鞠躬（草礼）

图 8-7　坐式鞠躬

3. 跪式鞠躬礼动作要领

"真礼"以跪坐姿为预备，背、颈部保持平直，上半身向前倾斜，同时双手从膝上渐渐滑下，全手掌着地，两手指尖斜相对，身体倾至胸部与膝间只剩一个拳头的空当（切忌只低头不弯腰或只弯腰不低头），身体呈 45°前倾，稍作停顿，慢慢直起上身。同样，行礼时动作要与呼吸相配，弯腰时吐气，直身时吸气，速度与他人保持一致。"行礼"方法与"真礼"相似，但两手仅前半掌着地（第二手指关节以上着地即可），身体约呈 55°前倾；行"草礼"时仅两手手指着地，身体约呈 65°前倾。

跪式鞠躬如图 8-8 所示。

(a) 跪式正面观　　　　　(b) 跪式侧面观　　　　　(c) 跪式鞠躬真礼正面观

(d) 跪式鞠躬真礼侧面观　　　(e) 跪式鞠躬行礼正面观　　　(f) 跪式鞠躬行礼侧面观

(g) 跪式鞠躬草礼正面观　　　　　(h) 跪式鞠躬草礼侧面观

图 8-8　跪式鞠躬

【达标测试】

达标测试表如表 8-1 所示。

表 8-1　达标测试表

班级：_____　　组别：_____　　测试人：_____　　测试时间：_____

测试内容	应得分	扣　分	实得分
基本站姿	20 分		
基本坐姿	20 分		
基本行姿	20 分		
站式鞠躬礼	20 分		
坐式鞠躬礼	10 分		
跪式鞠躬礼	10 分		

8.2　茶艺服务的常用礼节

【实训目标】

（1）了解茶艺服务常用礼节的重要性及种类；

（2）掌握常用礼节训练的基本方法、步骤和动作要领；

（3）提高茶艺服务的职业素质和个人生活品质。

【要点简述】

礼节是指人们在交际过程和日常生活中，相互表示尊重、友好、祝愿、慰问以及给予必要的协助与照料的惯用形式，它实际上是礼貌的具体表现方式。没有礼节，就无所谓礼貌；有了礼貌，就必然伴有具体的礼节。礼节主要包括待人的方式、招呼和致意的形式、公共场合的举止和风度等。

在茶艺服务中，注重礼节，互致礼貌，表示友好与尊重，不仅能体现个人良好的职业道德修养，同时还能带给客人愉悦的心理感受。茶艺服务中的常用礼节主要有伸掌礼、叩手（指）礼、寓意礼、握手礼、礼貌敬语等。

【实训器具】

形体训练室、椅子、书本。

【实训要求】

动作协调自然，切忌生硬与随便；讲究调息静气，发乎内心；行礼轻柔，而其意表达清晰。

【实训方法】

（1）教师示范讲解；

（2）学生分组练习。

【实训内容与操作标准】

8.2.1　伸掌礼

这是茶道表演中用得最多的示意礼。当主泡与助泡之间协同配合时，主人向客人敬奉各种物品时都常用此礼，表示的意思为"请""谢谢"。当两人相对时，可伸右手掌对答表示；若侧对时，右侧方伸右掌，左侧方伸左掌对答表示。

伸掌礼动作要领为：五指并拢，手心向上，伸手时要求手略斜并向内凹，手心中要有含着一个小气团的感觉，手腕要含蓄有力，同时欠身并点头微笑，动作要一气呵成。

8.2.2 叩手（指）礼

此礼是从古时中国的叩头礼演化而来的，古时叩头又称叩首，以"手"代"首"，这样，"叩首"为"叩手"所代。早先的叩手礼是比较讲究的，必须屈腕握空拳，叩指关节。随着时间的推移，逐渐演化为将手弯曲，用几个指头轻叩桌面，以示谢忱。

叩手（指）礼动作要领：① 长辈或上级给晚辈或下级斟茶时，下级或晚辈必须用双手指作跪拜状叩击桌面两三下；② 晚辈或下级为长辈或上级斟茶时，长辈或上级只需用单指叩击桌面两三下表示谢谢；③ 同辈之间敬茶或斟茶时，单指叩击表示我谢谢你，双指叩击表示我和我先生（太太）谢谢你，三指叩击表示我们全家人都谢谢你。

 小知识

叩手（指）礼的来历

乾隆皇帝微服私访下江南，来到淞江，带了两个太监，到一间茶馆里喝茶。茶馆老板拎了一只长嘴茶吊来冲茶，端起茶杯，茶壶沓啦啦、沓啦啦、沓啦啦一连三洒，茶杯里正好浅浅一杯，茶杯外没有滴水溅出。乾隆皇帝不明其意，忙问："掌柜的，你倒茶为何不多不少洒三下？"老板笑着回答："客官，这是我们茶馆的行规，这叫'凤凰三点头'。"乾隆皇帝一听，夺过老板的茶吊，端起一只茶杯，也要来学学这"凤凰三点头"。这只杯子是太监的，皇帝为太监倒茶，这不是反礼了，在皇宫里太监要跪下来三呼万岁、万岁、万万岁。可是在这三教九流混杂的茶馆酒肆，暴露了身份，这是性命攸关的事啊！当太监的当然不是笨人，灵机一动，弯起食指、中指和无名指，在桌面上轻叩三下，权代行了三跪九叩的大礼。这样"以手代叩"的动作一直流传至今，表示对他人敬茶的谢意。

8.2.3 寓意礼

在长期的茶事活动中，形成了一些寓意美好祝福的礼节动作。在冲泡时不必使用语言，宾主双方就可进行沟通。

常见寓意礼的动作要领如下。

（1）"凤凰三点头"：即用手高提水壶，让水直泻而下，接着利用手腕的力量，上下提拉注水，反复三次，让茶叶在水中翻动。寓意是向客人三鞠躬以示欢迎。

（2）回旋注水：在进行烫壶、温杯、温润泡茶、斟茶等动作时，若用右手必须按逆时针方向，若用左手则必须按顺时针方向回旋注水，类似于招呼手势。寓意"来！来！来！"表示欢迎，反之则变成暗示挥手"去！去！去！"的意思。

8.2.4　握手礼

握手强调"五到"，即身到、笑到、手到、眼到、问候到。握手时，伸手的先后顺序为：贵宾先、长者先、主人先、女士先。

握手礼的动作要领：握手时，站在距握手对方约 1 米处，上身微向前倾斜，面带微笑，伸出右手，四指并拢，拇指张开与对方相握；眼睛要平视对方的眼睛，同时寒暄问候；握手时间一般以 3~5 秒为宜；握手力度适中，上下稍许晃动三四次，随后松开手来，恢复原状。

握手的禁忌为：① 拒绝他人的握手；② 用力过猛；③ 交叉握手；④ 戴手套握手；⑤ 握手时东张西望。

8.2.5　礼貌敬语

语言是沟通和交流的工具。掌握并熟练运用礼貌敬语，是提供优质服务的保障，是从事任何一种职业都要具备的基本能力。礼貌敬语主要包括问候语、应答语、赞赏语、迎送语等。

1. 问候语

标准式问候用语有："你好""您好""各位好""大家好"等。

时效式问候语有："早上好""早安""中午好""下午好""午安""晚上好""晚安"等。

2. 应答语

肯定式应答用语："是的""好""很高兴能为您服务""随时为您效劳""我会尽力按照您的要求去做""一定照办"等。

3. 赞赏语

（1）评价式赞赏用语："太好了""对极了""真不错""相当棒"等。

（2）认可式赞赏用语："还是您懂行""您的观点非常正确"等。

（3）回应式赞赏用语："哪里""我做的不像您说得那么好"等。

4. 迎送语

（1）欢迎用语："欢迎光临""欢迎您的到来""见到您很高兴"等。

（2）送别用语："再见""慢走""欢迎再来""一路平安"等。

与客人谈话时，拒绝使用"四语"，即蔑视语、烦躁语、否定语和顶撞语，如"哎……""喂……""不行""没有了"，也不能漫不经心、粗音恶语或高声叫喊等；服务有不足之处或客人有意见时，使用道歉语，如"对不起""打扰了……""让您久等了""请原谅""给您添麻烦了"等。

【达标测试】

达标测试表如表 8-2 所示。

表 8-2　达标测试表

班级：_____　　组别：_____　　测试人：_____　　测试时间：_____

测试内容	应得分	扣　分	实得分
伸掌礼	20 分		

测试内容	应得分	扣　分	实得分
叩指礼	10分		
握手礼	20分		
问候语	15分		
应答语	15分		
赞赏语	10分		
迎送语	10分		

8.3　茶艺服务人员的仪容仪表要求

【实训目标】

（1）了解仪容修饰的主要内容及要求；

（2）掌握化妆的基本技巧；

（3）提高茶艺服务人员个人形象和审美能力。

【要点简述】

化妆是一种通过美容用品的使用，来修饰自己的仪容，美化自我形象的行为。化妆的最实际的目的，是对自己的容貌上的某些缺陷加以弥补，以期扬长避短，使自己更加美丽，更加光彩照人。经过化妆之后，人们大都可以拥有良好的自我感觉，身心愉快、振奋精神，缓解来自外界的种种压力；而且可以在人际交往中，表现得更为开放和潇洒自如。正如一位哲人所说："化妆是使人放弃自卑，与憔悴无缘的一味最好的良药。它可以让人们更加自爱，更加光彩夺目。"

茶艺服务人员更看重的是气质，所以表演者应适当修饰仪容。如果真正的天生丽质，则整洁大方即可。一般的女性可以化淡妆，以表示对客人的尊重，化妆以恬静素雅为基调，切忌浓妆艳抹，有失分寸。

【实训器具】

化妆工具、衣服配饰。

【实训要求】

自然、协调、美观。

【实训方法】

（1）教师示范讲解；

（2）学生练习。

【实训内容与操作标准】

8.3.1　不同脸型人的化妆及发型

化妆的目的是突出容貌的优点，掩饰容貌的缺陷。但是茶道要求不过分的化妆，宜化淡妆，使五官比例匀称协调，在化妆时一般以自然为原则，使其恰到好处。

1. 可爱的圆脸

圆脸型给予人可爱、玲珑之感，只是打扮得具有成熟女人优雅的气质不易。所以圆脸女士化妆的要点是遮掩或淡化过圆的脸，并在穿衣打扮时强调优雅与成熟。

1）化妆

唇膏可在上嘴唇涂成浅浅的弓形。过分白皙的粉底不适合圆脸的女士，粉红色系的粉底比较合适。眉形应选择上挑有折角并较粗而清爽的。

2）发型

应注意表现轮廓，前额应显得清爽简单，又不能完全露出前额。可用三七开的发型，让头发自然垂下遮住眼侧过宽的脸，使其显得长一些。蓬松的卷发不适合圆形的脸。

2. 成熟的长脸

长脸的女士显得理性。深沉而充满智慧，但是却容易给人以老气、孤傲的印象。所以在进行装扮时，应适当强调活泼轻快的风格与柔和的女人味。

1）化妆

化妆时力求达到的效果应是：增加面部的宽度。胭脂应注意离鼻子稍远些，在视觉上拉宽面部。若想表现自己成熟的风貌，可选用棕色或金色系的眼影。眉形应画得稍长，位置不宜太高；并加重眼外侧的眼影，以扩大脸的宽度。

2）发型

可用刘海遮掩前额，产生缩短脸部的视觉效果；也可用精巧的头饰、缎带等增添女性的娇柔。头顶的头发应做得很平，顶部高耸的发型会使脸显得更长。长脸的女性可选择蓬松的发型，而清汤挂面式的直发则不是明智的选择。

3. 优雅的方脸

方脸以双颊骨突出为特点，轮廓分明，极具现代感，给人意志坚定的印象。在化妆时，要设法加以掩饰，增加柔和感。

1）化妆

胭脂宜涂抹得与眼部平行，可用适合自己肤色的粉底涂于面部，用较深色的粉底在两腮处打出阴影。脸部中央及额部用亮一些的粉底加以强调。唇膏，可涂丰满些，以强调柔和感。眉毛应修得稍宽一些；眉形可稍带弯曲，不宜有角。

2）发型

应利用发梢的设计，恰到好处地遮掩前额与脸侧，发尾内卷的典雅发型是极好的选择。

4. 端庄的椭圆形脸

椭圆形脸可谓公认的理想脸型，化妆时宜注意保持其自然形状，突出其可爱之处，不必通过化妆去改变脸型。

1）化妆

唇膏，尽量按自然唇形涂抹。着重刻画脸部的立体感，可选择时髦一些的色系。眉毛可顺着眼睛的轮廓修成弧形，眉头应与内眼角齐，眉尾可稍长于外眼角。

2）发型

这种脸型可选择的发型很多，但也正因为如此，反而不知该如何下手。最好是选择既可充分表现脸部娇美又具个性的发型。

8.3.2　优美的手型

作为茶艺人员，首先要有一双纤细、柔嫩的手，平时注意适时地保养，随时保持清洁、干净。双手不要戴太"出色"的首饰，否则会有喧宾夺主的感觉。手指甲不要涂上颜色，指甲要及时修剪整齐，保持干净，不留长指甲。需要特别注意的是，手上不能残存化妆品的气味，以免影响茶叶的香气。

8.3.3　服饰要求

服饰能反映人的地位、文化水平、文化品位、审美意识、修养程度和生活态度等。服饰要与周围的环境、与着装人的身份、人的身材以及节气协调，这是服饰的 4 种基本要求。

泡茶者的服装不宜太鲜艳，要与环境、茶具相匹配，品茶需要一个安静的环境、平和的心态。如果泡茶者的服装太鲜艳，会破坏那种和谐、优雅的气氛，使人有浮动不安的感觉。服装式样以中式为宜，袖口不宜过宽。

不同脸型人的服饰具体如下。

（1）可爱的圆脸。应选择款式简洁的服装以体现成熟韵味，饰物也应简而精，避免各种可爱的小饰物。对比强调而清爽的条纹衬衫可让圆脸女士显得理性而端庄。

（2）成熟的长脸。职业套装很适合长脸的女性，为了避免过分的单调与刻板，可用围巾或胸针点缀，显得时髦而柔和。优雅的长裙和粉色系针织外套可为长脸型的女士增添一份女性的温柔气质。

（3）端庄的椭圆形脸。有一张典雅的椭圆形脸，穿什么衣服都会好看，可以古典，也可现代，即使是搭配新潮的配件也不会显得出格。

（4）优雅的方脸。如果想用服饰强调自己充满现代感的个性，可选择时髦的合体西装，也可用充满女性味的服饰表现自己温柔的气质。

【达标测试】

达标测试表如表 8-3 所示。

表 8-3　达标测试表

班级：_____　　组别：_____　　测试人：_____　　测试时间：_____

测试内容	应得分	扣　分	实得分
脸部化妆	20 分		
手的要求	20 分		
服装	20 分		
服饰搭配	10 分		
整体形象	30 分		

第9章

行 茶 技 艺

9.1 行茶的基本手法（上）

【实训目标】

（1）了解行茶过程中手法的重要性；

（2）掌握茶巾的折取用法、持壶法，以及茶海、茶则、茶匙、茶夹、茶漏、茶针、茶荷的使用手法；

（3）规范行茶动作，增加行茶过程的美感。

【要点简述】

茶艺基本技法是泡茶过程中的细部动作。茶艺是以严格的规律促使人们以高尚文雅的方式表现其思想和文化修养，通过细小的动作、严格的训练，把人的身份、修养从行为上表现出来，它包含了科学性与行为美的双重要求。其最终目的在于使茶艺人员做到气定神闲，进退有度，令观者处处会心，如沐春风。

本节行茶的基本手法主要涉及：茶巾的折取用法、持壶法、持盅法以及茶则、茶匙、茶夹、茶漏、茶针、茶荷的使用手法。

【实训器具】

茶巾、茶壶、茶盅、茶荷、茶则、茶匙、茶夹、茶漏、茶针。

【实训要求】

能掌握规范得体的操作流程及典雅大方的动作要领，并能够互相纠正错误，熟练操作。

【实训方法】

（1）教师示范讲解；

（2）学生分组练习。

【实训内容与操作标准】

9.1.1 茶巾折取用法

1. 茶巾的折法

（1）长方形（八层式）。用于杯（盖碗）泡法时，以此法折叠茶巾呈长方形后，放在茶巾盘内。以横折为例，将正方形的茶巾平铺桌面，将茶巾上下对应横折至中心线处，接着将左右两端竖折至中心线，最后将茶巾竖着对折即可。将折好的茶巾放在茶盘内，折口朝内。

（2）正方形（九层式）。用于壶泡法时，不用茶巾盘。以横折法为例，将正方形的茶巾平铺于桌面，将下端向上平折至茶巾2/3处，接着将茶巾对折，然后将茶巾右端向左竖折至2/3处，最后对折即成正方形。将折好的茶巾放茶盘中，折口朝内。

2. 茶巾的取用法

双手平伸，掌心向下，张开虎口，手指斜搭在茶巾两侧，拇指与另四指夹拿茶巾；两手夹拿茶巾后同时向外侧转腕，使原来手背向上转腕为手心向上，顺势将茶巾斜放在左手掌呈托拿状，右手握住随手泡壶把并将壶底托在左手的茶巾上，以防冲泡过程中出现滴洒。

9.1.2 持壶法

1. 侧提壶

（1）大型侧提壶法。右手拇指压壶把，方向与壶嘴同向，食指、中指握壶把，左手食指、中指按住盖钮或盖；双手同时用力提壶。

（2）中型侧提壶法。右手食指、中指握住壶把，拇指按住壶盖一侧提壶。

（3）小型侧提壶法。右手拇指与中指握住壶把，无名指与小拇指并列抵住中指，食指前伸呈弓形，压住壶盖的盖钮或盖提壶。如图9-1所示。

图9-1 小型侧提壶操作示范

2. 飞天壶

四指并拢握住提壶把，拇指向下压壶盖顶，以防壶盖脱落。

3. 握把壶

右手拇指按住盖钮或盖一侧，其余四指握壶把提壶。

4. 提梁壶

握壶右上角，拇指在上，四指并拢握下。

5. 无把壶

右手虎口分开，平稳握住壶口两侧外壁（食指亦可抵住盖钮）提壶。

9.1.3 茶盅的操作手法

茶盅又称茶海、公道杯。一般有两种形式用来拿取茶盅。

1. 无盖后提海

拿取时，右手拇指、食指抓住壶提的上方，中指顶住壶提的中侧，其余二指并拢。

2. 加盖无提海

右手食指轻按盖钮，拇指在流的左侧，剩下三指在流的右侧，呈三角鼎立之势。

9.1.4　茶则的操作手法

用右手拿取茶则柄部中央位置，盛取茶叶；拿取茶则时，手不能触及茶则上端盛取茶叶的部位；用后放回时动作要轻。如图9-2所示。

图 9-2　茶则的操作示范

9.1.5　茶匙的操作手法

用右手拿取茶匙柄部中央位置（见图9-3），协助茶则将茶拨至壶中；拿取茶匙时，手不能触及茶匙上端；用后用茶巾擦拭干净放回原处。

图 9-3　茶匙的操作示范

9.1.6 茶夹的操作手法

用右手拿取茶夹的中央位置（见图9-4），夹取茶杯后在茶巾上擦拭水痕；拿取茶夹时手不能触及茶夹的上部；夹取茶具时，用力适中，既要防止茶具滑落、摔碎，又要防止用力过大毁坏茶具；收茶夹时，应用茶巾擦去茶夹上的手迹。

图9-4 茶夹的操作示范

9.1.7 茶漏的操作手法

用右手拿取茶漏的外壁放于茶壶壶口（见图9-5）；手不能接触茶漏外壁；用后放回固定位置（茶漏在静止状态时放于茶夹上备用）。

图9-5 茶漏的操作示范

9.1.8　茶针的操作手法

　　用右手拿取针柄部（见图9-6），用针部疏通被堵塞的茶叶，刮去茶汤浮沫；拿取时手不能触及茶针的针部；放回时用茶巾擦拭干净。

图9-6　茶针的操作示范

9.1.9　茶荷的操作手法

　　用左手拿取茶荷；拿取时，拇指与食指拿取两侧，其余手指托起（见图9-7）。

图9-7　茶荷的操作示范

9.1.10　茶叶罐的操作手法

　　如图9-8所示，用左手拿取茶叶罐，双手拿住茶叶罐下部，两手拇指和食指同时用力将罐盖上推；打开后，右手将罐盖放于桌上，左手拿罐，右手用茶则盛取茶叶；将茶叶罐上印有图案及文字的一面朝向客人；拿取时手勿触及茶叶罐内侧。

图 9-8 茶叶罐的操作示范

【达标测试】

达标测试表如表 9-1 所示。

表 9-1 达标测试表

班级: _____ 组别: _____ 测试人: _____ 测试时间: _____

测试内容	应得分	扣 分	实得分
茶巾的折取用法	15 分		
持壶法	15 分		
茶海的操作手法	10 分		
茶则的操作手法	5 分		
茶匙的操作手法	5 分		
茶夹的操作手法	10 分		
茶漏的操作手法	10 分		
茶针的操作手法	10 分		
茶荷的操作手法	10 分		
茶叶罐的操作手法	10 分		

【延伸拓展】

茶艺道具之公道杯（茶盅、茶海）

公道杯，亦称茶盅、茶海，用于均匀茶汤浓度。

① 壶形盅：以茶壶代替用之。

② 无把盅：将壶把省略。为区别于无把壶，常将壶口向外延拉成一翻边，以代替把手提着倒水。

③ 简式盅：无盖，从盅身拉出一个简单的倒水口，有把或无把。

茶盅除具有均匀茶汤浓度功能外，还具有过滤茶渣功能。

（1）形状和色彩

盅与壶搭配使用，故最好选择与壶呼应的盅，有时虽可用不同的造型与色彩，但须把握整体的协调感。若用壶代替盅，宜用一大一小、一高一低的两壶，以有主次之分。

（2）容量

盅的容量一般与壶同即可，有时亦可将其容量扩大到壶的 1.5～2.0 倍；在客人多时，可泡两次或三次茶混合后供一道茶饮用。

（3）滤渣

在盅的水孔外加盖一片高密度的金属滤网即可滤去茶汤中的细茶末。

（4）断水

盅为均分茶汤用具，其断水性能优劣直接影响到均分茶汤时动作的优雅，如果发生滴水四溅的情形是极不礼貌的。所以，在挑选时要特别留意，断水好坏全在于嘴的形状，光凭目测较为困难，以注水试用为佳。

9.2 行茶的基本手法（下）

【实训目标】

（1）了解行茶过程中手法的重要性；

（2）掌握温（洁）壶法、温（洁）盖碗法、温（洁）杯法、温（洁）盅及滤网法、翻杯法、取茶置茶法、注水法；

（3）规范行茶动作，增加行茶过程的美感。

【要点简述】

温（洁）茶具就是将选好的茶具用开水烫洗一遍，这样不仅可以清洁饮茶器具，而且还可以提高茶具温度，使茶叶冲泡后温度相对稳定，同时也平添饮茶的情趣。

本节行茶的基本手法主要涉及温（洁）壶法、温（洁）盖碗法、温（洁）杯法、温（洁）盅及滤网法、翻杯法、取茶置茶法、注水法。

【实训器具】

紫砂壶、盖碗、品茗杯、闻香杯、大玻璃杯、茶叶罐、茶艺组合、茶巾、水盂。

【实训要求】

能掌握规范得体的操作流程及典雅大方的动作要领，并能够互相纠正错误，熟练操作。

【实训方法】

（1）教师示范讲解；

（2）学生分组练习。

【实训内容与操作标准】

9.2.1 温（洁）壶法

1. 开盖

单手大拇指、食指与中指拈壶盖的壶钮而提壶盖，提腕依半圆形轨迹将其放入茶壶左侧的盖置（或茶盘）中。

2. 注汤

单手或双手提水壶，按逆时针方向回转手腕一圈低斟，使水流沿圆形的茶壶口冲入；然后提腕令开水壶中的水高冲入茶壶；待注水量为茶壶总容量的1/2时复压腕低斟，回转手腕一圈令壶流上扬，使水壶及时断水，然后轻轻将水壶放回原处。

3. 加盖

右手完成，将开盖顺序颠倒即可。

4. 荡壶

取茶巾置左手上，右手茶壶放在左手茶巾上，双手协调按逆时针方向转动手腕，外倾壶身令壶身内部充分接触开水，将冷气涤荡无存。

5. 弃水

根据茶壶的样式以正确手法提壶将水倒入水盂。

9.2.2 温（洁）盖碗法

1. 开盖

单手用食指按住盖钮中心下凹处，大拇指和中指扣住盖钮两侧提盖，同时向内转动手腕（左手顺时针，右手逆时针）回转一圈，并依抛物线轨迹将盖碗斜搭在碗托一侧。

2. 注水

单手或双手提水壶，按逆时针（或顺时针）方向回转手腕一圈低斟，使水流沿碗口注入；然后提腕高冲；待注水量为碗总容量的1/3时复压腕低斟，回转手腕一圈并令壶流上扬，使水壶及时断水，然后轻轻将水壶放回原处。

3. 复盖

单手依开盖动作逆向复盖。

4. 荡碗

右手虎口分开，大拇指与中指搭在内外两侧碗身上部位置，食指屈伸抵住碗盖盖钮下凹处；左手托住碗底，端起盖碗右手按逆时针方向转动手腕，双手协调令盖碗内各部位充分接触热水后，放回茶盘。

5. 弃水

右手提盖钮将碗盖靠右侧斜盖，即在盖碗左侧留一小隙；依前法端起盖碗平移于水盂上方，向左侧翻手腕，水即从盖碗左侧小隙中流进水盂。

9.2.3 温（洁）杯法

1. 品茗杯（或闻香杯）

翻杯时即将茶杯相连排成一字或圆圈，右手提壶，用往返斟水法或循环斟水法向各杯内注入开水至满，壶复位；手持茶夹，按从左向右的次序，从左侧杯壁夹持品茗杯，侧放入紧邻的右侧品茗杯中（杯口朝右）。用茶夹转动品茗杯一圈，沥尽水归原位，直到最后一只茶杯。最后一杯不再滚洗，直接回转手腕将热水倒入茶盘（茶船）即可。

另外一种方法：将杯子置入高缘的茶盘内，将茶盘内倒入热水浸杯，用茶夹转动杯子使其在热水中旋转数圈。等到要分茶入杯时，用茶夹夹住杯壁取出杯子。

2. 大茶杯

单提开水壶，顺时针或逆时针转动手腕，令水流沿茶杯内壁冲入，约总量的 1/3 后右手提腕断水；逐个注水完毕后水壶复位。右手拿杯底，左手托杯身，杯口朝左，旋转杯身，使开水与茶杯各部分充分接触，在旋转中将杯中水倒入茶船或者水盂，放下茶杯。

9.2.4　温（洁）盅及滤网法

温盅及滤网法：用开壶盖法揭开盅盖（无盖者省略），将滤网置放在盅内，注开水，其余动作同温壶法。

9.2.5　翻杯法

1. 无柄杯

右手虎口向下、手背向左（即反手）握面前茶杯的左侧基部或杯身，左手位于右手手腕下方，用大拇指和虎口部位轻托在茶杯的右侧基部或杯身；双手同时翻杯，成双手相对捧住茶杯，轻轻放下。对于很小的茶杯如乌龙茶泡法中的品茗杯、闻香杯，可用单手动作左右手同时翻杯，即手心向下，用拇指与食指、中指三指扣住茶杯外壁，向内转动手腕使杯口朝上，然后轻轻将翻好的茶杯置于茶盘上。如图 9-9 所示。

图 9-9　翻杯操作示范

2. 有柄杯

右手虎口向下、手背向左（即反手），食指插入杯柄环中，用大拇指与食指、中指三指捏住杯柄，左手手背朝上用大拇指、食指与中指轻扶茶杯右侧基部；双手同时向内转动手腕，茶杯翻好轻轻置杯托或茶盘上。

9.2.6　取茶置茶法

1. 开闭茶罐盖

对于套盖式茶样罐而言，双手捧住茶样罐，两手大拇指、食指同时用力向上推盖。当其松动后，进而左手持罐，右手开盖。右手虎口分开，用大拇指与食指、中指捏住盖外壁，转动手腕取下后按抛物线轨迹移放到茶盘中或茶桌上。取茶完毕仍以抛物线轨迹取盖扣回茶样罐，用两手食指向下用力压紧盖好后放回。

2. 取茶样

1）茶荷、茶匙法

左手横握已开盖的茶样罐，开口向右移至茶荷上方；右手以大拇指、食指及中指三指手背向下捏茶匙，伸进茶样罐中将茶叶轻轻扒出拨进茶荷内，称为"拨茶入荷"；目测估计茶样量，足够后右手将茶匙放回茶艺组合中；依前法取盖压紧盖好，放下茶样罐。待赏茶完毕后，右手重取茶匙，从左手托起的茶荷中将茶叶分别拨进冲泡具中。此法适用于弯曲、粗松茶叶的使用，它们容易纠结在一起，不容易用倒的方式将它们倒出来。如冲泡名优绿茶时常用此法取茶样。

2）茶则法

左手横握已开盖的茶样罐，右手大拇指、食指、中指和无名指四指捏住茶则柄从茶艺组合中取出茶则；将茶则插入茶样罐，手腕向内旋转舀取茶样；左手配合向外旋转手腕令茶叶疏松易取；茶则舀出的茶叶待赏茶完毕后直接投入冲泡器；然后将茶则复位；再将茶样罐盖好复位。此法适合各种类型茶叶的使用。

【达标测试】

达标测试表如表9-2所示。

表9-2 达标测试表

班级：_____ 组别：_____ 测试人：_____ 测试时间：_____

测试内容	应得分	扣 分	实得分
温（洁）壶法	15分		
温（洁）盖碗法	15分		
温（洁）品茗杯	10分		
温（洁）大茶杯	10分		
温（洁）盅及滤网法	10分		
翻无柄杯	10分		
翻有柄杯	10分		
取茶置茶法	20分		

9.3 行茶的基本程式

【实训目标】

（1）了解行茶的基本程式及操作手法；

（2）掌握正确的投茶、冲泡、斟茶、奉茶、品茗、续茶的手法；

（3）规范行茶动作，增加行茶过程的美感。

【要点简述】

（1）不同的茶叶种类，因其外形、质地、比重、品质及成分浸出率的异同，而应有不同的投茶法。对身骨重实、条索紧结、芽叶细嫩、香味成分高，并对茶汤的香气和茶汤色泽均有要求的各类名茶，可采用"上投法"；茶叶的条形松展、比重轻、不易沉入茶汤中的茶叶，宜用"下投法"或"中投法"沏茶。在不同的季节，"秋季中投，夏季上投，冬季下投"的方法可参考应用。

（2）由于不同茶类有其特质，也就是有其特有的香气成分，所以有些茶在稍微烫嘴的温度下提供最佳的赏香时机，如洞顶、铁观音、水仙等；有些茶则在适口的温度下表现得最好，如白毫乌龙、白毫银针、白牡丹等。品茗茶香要根据不同的茶类选择不同的时间。

本节行茶的基本程式主要涉及投茶、冲泡、斟茶、奉茶、品茗、续茶。

【实训器具】

随手泡、茶盘、茶艺组合、玻璃杯、闻香杯、品茗杯、盖碗、茶巾。

【实训要求】

能掌握规范得体的操作流程及典雅大方的动作要领，并能够互相纠正错误，熟练操作。

【实训方法】

（1）教师示范讲解；

（2）学生分组练习。

【实训内容与操作标准】

9.3.1 投茶

1. 上投法

先斟水，后投茶。适用于卷曲、重实、细嫩的茶叶。

2. 中投法

先斟1/3杯水，再投茶，然后再冲水。适用于较易下沉的茶叶。

3. 下投法

先投茶，后斟水。适用于扁平易浮的茶叶。

9.3.2 冲泡

冲泡时的动作要领是：头正身直、目不斜视；双肩齐平、抬臂沉肘（一般用右手冲泡，则左手半握拳自然放在桌上）。

1. 单手回旋注水法

单手提水壶，手腕逆时针或顺时针回旋，令水流沿茶壶口（茶杯口）内壁冲入茶壶（杯）内。

2. 双手回旋注水法

如果开水壶比较沉，可用此法冲泡。右手提壶，左手垫茶巾托在壶底部；右手手腕逆时针回旋，令水流沿茶壶口（茶杯口）内壁冲入茶壶（杯）内。

3. 回旋高冲低斟法

乌龙茶冲泡时常用此法。先用单手回旋注水法，单手提开水壶注水，令水流先从茶壶壶肩开始，逆时针绕圈至壶口、壶心，提高水壶令水流在茶壶中心处持续注入，直至七分满时压腕低斟（仍同单手回旋注水法）；注满后提腕令开水壶壶流上扬断水。

4."凤凰三点头"注水法

水壶高冲低斟反复 3 次，寓意为向来宾鞠躬 3 次以示欢迎。高冲低斟是指右手提壶靠近壶口或杯口注水，再提腕使开水壶提升，此时水流如高山流水，接着仍压腕将开水壶靠近壶口或杯口继续注水。如此反复 3 次，恰好注入所需水量即提腕断流收水。

9.3.3　斟茶

将泡好的茶汤一次全部斟入茶海内，使茶汤在茶海内充分混合，达到一致的浓度，接着便可以持茶海分茶入杯。斟茶时应注意不宜太满，"茶满欺客，酒满心实"这是中国谚语。俗话说："茶倒七分满，留下三分是情意。"这既表明了宾主之间的良好感情，又出于安全的考虑，七分满的茶杯非常好端，不易烫手。

9.3.4　奉茶

双手端起茶托，收至自己胸前；从胸前将茶杯端至客人面前，轻轻放下，伸出右掌，手指自然合拢，行伸掌礼，示意"请喝茶"。

奉茶时要注意先后顺序，先长后幼、先客后主。在奉有柄茶杯时，一定要注意茶杯柄的方向是客人的顺手面，即有利于客人右手拿茶杯的柄。杯子若有方向性，如杯面画有图案，使用时，无论放在操作台上还是摆在奉茶盘上，都要正面朝向客人。如图 9-10 所示。

图 9-10　奉茶操作示范

9.3.5　品茗

1. 盖碗品茗法

右手端住茶托右侧，左手托住底部端起茶碗；右手用拇指、食指、中指捏住盖钮掀开盖；右手持盖至鼻前闻香。左手端碗，右手持盖向外撇茶 3 次，以观汤色。右手将盖倾斜盖放碗口；双手将碗端至嘴前啜饮。

2. 闻香杯与品茗杯品茗法

1）闻香杯与品茗杯翻杯技法

左手扶茶托，右手端品茗杯反扣在盛有茶水的闻香杯上（右手食指压品茗杯底，拇指、中指持杯身）。右手用食指、中指反夹闻香杯，拇指抵在品茗杯上（手心向上）；内旋右手手腕，使手心向下，拇指拖住品茗杯；左手端住品茗杯，然后双手将品茗杯连同闻香杯一起放在茶托右侧。如图 9-11 所示。

　　2）闻香与品茗手法

　　左手扶住品茗杯，右手旋转闻香杯后提起，使闻香杯中的茶倾入品茗杯，右手提起闻香杯后握于手心，左手斜搭于右手外侧上方闻香，使杯中的香气集中进入鼻孔。如图 9-12 所示。

图 9-11　翻杯操作示范

图 9-12　闻香操作示范

　　女士持杯手势：右手持杯，用拇指、食指夹杯，中指托住杯底，并舒展开兰花指，小口啜饮。如图 9-13 所示。

　　男士持杯手势：右手持杯，用拇指、食指夹杯，中指托住杯底，无名指和小拇指收好。

这样的持杯手势称作"三龙护鼎",三根指头誉为"三龙",茶杯如鼎。品字三个口,一盏茶一般分为三口缓慢品饮。

图 9-13 品茗操作示范

【达标测试】

达标测试表如表9-3所示。

表 9-3 达标测试表

班级:_____   组别:_____   测试人:_____   测试时间:_____

测试内容	应得分	扣　分	实得分
上投法	10分		
中投法	10分		
下投法	10分		
单手回旋注水法	10分		
双手回旋注水法	10分		
回旋高冲低斟法	10分		
"凤凰三点头"注水法	10分		
斟茶	5分		
奉茶	5分		
盖碗品茗法	10分		
闻香与品茗手法	10分		

【延伸拓展】

续水揭盖的由来

清朝中期,成都的茶馆业十分兴旺发达。当时在大南门外边有一兴昌茶馆,老板忠厚老实，可偏偏三天两头地有小混混前来捣乱。这里面有一个叫郭菜的混混，好吃懒做，游手好闲，父亲留给的大部分家产已让他挥霍一空，所以这几年就干些坑蒙拐骗之事。这天上午，他闲步来到茶馆，要了一盅上好花茶、半斤花生。半天之后，茶足了，便想着不给茶钱的脱身之术。只见他乘人不备之时，把茶盅里的剩茶倒在竹桌之下，从口袋里掏出早已备好的绿头雀，偷偷放进茶盅里，用盖盖好，便闲着无事般看着路景。不一会儿，老板过来续水，一揭盖子，只见里面的雀儿忽地一下飞走了。这下郭菜便得理不饶人了，问老板，放跑了他心爱的绿头雀，打算怎么赔？老板为了免惹事端，只好破财消灾，免去了这小混混的茶钱，还赔了一些银子。

　　第二天，进来喝茶的人们都看见茶馆的门前挂了一块牌子："凡本店茶客，如要续水，自己先揭开茶盖，万望谅解。"此牌一出，小混混去的少了，前来喝茶的人多了，老板反而挣了许多钱，于是许多茶馆争相仿照，后来流传下来，客人续水揭盖就成了一种习俗。

第 10 章

茶 席 设 计

10.1　认知茶席基本构成要素

【实训目标】

（1）了解茶席设计的由来；

（2）欣赏茶席设计这种艺术表现形式；

（3）认知茶席的构成要素。

【要点简述】

所谓茶席设计，是指以茶为灵魂，以茶具为主体，在特定的空间形态中，与其他的艺术形式相结合，共同完成的一个有独立主题的茶道艺术的组合整体。

茶席首先是一种物质形态，其实用性是它的主要特征。茶席同时又是艺术形态，它由茶品、茶具组合、铺垫、插花、焚香、挂画、相关工艺品、茶点茶果、背景等物态形式构成其基本的要素，这些要素极大地为茶席的内容表达提供了丰富的艺术表现形式。茶席设计作为静态展示时，其形象、准确的物态语言，将一个个独立的主题表达得异常生动而富有情感。当对茶席进行动态的演示时，茶席的主题又在动静相融中通过茶的泡、饮，使茶的魅力和茶的精神得到更加完美的体现。

【实训器具】

多媒体设备、茶席设计的视频。

【实训要求】

此训练项目为该课程的难点，综合性强，安排学生在课程结束后分小组完成一份茶席设计作品的创作。

【实训方法】

（1）教师讲解；

（2）学生欣赏视频；

（3）学生实践操作。

【实训内容与操作标准】

1. 茶品

茶是茶席设计的灵魂，因茶而产生的设计理念，往往会构成设计的主要线索，如茶的色彩、形状、名称等。

2. 茶具组合

茶具组合是茶席设计的基础，也是茶席构成因素的主体。

① 茶具组合的基本特征是实用性和艺术性相融合。实用性决定艺术性，艺术性又服务于实用性。

② 茶具组合的质地、造型、体积、色彩、内涵等方面，应作为茶席设计的重要部分加以考虑，并使其在整个茶席布局中处于最显著的位置，以便于对茶席进行动态的演示。茶具组合，个件数量一般可按两种类型确定：一是基本配置，即必须使用而又不可替代的，如壶、杯、罐、则、煮水器等；二是齐全配置，包括不可替代和可替代的个件，如备水用具、泡茶用具、品茶用具、辅助用具等。

3. 铺垫

铺垫是铺垫在茶席之下的布艺类和其他质地物的统称。

铺垫的直接作用：一是使茶席中的器物不直接触及桌（地）面，以保持器物的清洁；二是以自身的特征辅助器物共同完成茶席设计的主题。

铺垫的质地、款式、大小、色彩、花纹，应根据茶席设计的主题与立意，运用对称、不对称、烘托、反差、渲染等手段的不同要求加以选择。或铺桌上，或摊地下，或搭一角，或垂一隅，既可作流水蜿蜒之意象，又可作绿草茵茵之联想。

4. 插花

插花是指以自然界中的鲜花、叶草为材料，通过艺术加工，在不同的线条和造型变化中，融入一定的思想和情感而完成的花卉的再造形象，通过对花卉的定格，表达一种意境来体验生命的真实与灿烂。

茶席中的插花，不同于一般的宫廷插花、宗教插花、文人插花和民间插花，而是为体现茶的精神，追求崇尚自然、朴实秀雅的风格。茶席中的插花所用花材通常为鲜花，有时因某些特别需要也可用干花，但一般不用人造花等。

① 茶席插花的类型通常采用瓶式插花，其次是盆式插花，而盆景式插花等用得很少。

② 茶席插花的基本特征是简洁、淡雅、小巧、精致。鲜花不求繁多，只插一两枝便能起到画龙点睛的效果；注重线条、构图的美和变化，以达到朴素大方、清雅绝俗的艺术效果。

③ 茶席插花的原则：虚实相宜——花为实，叶为虚，做到实中有虚，虚中有实；高低错落——花朵的位置切忌在同一横线或直线上；疏密有致——每朵花、每片叶都具有观赏效果和构图效果，过密则复杂，过疏则空荡；上轻下重——花苞在上，盛花在下，浅色在上，深色在下，显得均衡自然；上散下聚——花朵枝叶基部聚拢似同生一根，上部疏散多姿多彩。

5. 焚香

焚香在茶席中，其地位一直十分重要。它不仅作为一种艺术形态融于整个茶席中，同时它美好的气味弥漫于茶席四周的空间，使人在嗅觉上获得非常舒适的感受。

气味有时还能唤起人们意识中的某种记忆，从而使品茶的内涵变得更加丰富多彩。

6. 挂画

挂画是悬挂在茶席背景环境中书与画的统称。

书以汉字书法为主，画以中国画为主。

茶席挂轴除了书写名人诗词外，也可直接写明茶席设计的命题或茶道流派的名称。

7. 相关工艺品

不同的相关工艺品与主器具巧妙配合，往往会从人们的心理上引发一个个不同的心情、故事，使不同的人产生共鸣。

相关工艺品选择、摆放得当，常常会获得意想不到的效果。

8. 茶点茶果

茶点茶果是对在饮茶过程中佐茶的茶点、茶果和茶食的统称。其主要特征是分量较少、体积较小、制作精细、样式清雅。

9. 背景

茶席的背景是指为获得某种视觉效果，设定在茶席之后的艺术物态方式。

背景还起着视觉上的阻隔作用，使人在心理上获得某种程度的安全感。

10. 动态演示

动态演示包括动作、音乐、服饰、语言的设计。

【达标测试】

达标测试表如表 10-1 所示。

表 10-1　达标测试表

班级：＿＿＿＿＿　　组别：＿＿＿＿＿　　测试人：＿＿＿＿＿　　测试时间：＿＿＿＿＿

测试内容	应得分	扣　分	实得分
茶品	10 分		
茶具组合	10 分		
铺垫	10 分		
插花	10 分		
焚香	5 分		
挂画	10 分		
相关工艺品	5 分		
茶点茶果	10 分		
背景	10 分		
动态演示	20 分		

【延伸拓展】

茶 席 概 念

中国古代无茶席一词，茶席是从酒席、筵席、宴席转化而来的，茶席名称最早出现在日本、韩国茶事活动中。

"席，指用芦苇、竹篾、蒲草等编成的坐卧垫具。"（《中国汉字大辞典》）"席"的本义是指用芦苇、竹篾、蒲草等编成的坐卧垫具，如竹席、草席、苇席、篾席、芦席等，可卷而收起。如"我心非席，不可卷也"（《诗经·邶风·柏舟》）、"席卷天下"（贾谊《过秦论》）中的"席"就是这个意思。

席，引申为座位、席位、坐席。如"君赐食，必正席，先尝之。"（《论语·乡党》）

席，后又引申为酒席、宴席，是指请客或聚会酒水和桌上的菜。

虽然唐代有茶会、茶宴，但在中国古籍中未见"茶席"一词。

"茶席"一词在日本茶事中出现不少，有时也兼指茶室、茶屋。"去年的平安宫献茶会，在这种暑天般的气候中举行了。京都六个煎茶流派纷纷设起茶席，欢迎客人。小川流在纪念殿设立了礼茶席迎接客人……略盒玉露茶席有400多位客人光临。"（《小川流煎茶·平安宫献茶会》）

韩国也有"茶席"一词——"茶席，为喝茶或喝饮料而摆的席。"出于韩国一则观光公社中的广告文字，并有"茶席"配图。图中为一桌面上摆放各类点心干果，并有二人的空碗，且空碗旁各有一双筷子。

近年在中国台湾，"茶席"一词出现颇多。

"茶席，是泡茶、喝茶的地方。包括泡茶的操作场所、客人的坐席及所需气氛的环境布置。"（童启庆《影像中国茶道》，浙江摄影出版社，2002 年）

"茶席是沏茶、饮茶的场所，包括沏茶者的操作场所，茶道活动的必需空间、奉茶处所、宾客的坐席、修饰与雅化环境氛围的设计与布置等，是茶道中文人雅艺的重要内容之一。"（周文棠《茶道》，浙江大学出版社，2003 年）

我们说茶席不同于茶室，茶席只是茶室的一部分，因此茶席泛指习茶、饮茶的桌席。它是以茶器为素材，并与其他器物及艺术相结合，展现某种茶事功能或表达某个主题的艺术组合形式。

茶席的特征主要有四个，即：实用性、艺术性、综合性、独立性。

茶席有普通茶席（生活茶席、实用茶席）和艺术茶席之分。

挂　画

挂画又称挂轴。茶席中的挂画，是悬挂在茶席背景环境中的书画的统称。

挂轴由天杆、地杆、轴头、天头、地头、边、惊艳带、画心及背面的背纸组成。

挂轴形式有单条、中堂、屏条、对联、横披、扇面等。

茶席挂轴的内容，可以字，也可以画，一般以字为多，也可字画结合。

书体以篆、隶、草、楷、行各体均可。

画以中国画，尤其以山水画、水墨画为主。

书写内容主要以茶事为表现内容，也可表达某种人生境界、人生态度和人生情趣。

10.2　认知茶具及其功用

【实训目标】

（1）了解茶具的分类，熟悉常见的饮茶用具的名称及功用；

（2）学会组合不同品茗环境下的茶具。

【要点简述】

单个的茶具不足以烘托饮茶之情调，只有把不同用途的茶具组合起来，才能充分展示茶具之美。中国茶艺的器具之美，包括所选茶具自身的形之美以及茶具搭配后的组合美。茶具的形之美是客观存在的美，而茶具经过搭配之后的组合美则要靠茶人在每次茶事活动中用心去创造。

【实训器具】

备水器具若干、泡茶器具若干、品茶器具若干、辅助器具若干。

【实训要求】

在选择茶具时，不仅要看茶叶品质，还要注重品茗的场合和人数，再根据自己的泡茶实践和自己现有的茶具情况，选择、搭配一套科学、实用并美观的茶具。

【实训方法】

（1）教师示范讲解；

（2）参观专业茶具市场；

（3）学生操作。

【实训内容与操作标准】

10.2.1　茶具的组成及功用

1. 备水器具

煮水器、随手泡、开水壶——为泡茶而储水、烧水的器具。

2. 泡茶器具

茶壶、茶杯、盖碗、泡茶器——泡茶容器。

茶则——用来衡量茶叶用量，确保投茶量准确等。

茶叶罐——用来储放泡茶需用的茶叶。

茶匙——舀取茶叶，兼有置茶入壶的功能。

3. 品茶器具

茶海、公道杯、茶盅——储放茶汤。

品茗杯——因茶类不同而选定的品尝茶汤的杯子，当用玻璃杯时，往往泡、品合一。

闻香杯——用于嗅闻茶汤在杯底的留香。

4. 辅助器具

茶荷、茶碟——用来放置已量定的备泡茶叶，兼可放置观赏用样茶。

茶针——清理茶壶嘴时用，多为工夫茶冲泡时壶小易塞而备。

茶漏——方便将茶叶放入小壶。

茶盘——放置茶具、端捧茗杯用。

壶盘——放置冲茶的开水壶，以防开水壶烫坏桌面。

茶巾——清洁用具，擦拭积水。

茶池——不备水盂且弃水较多时用。

水盂——盛放弃水用。

滤网——过滤茶汤用。

茶道组合——通常将茶则、茶匙、茶针、茶夹、滤网等装在一个特制竹或木罐中，组合起来便于收放和使用。

10.2.2　不同茶类适宜选配的茶具

（1）名优绿茶——可以选用无盖透明玻璃杯或白瓷、青瓷、青花瓷无盖杯。最好选用透明的玻璃杯，这样在冲泡过程中能欣赏到细嫩的茶芽在水中慢慢舒展，徐徐浮沉游动的姿态，领略"茶之舞"的情趣。

（2）大宗绿茶——可以选用瓷杯、瓷碗加盖冲饮。以闻香、品味为主，观形次之。

（3）红茶。

条红茶——可以选用紫砂（杯内壁上有白釉）、白瓷、白底红花瓷、各种红釉瓷的壶杯具、盖杯、盖碗。

红碎茶——可以选用紫砂（杯内壁上有白釉），以及白黄底色描橙、红花和各种暖色瓷的咖啡茶具。

（4）黄茶——可以选用奶白瓷、黄釉颜色瓷和以黄、橙为主色的五彩壶杯具、盖碗和盖杯。

（5）白茶——可以选用白瓷或黄泥炻器壶杯，或用反差极大且内壁有色的黑瓷，以衬托出白毫。

（6）青茶——可以选用紫砂壶杯具，或白瓷壶杯具、盖碗、盖杯，也可以用灰褐系列的炻器壶杯具。

（7）普洱茶——可以选用紫砂壶杯具或白瓷壶杯具、盖碗、盖杯，也可以用民间土陶工艺制作杯具。

（8）花茶——可以选用青瓷、青花瓷、斗彩、五彩等品种的盖碗、盖杯、壶杯套具。

【达标测试】

达标测试表如表 10-2 所示。

表 10-2　达标测试表

班级：_____　　组别：_____　　测试人：_____　　测试时间：_____

测试内容	应得分	扣　分	实得分
备水器具	10 分		
泡茶器具	10 分		
品茶器具	10 分		
辅助器具	10 分		
泡绿茶器具	10 分		
泡红茶器具	10 分		
泡黄茶器具	5 分		
泡白茶器具	5 分		
泡乌龙茶器具	10 分		
泡普洱茶器具	10 分		
泡花茶器具	10 分		

【延伸拓展】

茶点茶果配置

茶点茶果是对在饮茶过程中佐茶的茶点、茶果和茶食的统称。其主要特征是分量较少、体积较小、制作精细、样式清雅。

茶在被作为专门饮料之前，就是以茶点的形式出现的。在隋唐之前的相当长时期内，人们将茶制作成茶菜肴或"茗粥"来作为食品的。"茶果"一词，最早出现在王世儿的《晋中兴书》中。书中记载了陆纳节俭的故事，说："……纳所设唯茶果而已。"

人们品茶，佐以茶点茶果，已成习惯。往日仅清饮一杯的情景已不多见。特别是到茶馆大多采用自助式，许多茶点茶果摆放在那里，任顾客随意选用，选多选少，茶资相同。品茶品的是情调，是意味，茶点不在多，一个真正会品茶的人，在佐茶的茶点茶果上，会根据不同的茶、不同的季节、不同的日子和不同的人进行不同的选择。

一、根据不同的茶选择

品绿茶——可选择一些甜食，如干果类的桃、桂圆、蜜饯、金橘饼等。

品红茶——可选择一些甘酸的茶果，如杨梅干、葡萄干、话梅、橄榄等。

品乌龙茶——可选择一些味偏重的咸茶食，如椒盐瓜子、怪味豆、笋干丝、鱿鱼丝、牛肉干、咸菜干、鱼片、酱油瓜子等。

二、根据不同的季节选择

春天——脱去沉重的冬装，仰面吸入春的气息，低头尽是春花欲放，人的心情也会随之清新起来。这时品茶，可选择带有薄荷香味的糖果、桃酥、香糕、玫瑰瓜子等，使花香果香，一并进入口中。

夏天——踏着夜色去茶馆，柳枝轻拂，月光如水，路边小溪闪着银色的光。此刻品茗，佐以鲜果，如菠萝、雪梨、西瓜、樱桃、龙眼、荔枝、花红、山楂、草莓……水分要多一点的，味道要甜一点的。

秋天——秋高气爽。择个周末，或午或晨，泡上一壶安溪铁观音，那股清甜的香气顷刻在你我鼻间飘荡。先品上几小杯，过一把壶瘾，再捧上热腾腾的水晶饺、蒸角儿、珍珠细密盏、淌水锅贴、烧卖、小笼包、生煎馒头，尝一口，再尝一口，那种惬意，全在一品一尝中。

冬天——瑞雪刚停，耳边就响起古刹老僧的喊声："吃茶去！"是哪家馆主拾取新炭添入炉？暖暖的，映红你我的脸。茶融融，又见满桌开心果、香酥核桃仁、栗子、茶香葵花子、蜜枣、姜片、桂花糖。茶香情浓，令人回味无穷。

三、根据不同的日子选择

过生日——喝奶茶，自然是选配糕糖甜点类。

重阳日——品绿茶，用绿豆糕、云片糕类佐茶。

端午节——品宁红，粽子是主打。

中秋日——品单枞，配鱼片、鸡丝、牛肉干，一定受欢迎。

状元日——进高校，捧一把开心果、花生仁、怪味豆，十年寒窗，香甜苦辣味先尝。

定情日——千里姻缘一线牵，情人眼里都是甜。就把蜜枣、蜜糖、蜜饯、蜜瓜都端来。

老友聚重相逢——笑谈当年都称雄。说累了，说饿了，多端些酒酿圆子，圆圆满满如当下的日子，甜甜蜜蜜如逝去的往事。

四、根据不同的人选择

请老人——年岁不饶人，应选择如汤圆、四喜饺子、绿茶粥之类宜牙的湿点。

请上司——多多沟通感情，宜选择奶香葵花子、奶油南瓜子、五香西瓜子之类。要慢慢地嗑，慢慢地聊。

请情人——应选甜点，果奶冻、茶糖串、薯条、三丝卷、杏仁糕，都是上品。若嫌时光快，再添开心果。

请同桌——多选些干果，如话梅、果丹皮、金橘饼、青梅干，让青梅一般的童年，甜甜酸酸沁人心田。

请亲戚——唧唧喳喳话匣子总关不住，挤不上说的就嗑瓜子，多选些花生、青豆、百果、核桃、葵花子。话说一堆，壳吐一桌，不带劲也带劲。

10.3　茶席的结构与背景设计

【实训目标】

（1）了解不同的茶席形态有不同的茶席结构方式；

（2）掌握茶席结构、背景及相关工艺品的设计与选配知识；

（3）了解茶席的结构美是以茶席各部位在大小、高低、多少、远近、前后、左右等比例中所呈现的总体和谐为追求的目标。

【要点简述】

茶席由具体器物构成，包括茶席器物依存的铺垫之外的器物，如背景、空中吊挂等具体的相关工艺品等，只要属于茶席的构成部分，铺垫与器物之间，器物与背景及相关个体工艺品之间，都存在着空间距离的结构关系。

【实训器具】

多媒体设备、茶席设计 VCD。

【实训要求】

两人为一组合作完成一份茶席结构与背景的设计。

【实训方法】

（1）教师示范讲解；

（2）学生操作。

【实训内容与操作标准】

10.3.1　茶席结构设计

1. 中心结构式

中心结构式是指在茶席有限的铺垫或表现空间内，以空间中心为结构核心点，其他各因素均围绕结构核心来表现相互关系的结构方式，中心结构属传统结构方式，结构的核心往往以主器物来体现，非常注重器物的大小、高低、多少、远近、前后、左右的关照。

2. 多元结构式（非中心结构式）

1）流线式

以地面结构为多见，一般常为地面铺垫的自由倾斜状态。在器物摆置上无结构中心，而是不分大小、不分高低、不分前后左右，仅是从头到尾，信手摆来，整体铺垫呈流线型。

2）散落式

一般表现为铺垫平整，器物规则，其他装饰品自由散落于铺垫之上。如将花瓣或富有个性的树叶、卵石等不经意地洒落在器物之间。散落式表面看似落叶缤纷，实则表现人在草木中的闲适心情。

3）桌、地面组合式

属现代改良的传统结构式。其结构核心在地面，地面承以桌面，地面又以器物为结构核心点。一般置于地面的器物，其体积要求比桌面的器物稍大。如偏小，则成饰物，会表现出强烈的失重感。

4）器物反传统式

多用于表演性茶道的茶席。此类茶席在茶具的结构上、器物的摆置上一反传统的结构样式，具有一定的艺术独创性，又以深厚的茶文化传统作基础，使结构全新化而又不离一般的结构规律，常给人耳目一新的感觉。

5）主体淹没式

常见于一些茶艺馆、茶道馆或日式茶室的茶室布置。为适合不同茶客的需求，在茶席主器物上，以不同的形状重复摆放，但摆放仍有规律。如在长短比例、高低位置、远近距离等方面仍十分讲究，使复杂美的结构方式得以充分体现。

10.3.2 背景设计

1. 室外背景形式

（1）以树木为背景。

（2）以竹子为背景。

（3）以假山为背景。

（4）以盆栽植物为背景。

（5）以自然景物为背景。

（6）以建筑物为背景。

2. 室内背景形式

1）以窗为背景

以室内现成的窗为背景，窗框可贴可挂，窗格可饰可勾，窗台可摆可布，窗帘可拉可垂。若要追求茶席的背景效果，茶席便可背窗而设；若要追求茶席器物的投光效果，茶席便可侧窗而设。如窗位较低，或是落地窗类，采用地铺的形式进行茶席的设计则效果更佳。

2）以廊口为背景

廊口是入门后紧接室内走廊的入口处。茶席可倚廊壁而设，透半边走廊作背景，既显出远近距离线条结构，又是一个空间的自然隔断，另半边拐角墙体呈一上升直线，且方便挂饰，是室内一个很有个性的背景形式，利用好，会为茶席增色不少。

3）以房柱为背景

利用房柱作背景，应将茶席设于房柱的任一侧位。而不要将茶席设于房柱中位，否则构图会显得呆板。房柱上还可拉挂些绳索，以便吊、挂饰物。如雕龙凤的圆柱，很适合表现传统题材的茶席。

4）以装饰墙面为背景

以装饰墙面为背景，可事先根据墙面饰物及装饰图案的风格确定茶席的题材和风格，然后再进行具体茶席的设计与摆设，并可将茶席的某种艺术特质与装饰墙面的艺术特质结合起来，以获得相互融合的效果。

5）以玄关为背景

许多大厅在门口处设有玄关。玄关的造型以方形、长方形多见，往往都连有底座。用玄关作为茶席背景，无须再补以其他饰物。但要注意茶席的题材是否与玄关的风格相吻合，如一个传统，一个现代，这样就要再作调整，或用某种装饰物将玄关与茶席风格不相符的部分加以遮掩与修饰。

6）以博古架为背景

在一些比较讲究的大厅中，常在某个墙面设有博古架，摆放各种古玩和工艺品。博古架古色古香，透书卷气，如茶席器物是瓷质、紫砂类，仿佛这些器物就是从博古架中而来，给人以博古架就是专门为茶席而设的感觉。

10.3.3　相关工艺品设计

1. 相关工艺品选择和陈设原则

茶席中的主器物与相关工艺品在质地、造型、色彩等方面应属于同一个基本类系。在色彩上，同类色最能相融，并且在层次上也更加自然、柔和。在茶席布局中，相关工艺品数量不需多，而且要处于茶席的旁、边、侧、下及背景的位置，服务于主器物，做到多而不掩器，小而看得清。这样不仅能有效地陪衬、烘托茶席的主题，还能在一定的条件下对茶席的主题起到深化的作用。

2. 工艺品类别

（1）自然物类：石头、植物盆景、花草、干枝干叶等。

（2）生活用品类：穿戴、首饰、化妆品、厨用、文具、玩具等。

（3）艺术品类：乐器、民间艺术、演艺用品等。

（4）宗教用品类：佛教法器、道教法器、西方教具等。

（5）传统劳动用具类：农业用具、木工用具、纺织用具、铁匠用具、鞋匠用具、泥匠用具等。

（6）历史文物类：古代兵器、文物古董等。

【达标测试】

达标测试表如表 10-3 所示。

表 10-3　达标测试表

班级：_____　　组别：_____　　测试人：_____　　测试时间：_____

测试内容	应得分	扣　分	实得分
结构设计	40 分		
背景设计	40 分		
相关工艺品	20 分		

【延伸拓展】

焚　香

焚香，是指人们把从动物和植物中获取的天然香料进行加工，使其成为各种不同的香型，并在不同的场合焚熏，以获得嗅觉上的美好享受。

焚香一开始就把人们的生理需求与精神需求结合在一起。在中国盛唐时期，达官贵人、文人雅士及富裕人家就经常在聚会时争奇斗香，使熏香成为一种艺术，与茶文化一起发展起来。至宋代，我国的焚香艺术，与品茶、插花、挂画一起，被作为文人"四艺"。

焚香，可用在茶席中。它不仅作为一种艺术形态融于整个茶席中，同时以它美妙的气味弥漫于茶席四周的空间，使人在嗅觉上获得非常舒适的感受。

1. 茶席中自然香料的种类

檀香、沉香、龙脑香、紫藤香、甘松香、丁香、石蜜、茉莉等。

2. 茶席中香品的样式及使用

茶席中的香品，总体上分为熟香与生香，又称干香与湿香。熟香指的是成品香料，一般可在香店购得。少量为香品制作爱好者自选香料自行制作而成。生香是指在作茶席动态演示之前，临场进行香的制作（又称香道表演）所用的各类香料。

熟香主要样式有柱香、线香、盘香、条香等，这是常见的熟香样式。另有片香、香末等作熏香之用。

生香临场制作表演，既是一种技术，又是一种艺术，具有可观赏性。对于香道文化的传播，起着非同寻常的作用。

3. 茶席中香炉的种类及摆置

香炉造型多取自春秋之鼎。从汉墓中出土的博山炉，史学界基本上认为是中国香炉之祖。至宋，瓷香炉大量出现，样式有鼎、乳炉、鬲炉、敦炉、钵炉、洗炉、筒炉等，大多仿商周名器铸造。明代制炉风盛，宣德香炉是其代表。在色彩上，缤纷多样，光彩夺目。

各类香炉，都有铜、铁、陶、瓷质等，宫廷和富贵人家还有用金、银铸成的。现代香炉多为铜质、铁质和紫砂制品。

表现宗教题材及古代宫廷题材，一般选用铜质茶炉。铜质茶炉古风犹存，基本保留了古代香炉的造型特征。

表现现代和古代文人雅士雅集茶席，以选择白瓷直筒高腰山水图案的焚香炉为佳。直筒高腰焚香炉，形似笔筒，与文房四宝为伍，协调统一，符合文人雅士的审美习惯。

表现一般生活题材的茶席，如为泡青茶系列，可选紫砂类香炉或熏香炉；如为泡龙井、碧螺春、黄山毛峰等绿茶，可选用瓷质青花低腹阔口的焚香炉。瓷与紫砂，贴近生活，清新雅致，富有生活气息。

香炉在茶席中的摆置，即香炉在茶席中的位子，应把握以下两个原则：一不夺香；二不挡眼。

10.4 茶席设计文案的编写

【实训目标】

（1）掌握茶席设计文案的编写方法；

（2）能根据茶席设计的主题选择合适的背景音乐。

【要点简述】

茶席设计的文案，是以图文结合的手段，对茶席设计作品进行主观反映的一种表达方式。茶席设计的文案，作为一种记录形式，有一定的资料价值，可留档保存，以备后用。同时，作为一种设计理念、设计方法的说明、传递形式，又可在艺术创作展览、比赛、专业学校设计考核等活动中发挥参考、借鉴的作用。

【实训器具】

多媒体设备、各式茶具、茶叶、音乐、学生自备装饰用品、花材、茶席设计作品。

【实训要求】

两人为一组合作完成一份茶席设计文案的编写。

【实训方法】

（1）教师示范讲解；

（2）学生操作。

【实训内容与操作标准】

10.4.1　茶席设计文案的格式要求

（1）标题：在书写用纸的头条中间位置书写标题，字型可稍大，或用另种字体书写，以便醒目。

（2）主题阐述：正文开始时，可以简短文字将茶席设计的主题思想表达清楚。主题阐述务必鲜明，具有概括性和准确性。

（3）结构说明：所设计的茶席由哪些器物组成，作怎样摆置，欲达到怎样的效果等说明清楚。

（4）结构中各因素的用意：对结构中各器物选择、制作的用意表达清楚。不要求面面俱到，对具有特别用意之物可作突出说明。

（5）结构图示：以线条画勾勒出铺垫上各器物的摆放位置。如条件允许，可画透视图，也可使用实景照片。

（6）动态演示程序介绍：就是将用什么茶，为什么用这种茶，冲泡过程各阶段（部分）的称谓、内容、用意说明清楚。

（7）奉茶礼仪语：奉茶给客人时所使用的礼仪语言。

（8）结束语：全文总结性的文字，内容可包含个人的愿望。

（9）作者署名：在正文结束后的尾行右部署上设计者的姓名及文案表述的日期。

（10）统计文案字数：即将全文的字数（图示以所占篇幅换算为文字字数）作一统计。然后记录在尾页尾行左下方处。茶席设计文案表述（含图示所占篇幅），一般控制在1 000～1 200字。字数可显示，也可不显示，根据要求决定。

10.4.2　范例

范例 1

风　荷

在一年四季之中，夏季以其特有的景致和生气吸引着诗人，撩拨诗人的情思，激发诗人的创作灵感。而夏季的荷花更为诗人们所钟爱，宋代诗人秦观在《纳凉》诗中写道："外携杖来追柳凉，画桥南畔倚胡床。月明船笛参差起，风定池莲自在香。"诗人携杖出户，寻觅纳凉胜地，画桥南畔，绿柳成行，月明之夜，笛声参差而起，在水面萦绕不绝。晚风初定，池中莲花盛开，幽香散逸，沁人心脾。"一切景语皆情语"。不少诗人在描绘夏日景致的同时，渗透了自己款款的情思。南宋时，杭州西湖的荷花最负盛名，文学家杨万里《晓出净慈寺送林子方》诗中写道：

毕竟西湖六月中，风光不与四时同。接天莲叶无穷碧，映日荷花别样红。

各位茶友大家好，今天我为大家展示的茶席名为"风荷"，来自杨万里的诗句。六月的西湖风光无限，水中的荷花红得那么让人心醉，荷花以它特有的风姿千百年来深得人们的眷爱，今天又以特有的姿态来到了我们的面前。

茶席创意：六月的西子湖上微风徐徐，湖边的柳枝儿轻轻地荡漾，荷花尽情地开着，红得让人心醉，荷叶敞开着胸怀，拥抱着大自然，鱼儿在水中嬉戏，欢唱，鸳鸯成双成对，永不分离。在这一片令人陶醉的自然风光里，带上自己心仪的茶具，泡上一壶上好的龙井，细细地品味古人的诗句，人和自然浑然一体。

背景：六月的西湖，荷花盛开，天是那么蓝，水是那么绿，杨柳轻轻，和风徐徐。

音乐：民歌《西湖春晓》之背景音乐。

茶器：浅绿色瓷壶，浅绿色瓷杯，荷花形冰冽茶洗，清末碗碟。

茶品：特级西湖龙井茶。

插花：景德镇瓷器荷花组合（因整幅场景均用荷花铺垫和展示，故不再另用插花以防不协调及烦琐）。

服装：绿色真丝中式短装（与荷叶的颜色一致，和整幅场景保持协调，感觉人与自然相融，浑然天成）。

茶席设计介绍：以各个季节的特点和茶的内涵特性进行茶席设计，既有鲜明的个性，又相互呼应，相得益彰——淡绿色调的台面布置配上花茶的茶具表示春天；大红色调的台面布置加玻璃茶具冲泡绿茶表示夏天；淡橙色的台面布置配上瓷器冲泡安溪乌龙茶表示秋天；银白色调的台面布置配上白瓷茶具冲泡红茶调饮表示冬天。

跟着那优美的音乐声，让我们走进这荷花丛中，细细地品味自然的芳香与茶的清香……

现在就让我来为大家泡上一杯芳香的西湖龙井茶。

好，香茶已泡，现敬奉给各位品尝，并祝大家养生有道，身体健康，福寿同存！

表述人：×××
年　月　日

范例 2

万里茶路　筑梦中华

茶品　黑茶
茶具　河北曲阳"大宋定窑"出品的粗瓷茶具
音乐　高山流水
服装　中式茶服

主题阐述　各位老师：

大家好！

听，曾经商队的脚步声，还在大地上踏踏地做响。

闻，曲曲折折的路途中，还在漂浮着幽幽的茶香。

看，这台茶席静静地在诉说着东方神奇树叶的前世今生。

致密的黄麻布上呈现的是由我们亲手绘制的"茶叶之路"，出自于古"大宋定窑"的粗瓷茶具将会唤醒这款老黑茶迷人的魅力。

在"一带一路"倡仪的驱动下，"万里茶路"迎来新的机遇，当今我国腾飞的经济再次续写"一片树叶的故事"。在这里，我们祝愿"茶叶之路"在新时代"一带一路"倡仪下，绽放出更加夺目的光彩！

茶席创意　这台茶席意在通过中国历史重要的国际商贸线路——陆上"万里茶道"，呈现曾经的经济辉煌，充分表达新时期国家规划的"一带一路"宏图将再现旷世盛景的民族自信。起始于武夷山市下梅村，自南向西北拓展、延绵万里的茶道在历史上书写出浓墨重彩的图卷。质感的黄麻布做铺垫具有遥远的年代感，在垂落面上勾画出"万里茶道"的行程路线，用闪烁的彩灯标出起点和几个重要中转地点。茶具组合均采用古定瓷产地"大宋定窑"出品的粗瓷，中心摆放侧把主泡器，右侧提梁壶和水盂直线防置，紧邻的茶杯茶垫呈"品"字摆放。质朴的簸箕里放有紧压的年份黑茶，取好的一泡茶品已安静地待于茶荷，左上侧相辉映的仿古倒流香炉自顾袅袅飘散着幽香。茶席右前方摆放着"中华茶艺"一套四本书及描述"万里茶道"的刊物和书籍，宣纸上书写着"万里茶道世纪动脉，交流合作再创辉煌"的字样，沾有墨汁毛笔安静地放在"骆驼"形状的笔架上，历史的记忆悄然复活于茶席。

茶席图示：

【达标测试】

达标测试表如表 10-4 所示。

表 10-4　达标测试表

班级：_____　　组别：_____　　测试人：_____　　测试时间：_____

测试内容	应得分	扣　分	实得分
标题	5 分		
主题阐述	20 分		
结构说明	10 分		
结构中各因素的用意	10 分		
结构图示	10 分		
动态演示程序介绍	20 分		
奉茶礼仪语	10 分		
结束语	5 分		
作者署名	5 分		
统计文案字数	5 分		

第 11 章

常见茶类行茶法

11.1 绿 茶 茶 艺

【实训目标】

(1) 掌握绿茶的基本冲泡程序；

(2) 掌握用不同茶具冲泡绿茶的技法要领、行茶方法。

【要点简述】

绿茶属不发酵茶类，以保持茶叶自身的嫩绿为贵。绿茶的基本特征是叶绿汤清。高密度的茶具，因材质气孔率低、吸水率小及冲泡绿茶时茶香不易被吸收，而显得特别清冽。

冲泡高级绿茶用敞口厚底玻璃杯，能观察到杯中茶叶沉浮起落，茶芽似春笋般排列整齐，上下相对，形态十分优美，给人一种视觉美的享受，一种联翩的诗意，使观看者产生品尝这杯香茗的愿望。此外，由于高级绿茶的芽叶比较细嫩，高温的开水或不易散热的茶具，易使嫩绿芽叶变黄，影响茶汤色、香、味。而玻璃杯传热、散热比较快，适合嫩绿茶叶的沏泡；同时玻璃茶具质地透明，晶莹剔透，形态各异，用玻璃杯泡茶，明亮色绿的茶汤、芽叶的细嫩柔软、茶芽在沏泡过程中的上下起伏、芽叶在浸泡过程中的逐渐舒展等情形，可以一览无余，是一种动态的艺术欣赏。特别是冲泡各类名优绿茶，玻璃杯中轻雾缥缈，清澈碧绿，芽叶朵朵，亭亭玉立，赏心悦目，别有风味。

【实训方法】

(1) 教师示范讲解；

(2) 学生分组练习。

【实训要求】

掌握翻杯、润杯、摇香手法；熟练运用玻璃杯泡茶上、中、下投茶法；回旋斟水、凤凰三点头、揭盖闻香等技法。掌握规范得体的操作流程及典雅大方的动作要领，并能够互相纠正错误，熟练操作。

【实训内容与操作标准】

11.1.1 绿茶玻璃杯泡法

1. 备具

长方形茶盘 1 个，无刻花透明玻璃杯（根据品茶人数而定），茶叶罐 1 个，茶荷 1 个，茶道组 1 套，茶巾 1 块，随手泡 1 个。

2. 布具

用右手提茶壶置茶盘外右侧桌面，双手将茶叶罐放至茶盘外左侧桌面，将茶荷及茶道组端至身前桌面左侧，将茶巾叠好放至身前桌面上。玻璃杯泡法布具如图 11-1 所示。

图 11-1　玻璃杯泡法布具

3. 赏茶

从茶道组中取出茶匙，用茶匙从茶叶罐中轻轻拨取适量茶叶入茶荷，供客人欣赏干茶外形、色泽及香气。根据需要可用简短的语言介绍一下将要冲泡的茶叶品质特征和文化背景，以引发品茶者的情趣。

因绿茶（尤其是名优绿茶）干茶细嫩易碎，因此从茶叶罐中取茶入荷时，应用茶匙轻轻拨取，或轻轻转动茶叶罐，将茶叶倒出。禁用茶则盛取，以免折断干茶。

4. 翻杯、润杯

从左至右用双手将事先扣放在茶盘上的玻璃杯逐个翻转过来一字摆开，或呈弧形排放，依次倾入 1/3 杯的开水，然后从左侧开始，右手捏住杯身，左手托杯底，轻轻旋转杯身，将杯中的开水依次弃掉。

当面润杯清洁茶具既是对客人的礼貌，又可以让玻璃杯预热，避免正式冲泡时炸裂。

5. 置茶

用茶匙将茶荷中的茶叶一一拨入杯中待泡（下投法）。每 50 毫升容量用茶 1 克。

6. 温润、摇香

用回转斟水法将随手泡中适度的开水倾入杯中，注入量为茶杯容量的 1/4 左右，水温 80 ℃左右，注意开水不要直接浇在茶叶上，应打在玻璃杯的内壁上，以避免烫坏茶叶。端起玻璃杯回转三圈，摇香后可供宾客闻香。此泡时间掌握在 15 秒以内。

7. 冲泡

执随手泡以"凤凰三点头"高冲注水，使玻璃杯中的茶叶上下翻滚，有助于茶叶内含物质浸出，茶汤浓度达到上下一致。一般冲水入杯至七成满为宜。（见彩页）

此步骤若对于需保持条形整齐优美的绿茶，如太平猴魁，则不采取高冲注水，而是采用沿杯壁缓缓倾入的方法。

8. 奉茶

右手轻握杯身（注意不要捏杯口），左手托杯底，双手将茶送到客人的面前，放在方便客人提取品饮的位置。茶放好后，向客人伸出右手，做出"请"的手势，或说"请品茶"。

9. 品茶

品茶应先闻香，后赏茶观色，欣赏茶汤澄清碧绿、芽叶嫩匀成朵、旗枪交错、上下浮动、栩栩如生的景象。再细细品啜，寻其茶香与鲜爽，滋味甘醇与回味变化过程的韵味。

10. 收具

把其他用具收入茶盘，撤回。

11.1.2　绿茶盖碗泡法

1. 备具

长方形茶盘 1 个，盖碗（根据品茶人数而定），茶叶罐 1 个，茶荷 1 个，茶道组 1 套，茶巾 1 块，随手泡 1 个。

2. 布具

取出茶壶放在茶盘外右侧桌面，再分别将茶道组、茶叶罐和茶荷放在茶盘外左侧桌面，将茶巾叠好放于身前桌面上，把盖碗匀称地摆放在茶盘上，如图 11-2 所示。

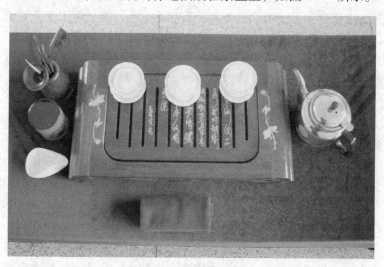

图 11-2　盖碗泡法布具

3. 赏茶

从茶道组中取出茶匙，用茶匙从茶叶罐中轻轻拨取适量茶叶入茶荷，供客人欣赏干茶外形、色泽及香气。

4. 洁具

将盖碗一字摆开，掀开碗盖。右手将碗盖稍加倾斜地盖在茶碗上，双手持碗身，双手拇指按住盖钮，轻轻旋转茶碗三圈，将洗杯水从盖和碗身之间的缝隙中倒出，放回碗托上，右手再次将碗盖掀开，斜搁于碗托右侧，其余茶碗按同样的方法进行清洁。洁具的同时达到温热茶具的目的，冲泡时减少茶汤的温度变化。

5. 置茶

左手持茶荷，右手拿茶匙，将干茶依次拨入茶碗中待泡。通常，1 克细嫩绿茶，冲入开水 50~60 毫升，一只普通盖碗放入 2 克左右干茶即可。

6. 冲水

用水温在 80 ℃左右的开水高冲入碗，水柱不要直接落在茶叶上，应落在碗的内壁上，冲水量以七八成满为宜。冲入水后，迅速将碗盖稍加倾斜地盖在茶碗上，使盖沿与碗沿之间有一空隙，避免将碗中的茶叶闷黄泡熟。

7. 奉茶

双手持碗托，礼貌地将茶奉给贵宾。

8. 闻香品茗

右手将茶托端交于左手，右手揭盖闻香，持盖向外拨去浮叶，观色，双手端至嘴处小口啜饮，慢慢细品。（见彩页）

9. 收具

将其余器具收拾到盘中撤回。

11.1.3 品绿茶的茶艺表演（以龙井茶为例）

1. 器皿准备

玻璃杯 4 只，白瓷壶 1 把，随手泡 1 套，茶叶罐 1 个，茶道组 1 套，茶盘 1 个，茶池 1 个，香炉 1 个，香 1 支，茶巾 1 条，特级狮峰龙井 12 克。

2. 基本程序

第一道，点香——焚香除妄念，即通过点香来营造一个祥和肃穆的气氛，并达到驱除妄念、心平气和的目的。

第二道，洗杯——冰心去凡尘。当着各位嘉宾的面，把本来就干净的玻璃杯再烫洗一遍，以示对嘉宾的尊敬。

第三道，凉汤——玉壶养太和。狮峰龙井茶芽极其细嫩，若直接用开水冲泡，会烫熟茶芽造成熟汤而失味，所以要先把开水注入到瓷壶中养一会儿，待水温降到 80 ℃左右时再用来冲茶。

第四道，投茶——清宫迎佳人，即用茶匙把茶叶拨入到冰清玉洁的玻璃杯中。

第五道，润茶——甘露润莲心，即向杯中注入约 1/3 容量的热水，起到润茶的作用。

第六道，冲水——凤凰三点头，冲泡讲究高难度冲水。在冲水时使水壶有节奏地三起三落而水流不断、这种冲水的技法称为凤凰三点头，寓意着凤凰再三对嘉宾们点头致意。

第七道，泡茶——碧玉沉清江。冲水后龙井茶吸收水分，逐渐舒展开来并慢慢沉入杯底，称之为"碧玉沉清江"。

第八道，奉茶——观音捧玉瓶。茶艺服务员向宾客奉茶，意在祝福好人一生平安。

第九道，赏茶——春波展旗枪。杯中的热水如春波荡漾，在热水的浸泡下，龙井茶的茶芽慢慢地舒展开来，尖尖的茶芽如枪，展开的叶片如旗。一芽一叶称之为"旗枪"，一芽两叶称之为"雀舌"，展开的茶芽簇立在杯底，在清碧澄净的水中上下浮沉，或左右晃动，栩栩如生，宛如春兰初绽，又似有生命的精灵在舞蹈。

第十道，闻茶——心悟绿茶香。龙井茶有四绝："色绿、形美、香郁、味醇"，品龙井茶要一看、二闻、三品味。

第十一道，品茶——淡中回至味。品饮龙井茶极有讲究，清代茶人陆次之说："龙井茶，真者甘香而不洌，啜之淡然，似乎无味，饮过之后，觉有一种太和之气，弥沦于齿颊之间，此无味之味，乃至味也。"此道程序要慢慢啜，细细品，让龙井茶的太和之气沁人肺腑。

第十二道，谢茶——自斟乐无穷。请宾客自斟自酌，通过亲自动手，从茶事活动中去感受修身养性，品味人生的无穷乐趣。

【达标测试】

达标测试表如表 11-1 所示。

表 11-1　达标测试表

班级：_____　　组别：_____　　测试人：_____　　测试时间：_____

测试内容	应得分	扣　分	实得分
仪容仪表	10 分		
翻杯手法	15 分		
润杯手法	15 分		
摇香手法	15 分		
回旋斟水	15 分		
凤凰三点头	15 分		
揭盖闻香	15 分		

11.2　红　茶　茶　艺

【实训目标】

（1）掌握红茶的基本冲泡程序；

（2）掌握用瓷壶冲泡红茶的技法要领、行茶方法；

（3）了解调味红茶的冲泡方法。

【要点简述】

红茶属全发酵茶类。红茶品饮有清饮和调饮两种。清饮，即在茶汤中不加任何调料，使茶发挥本性固有的香气和滋味；调饮，则在茶汤中加入调料，以佐汤味。中国大多数地方都采用清饮冲泡。条形红茶的基本特征是红汤红叶，条形细紧纤长，色泽乌润，香气持久，滋味浓醇鲜爽，汤色红艳明亮。冲泡红茶的最佳器具选择尽量使用材质为瓷（以白瓷最佳）、紫砂、玻璃制品的茶具。

【实训要求】

掌握翻杯、悬壶高冲、匀汤分茶等技巧；掌握规范得体的操作流程及典雅大方的动作要领，并能够互相纠正错误，熟练操作。

【实训方法】

（1）教师示范讲解；

（2）学生分组练习。

【实训内容与操作标准】

11.2.1 红茶清饮瓷壶泡法

1. 备具

长方形茶盘 1 个，瓷质茶壶 1 把，茶杯 4 个，配套杯托 4 个，茶叶罐 1 个，茶荷 1 个，茶道组 1 套，茶巾 1 块，随手泡 1 套。

2. 布具

将随手泡端放在茶盘右侧桌面，将茶道组端放至茶盘左侧桌面上，将茶叶罐捧至茶盘左侧桌面，将茶巾放至身前桌面上，将瓷壶摆放在茶盘下半部分居中位置，将 4 个茶杯匀放在茶盘上半部分位置。瓷壶泡法布具如图 11-3 所示。

图 11-3 瓷壶泡法布具

3. 翻杯润具

从左至右逐一将反扣的品茗杯翻转过来；再将壶盖放置茶盘上，左手持茶巾，右手提开水壶，用初沸之水注入瓷壶及杯中，为壶、杯升温。

4. 取样置茶

将茶匙从茶道组中取出，用茶匙从茶叶罐中拨取适量整叶红茶入茶荷，赏茶，将茶用茶匙拨入壶中。

5. 悬壶高冲

以回转低斟高冲法斟水，使茶充分浸润。

6. 匀汤分茶

分茶，第一杯倒二分满，第二杯倒四分满，第三杯倒六分满，第四杯倒至七八分满。再回转分茶，将每杯都斟至七八分满。

7. 奉茶

可采取双手、单手从正面、左侧、右侧奉茶，奉茶后留下茶壶，以备第 2 次冲泡。

8. 收具

将其余器具收到盘中撤回。

11.2.2　红茶调饮泡法

调味红茶主要有牛奶红茶、柠檬红茶、蜂蜜红茶、白兰地红茶等。调味红茶的冲泡方法与清饮壶泡法相似，只是要在泡好的茶汤中加入调味品。具体泡法如下。

1. 备具

按人数选用茶壶及与之相配的茶杯，茶杯多选用有柄带托的瓷杯，如制作冰红茶，也可选用透明的直筒玻璃杯或矮脚的玻璃杯；茶叶罐、羹匙、公道杯、滤网、随手泡。

2. 洁具

将开水注入壶中，持壶摇数下，再依次倒入杯中，以洁净茶具。

3. 置茶

用茶匙从茶叶罐中拨取适量茶叶入壶中，根据壶的大小，每 60 毫升左右水容量需要干茶 1 克（红碎茶每克需 70～80 毫升水）。

4. 冲泡

将开水高冲入壶。

5. 分茶

将滤网放置公道杯上，将茶壶的茶汤注入公道杯中，再一一斟入客人杯中。随即加入牛奶和糖，或一片柠檬，或一二匙蜂蜜，或洒上少量白兰地。调味品用量的多少，可依每位客人的口味而定。

6. 奉茶

持杯托礼貌地奉茶给客人，杯托上须放一个羹匙。

7. 品饮

品饮时，须用羹匙调匀茶汤，进而闻香、尝味。

11.2.3　品红茶的茶艺表演

1. 器皿准备

瓷壶 1 把，品茗杯 4 个，杯托 4 个，盖置 1 个，随手泡 1 套，茶叶罐 1 个，茶道组 1 套，茶盘 1 个，香 1 支，香炉 1 个，祁门红茶适量。

2. 基本程序

基本程序有十二道。

第一道，焚香净室。品茶之前要清除浊气，清新空气，营造高雅氛围。

第二道，问候嘉宾。如说："大家好，今天由×××来为您做茶。"

第三道，介绍茶具。紫檀六用（茶道组）、茶垫、茶仓（茶叶罐）、茶盘、品茗杯、盖置、瓷壶、随手泡。

第四道，孔雀开屏。将杯托自左向右一字摆放，翻杯，将品茗杯依次放置在杯托上。

第五道，温壶净杯。先温壶是因为稍后放入茶叶冲泡热水时，不致冷热悬殊。

第六道，鉴赏佳茗。用茶则盛茶叶，请客人赏茶。如说："今天为大家冲泡的是祁门红茶。"

第七道，明珠入宫。将茶叶拨至壶中，茶叶要根据选用壶具的大小放置适量均匀。

第八道，悬壶高冲。将随手泡中的开水注入瓷壶中。

第九道，介绍茶叶。将茶叶的名称、产地及特点介绍给客人。

第十道，敬献香茗。此时茶已泡好，茶味最佳。将茶倒至品茗杯中，双手端起杯托送至客人面前，请客人细品香茗。

第十一道，评点江山。对所沏泡的优质红茶品味赞赏。

第十二道，情暖人间。希望面前这杯红艳亮丽的茶汤送达我们对您的真情和暖意。祝福各位嘉宾身体健康、生活甜蜜。

【达标测试】

达标测试表如表11-2所示。

表11-2　达标测试表

班级：_____　　组别：_____　　测试人：_____　　测试时间：_____

测试内容	应得分	扣　分	实得分
仪容仪表	10分		
把杯翻转	15分		
洁具手法	15分		
置茶	15分		
悬壶高冲	15分		
匀汤分茶	15分		
奉茶	15分		

11.3　乌龙茶茶艺

【实训目标】

（1）掌握乌龙茶的基本冲泡程序；

（2）掌握紫砂壶冲泡乌龙茶的技法要领、行茶方法。

【要点简述】

乌龙茶又称青茶，属半发酵茶类，是介于不发酵茶（绿茶）与全发酵茶（红茶）之间的一种茶类。乌龙茶既具有绿茶的清香和花香，又具有红茶醇厚的滋味。乌龙茶种类因茶树品种的特异性而形成各自独特的风味，产地不同，品质差异也十分显著。

由于乌龙茶叶子粗大，经过揉捻做青，叶子有破损，沏泡后叶子完全舒展，形状不雅观，叶子的色泽呈黄绿色，并无特别的美感，而且乌龙茶要求较高的水温沏泡，而玻璃杯容易散热，不能有效浸出茶叶内含物，影响茶汤的滋味，因而用玻璃杯沏泡乌龙茶是不适宜的；而用紫砂茶壶、闻香杯、品茗杯的组合来沏泡乌龙茶则效果颇佳。先用紫砂茶壶沏泡乌龙茶，发挥出乌龙茶的茶汤品质特征，再将茶汤注入闻香杯，利用闻香杯的留香特性，可以欣赏嗅闻茶汤下的热香、温香、冷香；而后将闻香杯中的茶汤注入小品茗杯，在品茗前还可欣赏茶汤的汤色，然后品尝茶汤的滋味。类似这种紫砂茶具的，还有白瓷系列等组合，它们较好地发挥了乌龙茶的香气，滋味、汤色品质特征，而掩饰了乌龙茶叶形、叶色的不足。

【实训要求】

掌握翻杯、温壶、温杯、低斟高冲、斟茶、双杯翻转等技巧；掌握规范得体的操作流程及典雅大方的动作要领，并能够互相纠正错误，熟练操作。

【实训方法】

（1）教师示范讲解；

（2）学生分组练习。

【实训内容与操作标准】

11.3.1 紫砂壶冲泡乌龙茶方法

1. 备具

茶盘 1 个，茶道组 1 套，品茗杯 4 个，闻香杯 4 个，茶垫（托）4 个，公道杯 1 个，紫砂壶 1 把，盖置 1 个，滤网 1 个，茶叶罐 1 个，茶巾 1 块，随手泡 1 套。

2. 布具

将茶道组、茶叶罐分别放在茶盘的右侧，将茶垫放在茶盘的左上角，将品茗杯、闻香杯反扣放至茶盘的右侧摆放整齐，将公道杯、紫砂壶、盖置、滤网放在身前茶盘上，将茶巾叠好放在身前桌面上，将随手泡放在茶盘左侧桌面居中位置。紫砂壶泡法布具如图 11-4 所示。

图 11-4 紫砂壶泡法布具

3. 摆放茶垫

将茶垫摆放在茶盘前方桌面上，注意茶垫上图案或字迹正面朝向客人。

4. 翻杯

将倒扣的闻香杯、品茗杯依次翻转过来一字排开放在茶盘上。

5. 温润器具

先温壶，是因为稍后放入茶叶冲泡热水时，不致冷热悬殊。再温洗公道杯、滤网等。

6. 欣赏茶叶

用茶则盛茶叶，请客人赏茶。

7. 置茶

将茶轻置壶中，茶叶用量，斟酌茶叶的紧结程度，为壶容量的 1/3～1/2。

8. 温润泡

小壶所用的茶叶，多半是球形的半发酵茶，故先温润泡，将紧结的茶球泡松，可使未来的每泡茶汤维持同样的浓淡。将温润泡的茶汤注入公道杯，然后再分别注入品茗杯中。

9. 温杯

温杯的目的在于提升杯子的温度，使杯底留有茶的余香，温润泡的茶汤一般不作为饮用。

10. 冲水

第一泡茶冲水，用随手泡向壶中冲入沸水，冲水要一气呵成，不可断续，并掌握好泡茶时间。

11. 斟茶

浓淡适度的茶汤斟入公道杯中再分别倒入客人面前的闻香杯中。每位客人皆斟七分满。

12. 双杯翻转

为客人演示，将品茗杯倒扣在闻香杯上翻转过来并置于茶垫上，轻轻旋转将闻香杯提起，闻香、品茗。

11.3.2 乌龙茶中之极品——铁观音茶冲泡表演

1. 器皿准备

茶盘1个，闻香杯和品茗杯各4只，茶垫4个，紫砂壶1把，随手泡1套，茶叶罐1个，茶道组1套，茶巾1条，安溪铁观音若干。

2. 基本程序

基本程序有二十道。

第一道，恭迎嘉宾。"大家好，今天由×××来为您做茶。"首先介绍茶具，紫檀六用：茶则，用来盛茶叶；茶匙，协助茶则将茶叶拨至壶中；茶夹，用来夹闻香杯和品茗杯；茶漏，放置壶口防止茶叶外溢；茶针，当壶嘴被茶叶堵住时用来疏通；茶仓，用来盛装茶叶；茶船；茶垫；闻香杯；品茗杯；茶海，又名公道杯；盖置；紫砂壶；滤网；随手泡。

第二道，摆放茶垫。茶垫用来放闻香杯和品茗杯。

第三道，孔雀开屏。翻杯，高的是闻香杯，用来嗅闻茶汤的香气；矮的是品茗杯，用来品尝茶汤的味道。

第四道，孟臣温暖。温壶，先温壶，是因为稍后放入茶叶冲泡热水时，不致冷热悬殊。温盅，温滤网。

第五道，精品鉴赏。用茶则盛茶叶，请赏茶，今天为您沏泡的是安溪铁观音。

第六道，佳茗入宫。茶至壶中。苏轼曾有诗言："从来佳茗似佳人。"将茶轻置壶中，茶叶用量，斟酌茶叶的紧结程度，为壶容量的1/3～1/2。

第七道，润泽香茗。温润泡，小壶所用的茶叶，多半是球形的半发酵茶，故先温润泡，将紧结的茶球泡松，可使未来的每泡茶汤维持同样的浓淡。

第八道，荷塘飘香。将温润泡的茶汤倒入茶海中，茶海虽小，但有茶汤注入则茶香拂面，能去昏昧，清精神，破烦恼。

第九道，旋律高雅。第一泡茶冲水，左手微微提起，缓缓以顺时针方向注水。泡茶要有顺序，动作要高雅，若左手则顺时针斟水，若右手则逆时针斟水，犹如音乐的旋律，画出高雅的弧线，表现出韵律的动感。

第十道，沐淋瓯杯。温杯的目的在于提升杯子的温度，使杯底留有茶的余香，温润泡的

茶汤一般不作为饮用。(介绍茶叶)

第十一道，茶熟香温。斟茶，将浓淡适度的茶汤斟入茶海中再分别倒入客人的杯中，可使每位客人杯中的茶汤浓淡相间，故茶海又名公道杯。

第十二道，茶海慈航。分茶入杯，中国人说："斟茶七分满，斟酒八分满。"主人斟茶时无贵富贫贱之分，每位客人皆斟七分满，倒的是同一把壶中泡出的同浓淡的茶汤，如观音普度、众生平等。

第十三道，敬奉香茶。用双手连同茶垫一起端起奉送至客人面前，伸出右手以示"请用茶"。

第十四道，热汤过桥。左手拿起闻香杯，旋转将茶汤倒入品茗杯中。

第十五道，幽谷芬芳。闻香，高口的闻香杯底，如同开满百花的幽谷，随着温度的逐渐降低，散发出不同的芬芳，有高温香、中温香、冷香，值得细细体会。

第十六道，杯中观色。右手端起品茗杯，观赏汤色，好茶的茶汤清澈明亮，从翠绿、蜜绿到金黄，观之令人赏心悦目。

第十七道，听味品趣。品茶，啜下一小口茶。茶艺的美包含了精神层面和物质层面，即感官的享受和人文的满足。所以品茶时要专注，眼耳鼻舌身意全方位地投入。

第十八道，品味再三。一杯分三口以上慢慢细品，饮尽杯中茶。品字三个口，一小口、一小口慢慢喝，用心体会茶的美。

第十九道，和敬清寂。静坐回味，品趣无穷，喝完清新破烦恼，进入宁静、愉悦、无忧的禅境。

第二十道，谢茶。"做茶完毕，谢谢大家！"

11.3.3　乌龙茶茶艺表演赏析

各位嘉宾晚上（早上/下午）好！很高兴能为您表演茶艺。请大家静下心来，与我共享茶艺的温馨和愉悦。工夫茶茶艺共有十八道程序。前九道由我为您操作表演完成，后九道则需要各位嘉宾的密切配合，共同完成。

第一道，焚香静气　活煮甘泉

"焚香静气"即是通过点燃我手中的这只香来营造一个祥和、肃穆而又无比温馨的气氛。希望这沁人心脾的幽香能使您心旷神怡，也但愿您的心能伴随着这幽幽袅袅的香烟升华到一个高雅而又神奇的境界。

"活煮甘泉"即是用旺火来煮沸这壶中的甘泉水。

第二道，孔雀开屏　叶嘉酬宾

"孔雀开屏"即孔雀向同伴展示自己美丽的羽毛。我们借助这道程序向各位嘉宾介绍一下工艺精湛的工夫茶茶具。

① 茶盘：我们也称之为茶船，用来承载精美的茶器具。

② 这把壶是一把由宜兴著名工艺师制造的紫砂壶，是我们用来泡茶用的泡壶，我们把它称之为"母壶"。

③ 同样还有一把宜兴制造的紫砂壶，是我们用来储备茶汤的海壶，我们把它称之为"子壶"。这一对壶我们就称为"母子壶"。

④ 闻杯底留香的闻香杯。品茗又鉴赏汤色的品茗杯。

⑤ 茶道具，又可细分为"茶则""茶夹""茶匙""茶漏""茶针"。

"叶嘉"是苏东坡对茶叶的美称，"叶嘉酬宾"即是请各位嘉宾观赏一下今天您所点的××茶的外观和形状。（以乌龙茶为例）

第三道，大彬沐淋　乌龙入宫

"大彬沐淋"即是用开水烫洗茶壶，其目的在于洗壶，以便提高壶内的温度。

大彬：是明代制造紫砂壶的一代宗师，他所制造的紫砂壶被后茶人"叹为观止"，视为"至宝"，所以后人都把名贵紫砂壶称之为"大彬壶"。

××茶属于乌龙茶系列。我们将茶叶轻置于母壶之中就称之为乌龙入宫。

第四道，高山流水　春风拂面

"高山流水"即旋壶高冲。我们借助开水的冲力将茶叶在壶内翻滚流动，以达到洗茶的目的。

"春风拂面"即是用壶盖轻轻刮去冲水时所泛起的白色泡沫，这样使壶内的茶汤更加清澈洁净。

第五道，乌龙入海　重洗仙颜

茶人品茶讲究头泡汤，二泡茶，三泡四泡是精华。头泡茶汤我们一般不喝而是用来烫洗杯具。我们将剩余的茶汤注入茶海之中，为"乌龙入海"。

"重洗仙颜"即是第二次冲入开水，这次需要加盖后，用热水浇淋壶的外部。这样内外加温有利于茶香的散发。

我们请各位嘉宾品茶有六大讲究：

① 讲究环境要优雅，气氛要温馨；

② 讲究主人要热情，客人要高雅；

③ 讲究茶要好，最好是风景区的名岩名枞；

④ 讲究茶具要精巧且配套；

⑤ 讲究水质要好，最好是山泉水或者是溪边水；

⑥ 讲究冲泡的水温与时间，两者都要掌握得恰到好处。

第六道，母子相哺　再注甘露

我们把母壶中的茶汤注入子壶之中就称之为"母子相哺"。各位嘉宾可以看一看这两壶像不像一位母亲在哺育自己的婴儿，因为茶道即是人道，茶道最讲究的是温馨，而这道程序也最能体现人间最珍贵的亲情——"母子情"。

第七道，祥龙行雨　凤凰点头

我们将子壶中的茶汤快速而又均匀地斟入闻香杯中，我们就称之为"祥龙行雨"。取其甘霖普降之意。当子壶中的茶汤所剩不多时，我们改用点斟的手法称之为"凤凰点头"，以示我向各位嘉宾的到来表示热烈的欢迎。

第八道，夫妻和合　鲤鱼翻身

我们将品茗杯扣于闻香杯上就称之为"夫妻和合"。在这里，预祝在座的各位有情人终成眷属，家和万事兴。

我们将紧扣的两个杯子翻转过来就称之为"鲤鱼翻身"。中国古代有一句神话传说"鲤鱼翻身越过龙门便可以化为龙身升天而去"。在这里，祝各位嘉宾事业飞黄腾达蒸蒸日上。

第九道，捧杯敬茶　众手传盅

茶桌上的规矩便是从左至右。请坐在我左边的这位先生/小姐将我手中的茶杯依次地传给您的朋友，希望通过传茶敬茶，使在座的各位心贴得更紧，感情更亲切，气氛更融洽。

第十道，鉴赏汤色　喜闻高香

我们将闻香杯以旋转的方式轻轻提起，双手拢杯闻香。"喜闻高香"指闻头泡茶的茶香。看一看这头泡茶是否高香新锐而无异味。下面，请各位嘉宾观赏一下品茗杯中的茶汤是否清亮艳丽呈淡黄色。（茶汤色泽依所沏泡的茶表述）

第十一道，三龙护鼎　初品香茗

"三龙护鼎"是拿杯的姿势。我们用拇指与食指夹住杯身，中指托杯底就称之为"三龙护鼎"。女士可像我这样轻轻跷起兰花指，表示女士"感情细腻"，男士可将后两指收拢，表示男士的"办事稳重"。

"品"字有三个口，所以品茶也需分三口。我们将一小口茶汤含在嘴里，不要急于咽下而是吸气。您不要怕吸气时所发出的声音不雅，在我们茶人眼里您吸气时所发出的声音越响，说明您对这泡茶的评价就越高。另外，这样吸气可以使茶汤在您的口腔内翻滚流动，与舌尖、舌面、舌根、舌侧的味蕾充分地接触，这样才能更准确地品出这奇妙的茶味来。

"初品香茗"指品这一道茶的火功，看一看这头泡茶是否有生青或老火。

第十二道，再斟流霞　二探兰芷

"再斟流霞"即是为您斟第二道茶，"二探兰芷"即第二次闻香。宋代大文豪范仲淹在品茶时曾说："斗茶味兮轻醍醐，斗茶香兮薄兰芷。"兰花之香是世人公认的王者之香。但范仲淹却认为茶香比兰香更胜一筹。

第十三道，二品云腴　唤底留甘

"二品云腴"即是第二次品茶。第一次主要是品茶汤的滋味，看茶汤过喉是鲜爽甘滑还是生涩平和。好的茶汤过喉应是爽滑回甘，明显且持久。

第十四道，三斟石乳　荡气回肠

"三斟石乳"即是为您斟第三道茶。石乳本是元代的一种贡茶，后来常被比喻成乌龙茶。"荡气回肠"是第三次闻香。这次闻香是用口腔大口吸进茶香，然后就像男士吸烟一样由鼻腔呼出，这样可使茶香直灌脑门，我们就形象地称之为"荡气回肠"。

第十五道，含英咀华　领悟茶韵

"含英咀华"即第三次品茶。这次品茶称之为"咬茶"，就像平时在家里吃饭一样慢慢地咀嚼，细细地品味。清代大才子袁枚在品茶时曾说："品茶叶，应含英咀华，并徐徐咀嚼而体贴之。"其中，这里的"英"和"华"都是指花的意思。所以品茶时，嘴里应像含着一朵小花慢慢地咀嚼，细细品味。

第十六道，君子之交　水清味美

庄子曾说："君子之交，淡如水。"而淡中之味恰似品完了三道香茶之后再来杯白开水。我们将白开水含在嘴里不要急于咽下，而是像刚才那样含英咀华。慢慢咀嚼，细细品味。这时，您一定会感到舌下生津，满口甘甜，无比痛快，此时有"无茶胜有茶"的感觉。这道程序反映了一个人生哲理——平平淡淡才是真。

第十七道，名茶探趣　游龙戏水

"名茶探趣"按评茶师的专业术语叫作"看叶底"，也就是夹一片泡后的茶叶放在品茗杯中，接着冲入开水，使它漂浮游动，就好像游龙在戏水一样。乌龙茶的特点是"三分红，七分绿"，也称之为"绿叶红镶边"。看完了游龙戏水之后我的工夫茶茶艺表演就要结束了。孙中山先生曾倡导我们以茶为国饮。茶壶虽小乾坤大，茶壶中有无限的禅机、宇宙的奥妙、人生的哲理。自古以来，人们视茶为健身的良药，生活的享受，修身的途径，友谊的纽带。

第十八道，宾主起立　奉茶谢宾

最后，我以茶敬各位嘉宾，希望各位嘉宾能够通过今天的品茗更爱茶；并祝各位嘉宾身体健康，事业有成。

【达标测试】

达标测试表如表11-3所示。

表 11-3　达标测试表

班级：　　　　　　　组别：　　　　　　　测试人：　　　　　　　测试时间：

测试内容	应得分	扣　分	实得分
仪容仪表	10 分		
翻杯	15 分		
温壶	15 分		
温杯	10 分		
低斟高冲	15 分		
斟茶	10 分		
双杯翻转	15 分		
奉茶	10 分		

11.4　怡情花茶

【实训目标】

（1）了解花茶的基本冲泡程序；

（2）掌握用盖碗冲泡花茶的技法要领、行茶方法。

【要点简述】

花茶属再加工茶类，很受我国北方地区居民喜爱。花茶的特点是既保持了原有茶叶的味道，又吸收了花的香气，二者相互交融，有"引花香，益茶味"之说，品饮花茶重在寻味探香。冲泡花茶，一般选用盖碗。冲泡前，可欣赏花茶的外观形状，也便于嗅闻茶的香气。

【实训方法】

（1）教师示范讲解；

（2）学生分组练习。

【实训要求】

掌握温杯、回转斟水、凤凰三点头、揭盖闻香等技法；掌握规范得体的操作流程及典雅大方的动作要领，并能够互相纠正错误，熟练操作。

【实训内容与操作标准】

11.4.1　花茶盖碗冲泡法

1. 备具

茶盘 1 个，盖碗杯碟 3 套，茶叶罐 1 个，茶荷 1 个，茶巾 1 块，茶荷 1 个，茶道组 1 套，随手泡 1 套。

2. 布具

将随手泡放在茶盘外右侧桌面，将茶道组、茶叶罐和茶荷放在茶盘外左侧桌面，将 3 套盖碗匀称摆放在茶盘上，将茶巾叠好放置身前桌面上。

3. 揭盖温杯

依据盖碗温具基本手法逐个温杯，并将杯盖斜扣在右侧茶托上。

4. 取样置茶

用茶匙取花茶于茶荷中，请宾主闻香赏茶后，按茶水比例将干茶均匀置入每个盖碗中。

5. 冲泡加盖

以回转斟水法、低斟高冲、凤凰三点头，向盖碗中加水至七分满，加盖。

6. 奉茶

加盖后双手端起敬奉给客人。

7. 闻香品茗

右手将茶托端交于左手，右手揭盖闻香，并持盖向外拨去浮叶观色，双手端至嘴处小口啜饮，慢慢细品。

8. 收具

将其余器具收拾到盘中撤回。

11.4.2　品花茶的茶艺（以茉莉花茶为例）

1. 器皿准备

三才杯（即盖碗）若干只（依人数而定），随手泡 1 套，茶叶罐 1 个，茶荷 1 个，茶道组 1 套，茶盘 1 个，茶巾 1 条，花茶每人 2~3 克。

2. 基本程序

茉莉花茶茶艺表演的基本程序有十道。

第一道，烫杯——春江水暖鸭先知。

第二道，赏茶——香花绿叶相扶持。赏茶也称为“目品”。“目品”是花茶三品（目品、鼻品、口品）中的头一品，目的是鉴赏花茶茶坯的质量，主要是观察茶坯的品种、工艺、细嫩程度及保管质量。用肉眼观察了茶坯之后，还要闻干花茶的香气。

第三道，投茶——落英缤纷玉杯里。当用茶匙把花茶从茶荷中拨进洁白如玉的茶杯时，茶叶飘然而下，恰似“落英缤纷”。

第四道，冲水——春潮带雨晚来急。冲泡花茶讲究“高冲水”。热水从壶中直泻而下，注入杯中，杯中的花茶随水浪上下翻滚，恰似“春潮带雨晚来急”。

第五道，闷茶——三才花育甘露美。冲泡花茶所用的“三才杯”，茶杯的盖代表“天”，杯托代表“地”，中间的杯身代表“人”。人们认为茶是“天涵之，地载之，人育之”的灵物。闷茶的过程象征着天、地、人三才合一，共同化育出茶的精华。

第六道，敬茶——一盏香茗奉知己。敬茶时应双手捧杯，举杯齐眉，注目嘉宾并行点头礼，然后依次把沏好的茶敬奉给客人，最后一杯留给自己。

第七道，闻香——杯里清香浮情趣。闻香也称为"鼻品"，这是三品花茶的第二品，品花茶讲究"未尝甘露味，先闻圣妙香"。闻香时主要对香气的鲜灵度、浓郁度和纯度进行体会。

第八道，品茶——舌端甘苦入心底。品茶是指三品花茶的最后一品——口品。品茶时应小口喝入茶汤，使茶汤在口腔中稍事停留，这时轻轻用口吸气，使茶汤在舌面流动，以使茶汤充分地与味蕾接触，有利于更精细地品悟出茶韵。然后闭紧嘴巴，用鼻腔呼气，感受茶的香气，充分领略花茶所独有的"味轻醍醐，香薄兰芷"的花香与茶韵。

第九道，回味——茶味人生细品悟。茶人们认为，一杯茶可以和百味，有的人"啜苦可励志"，有的人"咽甘思报国"。无论茶是苦涩、甘鲜，还是平和、醇厚，从一杯茶中茶人们都会有良多的感悟和联想，所以品茶重在回味。

第十道，谢茶——饮罢两腋清风起。唐代诗人卢仝在他的传颂千古的《走笔谢孟谏议寄新茶》一诗中写出了品茶的绝妙感受。他写道："一碗喉吻润，二碗破孤闷。三碗搜枯肠，唯有文字五千卷。四碗发轻汗，平生不平事，尽向毛孔散。五碗肌骨轻，六碗通仙灵，七碗吃不得也，唯觉两腋习习清风生。"茶是祛襟涤滞，致清导和，使人神清气爽、延年益寿的灵物，只有细细品味，才能感受到那"两腋习习清风生"的绝妙之处。

【达标测试】

达标测试表如表 11-4 所示。

表 11-4　达标测试表

班级：_____　　组别：_____　　测试人：_____　　测试时间：_____

测试内容	应得分	扣　分	实得分
仪容仪表	10 分		
温杯	10 分		
回旋斟水	15 分		
凤凰三点头	20 分		
揭盖闻香	15 分		
奉茶	15 分		
品茶	15 分		

附录 A 茶艺技能综合测试评分表

专业班级：_____   姓名：_____   学号：_____

序号	项目	考核要点	分值	评分标准	得分	备注
1	接待礼仪（30分）	仪容仪表：发型、妆容、服饰符合茶艺师要求	15	① 发型整洁，得5分；② 妆容清新淡雅，得3分；③手部清洁无指甲油，得2分；④ 服饰得体，穿戴整齐，得5分		
		言语：展示中用语得当，表情自然，具有亲和力	8	① 目光柔和，表情自然，得5分；② 言语表达流畅，使用普通话及敬语，得3分		
		仪态：举止端庄大方	7	① 站姿、走姿自然得体，得3分；② 坐姿端正，得2分；③ 手势中无明显多余动作，得2分		
2	茶艺演示（50分）	表演程序正确；投茶量适中；水温、冲水量及冲泡时间把握合理	20	① 冲泡程序顺序正确无遗漏，得5分；② 操作过程中茶叶无掉落，茶汤无洒出，得5分；③ 正确掌握投茶量与茶水比，得3分；④ 水温与冲泡茶类相符合，得2分；⑤ 操作过程中无器皿碰撞声响，得5分		
		操作动作自然优美，具有一定的艺术欣赏性，过程完整	20	① 连续完成冲泡流程，无中断、无出错，得8分；② 冲泡流程流畅优美，得5分；③ 演示具有一定的艺术欣赏性，得5分；④ 面部表情自然，面带微笑，得2分		
		奉茶姿态自然，言辞恰当	10	① 奉茶姿态端正，次序正确，得5分；② 奉茶时手势正确，言词恰当，得5分		
3	茶汤质量（20分）	茶色、香、味表达充分	10	① 能较准确地表达茶品的汤色，得3分；② 能较准确地表达茶品的香气，得3分；③ 能较准确地表达茶品的滋味，得4分；④ 三者均未达到要求，不得分		
		茶汤适量，温度适宜	10	① 茶汤温度适宜，得5分；② 茶汤汤量适宜，得5分；③ 两者均未达到要求，不得分		
	合计		100			

参考文献

[1] 陈宗懋. 中国茶经. 上海：上海文化出版社，1992.

[2] 林治. 中国茶道. 北京：中华工商联合出版社，2000.

[3] 刘修明. 茶与茶文化基础知识. 北京：中国劳动社会保障出版社，2002.

[4] 龚永新. 茶文化与茶道艺术. 北京：中国农业出版社，2014.

[5] 范增平. 中华茶艺学. 北京：台海出版社，2000.

[6] 董学友. 茶叶检验与茶艺. 北京：中国商业出版社，2004.

[7] 林治. 中国茶艺集锦. 北京：中国人口出版社，2004.

[8] 李伟，李学昌. 学茶艺：茶艺师点津. 郑州：中原农民出版社，2003.

[9] 云峰. 品茶地图. 北京：农村读物出版社，2005.

[10] 徐晓村. 中国茶文化. 北京：中国农业大学出版社，2005.

[11] 查俊峰，尹寒. 茶文化与茶具. 成都：四川科学技术出版社，2003.

[12] 宋伯胤，吴光荣，黄健亮. 中国艺术品收藏鉴赏全集. 长春：吉林出版集团有限责任公司，2008.

[13] 吴云. 宜兴问壶. 北京：化学工业出版社，2009.

[14] 弘全. 中国紫砂壶珍品鉴赏. 杭州：浙江大学出版社，2006.

[15] 陈宗懋. 中国茶叶大辞典. 北京：中国轻工业出版社，2008.

[16] 洪韶光. 你一定要牢记的 81 个健康常识. 北京：中国妇女出版社，2007.

[17] 巴特曼. 水是最好的药. 长春：吉林文史出版社，2008.

[18] 胡小毅. 茶文化与养生. 北京：中国物资出版社，2005.

[19] 唐存才. 茶与茶艺. 上海：上海科学技术出版社，2004.

[20] 刘勤晋. 茶文化学. 北京：中国农业出版社，2002.

[21] 丁以寿. 中华茶艺. 合肥：安徽教育出版社，2008.

[22] 宛晓春. 中国茶谱. 北京：中国林业出版社，2007.

[23] 饶雪梅，李俊. 茶艺服务实训教程. 北京：科学出版社，2008.

[24] 中国就业培训技术指导中心. 茶艺师：基础知识. 北京：中国劳动社会保障出版社，2020.